大学计算机系列教材 | i教育·**融合创新一体化教材**

人工智能基础与实践

Fundamentals and Practice
of Artificial Intelligence

组　编◎上海市教育委员会

总主编◎高建华
主　编◎夏　耘
副主编◎徐志平

华东师范大学出版社

图书在版编目(CIP)数据

人工智能基础与实践/夏耘主编. —上海:华东师范大学出版社,2019
大学计算机系列教材
ISBN 978-7-5675-9319-0

Ⅰ.①人… Ⅱ.①夏… Ⅲ.①人工智能－高等学校－教材 Ⅳ.①TP18

中国版本图书馆 CIP 数据核字(2019)第 116359 号

大学计算机系列教材
人工智能基础与实践

组　　编　上海市教育委员会
总 主 编　高建华
主　　编　夏　耘
副 主 编　徐志平
项目编辑　范耀华　蒋梦婷
责任校对　范耀华
装帧设计　庄玉侠

出版发行　华东师范大学出版社
社　　址　上海市中山北路 3663 号　邮编 200062
网　　址　www.ecnupress.com.cn
电　　话　021－60821666　行政传真 021－62572105
客服电话　021－62865537　门市(邮购)电话 021－62869887
地　　址　上海市中山北路 3663 号华东师范大学校内先锋路口
网　　店　http://hdsdcbs.tmall.com

印 刷 者　上海展强印刷有限公司
开　　本　787×1092　16 开
印　　张　17.75
字　　数　443 千字
版　　次　2019 年 8 月第 1 版
印　　次　2020 年 1 月第 2 次
书　　号　ISBN 978－7－5675－9319－0/G·12152
定　　价　46.00 元

出版人　王　焰

(如发现本版图书有印订质量问题,请寄回本社客服中心调换或电话 021－62865537 联系)

序
XU

  教材是育人育才的重要依托,是解决培养什么人、怎样培养人、为谁培养人这一根本问题的重要载体,是国家意志在教育领域的直接体现。大学计算机课程面向全体在校大学生,是大学公共基础课程教学体系的重要组成部分,在高校人才培养中发挥着越来越重要的作用。

  为了显著提升大学生信息素养、强化大学生计算思维以及培养大学生运用信息技术解决学科问题的能力,《上海市教育委员会关于进一步推动大学计算机课程教学改革的通知》在近期发布。教学改革离不开教材改革,教材改革是教育新思想、教育新观念的重要实现载体。"大学计算机系列教材"(含《大学信息技术》、《数字媒体基础与实践》、《数据分析与可视化实践》和《人工智能基础与实践》)聚焦新时代和信息社会对人才培养的新需求,强化以能力为先的人才培养理念,引入互联网+、云计算、移动应用、大数据、人工智能等新一代信息技术,体现了上海高校计算机基础教学的新理念和新思想。

  本套教材的编写者来自上海市众多高校,长期从事计算机基础教学和研究,坚守在教学第一线,经常举行全市性的教学研讨会,研讨计算机基础教学改革与发展,研讨计算机基础教育应如何为新时代高校创新人才培养发挥重要作用。在本套教材的编写过程中,编写者结合信息技术的快速发展及学科特点,遵循学生的认知规律,注重教材编写的设计理念、内容选材、编排体系和呈现形式。学生通过对本套教材的学习,可以掌握信息技术的基本知识,增强信息意识,提高信息价值判断力,养成良好的信息道德修养;能够促进自身的计算思维、数据思维、智能思维的养成,并能通过恰当的数字媒体形式合理表达思维内容;可以深化信息技术与各专业学科融合,提升创新能力,获得运用信息技术解决学科问题及生活问题的能力。

  从1992年版的《计算机应用初步》到现在的"大学计算机系列教材",本套教材对上海市高校计算机基础教学改革起到了非常重要的推进作用,之后还将不断改进、完善和提高。我们诚恳希望广大师生在使用教材的过程中多提宝贵的意见和建议,为教材建设、为上海高校计算机基础教学水平的不断提升而共同努力。

上海市教育委员会副主任
毛丽娟
2019年6月

编者的话
BIAN ZHE DE HUA

移动互联网、物联网、云计算、大数据、人工智能等新一代信息技术的不断涌现,给整个社会进步与人类生活带来了颠覆性变化。各领域与信息技术的融合发展,产生了极大的融合效应与发展空间,这对高校的计算机基础教育提出了新的需求。如何更好地适应这些变化和需求,构建大学计算机基础教学框架,深化大学计算机基础课程改革,以达到全面提升大学生信息素养的目的,是新时代大学计算机基础教育面临的挑战和使命。

为了显著提升大学生信息素养、强化大学生计算思维以及培养大学生运用信息技术解决学科问题的能力,适应新时代和信息社会对人才培养的新需求,在上海市教育委员会高等教育处和上海市高等学校计算机等级考试委员会的指导下,我们组织编写了"大学计算机系列教材"(含《大学信息技术》、《数字媒体基础与实践》、《数据分析与可视化实践》和《人工智能基础与实践》),从2019年秋季起开始使用。

在本套教材的编写过程中,我们结合信息技术的快速发展及学科特点,遵循学生的认知规律,注重教材编写的设计理念、内容选材、编排体系和呈现形式。学生通过对本套教材的学习,可以掌握信息技术的知识与技能,增强信息意识,提高信息价值判断力,养成良好的信息道德修养,同时能够促进自身的计算思维、数据思维、智能思维与各专业思维的融合,提升创新能力,获得运用信息技术解决学科问题及生活问题的能力。

本套教材的总主编为高建华;《大学信息技术》的主编为徐方勤和朱敏;《数字媒体基础与实践》的主编为陈志云,副主编为顾振宇;《数据分析与可视化实践》的主编为朱敏,副主编为白玥;《人工智能基础与实践》的主编为夏耘,副主编为徐志平。本套教材可作为普通高等院校和高职高专院校的计算机应用基础教学用书。

在编写过程中,编委会组织了集体统稿、定稿,得到了上海市教育委员会及上海市教育考试院的各级领导、专家的大力支持,同时得到了华东师范大学、上海理工大学、上海建桥学院、复旦大学、上海师范大学、华东政法大学、上海对外经贸大学、上海商学院、上海体育学院、上海第二工业大学、上海杉达学院、上海海关学院、上海思博职业技术学院、上海农林职业技术学院、上海东海职业技术学院、上海出版高等专科学校、上海中侨职业技术学院等校各位老师的帮助,在此一并致谢。由于信息技术发展迅猛,加之编者水平有限,本套教材难免还存在疏漏与不妥之处,竭诚欢迎广大读者批评指正。

高建华 夏 耘 徐志平
2019 年 6 月

前言
QIAN YAN

  人工智能是研究、开发用于模拟、延伸和扩展人的智能的理论、方法、技术及应用系统。人工智能是计算机科学的一个分支,通过了解智能的实质,构建一种新的能以与人类智能相似的方式做出反应的智能机器,该领域的研究包括机器人、语言识别、图像识别、自然语言处理和专家系统等。本教材围绕培养学生人工智能技术应用能力而展开。通过学习,学生能认识人工智能在信息社会中的重要作用,认识人工智能的本质,掌握机器学习的相关算法,能运用人工智能的算法和模型解决学科问题,切实提高学生的计算思维能力。

  本教材共5章,第1章从编程思维切入,让读者缩短与算法的距离,引导读者了解人工智能的起源、发展和未来,通过人工智能服务体验,激发学习兴趣;第2章通过可视化工具将任务需求变成现实;第3章介绍人工智能的支持技术Python语言;第4章介绍人工智能、机器学习和深度学习以及三者之间的关系,自然语言处理的基本步骤、启发式搜索算法、遗传算法、计算机视觉的基本操作;第5章介绍机器学习的相关算法和模型。

  本教材由夏耘担任主编,徐志平担任副主编,徐伯庆担任主审。第1章由夏耘、胡春燕编写,第2章由臧劲松、张丹珏编写,第3章由刘丽霞编写,第4章、第5章由徐志平编写。本教材可作为普通高等院校和高职高专院校的计算机基础课程教学用书。

  教材编写中得到了全国各高校相关老师的支持,特别是上海理工大学光电学院老师的支持,在此表示诚挚感谢。由于时间仓促和水平有限,书中难免存在不妥之处,竭诚欢迎广大读者批评指正。

编者
2019年6月

| 目录 |
MU LU

PART 01　第 1 章
绪论 / 1

本章概述 / 1

学习目标 / 1

1.1　编程思维 / 2

1.2　人工智能基础 / 16

1.3　综合练习 / 54

本章小结 / 56

PART 02　第 2 章
计算机求解问题基础 / 57

本章概述 / 57

学习目标 / 57

2.1　算法概述 / 58

2.2　Raptor 简介 / 67

2.3　Raptor 进阶 / 85

2.4　综合案例 / 95

2.5　综合练习 / 108

本章小结 / 112

PART 03

第 3 章
Python 与人工智能 / 113

本章概要 / 113

学习目标 / 113

3.1　Python 概述 / 114

3.2　运用 Python / 139

3.3　Python 的搜索策略 / 150

3.4　综合练习 / 156

本章小结 / 160

PART 04

第 4 章
人工智能技术应用 / 161

本章概要 / 161

学习目标 / 161

4.1　人工智能的研究方法探索 / 162

4.2　人工智能的相关主题 / 179

4.3　综合实验——文本热词统计 / 223

4.4　综合练习 / 227

本章小结 / 229

PART 05

第 5 章
机器学习 / 231

本章概要 / 231

学习目标 / 231

5.1　机器学习简介 / 232

5.2　利用 Python 进行机器学习 / 238

5.3　综合练习 / 272

本章小结 / 273

参考文献 / 274

第1章 绪　　论

〈本章概述〉

　　新时代的人们都在享受人工智能技术带来的便捷,这种便捷将伴随人工智能技术的发展而增强。人工智能是科学技术发展中的一门年轻学科,它是数学、计算机科学、逻辑学、哲学、神经科学、语言学、心理学、教育学等不同领域学者努力的产物,是多学科交叉融合的年轻学科。该学科的许多领域有待研究和探索,人工智能的目标是利用计算机实现人类智能,为了实现此目标,人们需要共同努力。进入该领域首先需要了解人工智能的研究基础(计算思维)、发展历史、研究内容和主要技术。本章将对此作介绍。

〈学习目标〉

通过本章学习,要求达到以下目标:
1. 掌握计算机中的问题求解常用方法。
2. 了解编程的步骤。
3. 熟悉编程技术与方法。
4. 了解人工智能的研究基础。
5. 了解人工智能的研究内容。
6. 了解建立智能系统或构造智能机器的主要技术和工具。

1.1 编程思维

体力劳动自动化依赖机电设备,脑力劳动自动化则依赖于计算机程序(computer program)。计算机程序一般是指以特定程序设计语言编写,运行于某种目标结构体系上,从而达到编写者目标的代码有序集合。程序是一个指令序列。编程所选择的编程语言各不相同,但编程解决问题的方法是相同的。如何能让指令实现预期目标?关键是编程思维,具有编程思维,任何编程语言都只是实现目标的工具。

1.1.1 编程思维概述

"计算机科学"是围绕着"构造各种计算机装置"和"应用各种计算机装置"展开研究的,计算手段已发展为与理论手段和实验手段并存的科学研究中的第三种手段。理论手段是指以数学学科为代表,以推理和演绎为特征的手段,通过构建分析模型和理论推导进行规律预测和发现。实验手段是指以物理学科为代表,以实验、观察和总结为特征的手段,通过直接的观察获取数据,对数据进行分析从而发现规律。计算手段则是以计算机学科为代表,以设计和构造为特征的手段,通过建立仿真的分析模型和有效的算法,利用计算工具来进行规律预测和发现。

物联网等技术已经使得现实世界的各种事物都可感知、可度量,进而形成数量庞大的数据或数据群,人们实现了基于庞大数据形成仿真系统,因此依靠计算手段发现和预测规律成为不同学科的科学家进行研究的重要手段。

例1-1 流感预测。2009年全球首次出现甲型H1N1流感,在短短几周之内迅速传播开来,引起了全球的恐慌,如何预防这种疾病的传染成为公共卫生机构面临的巨大压力。预防的核心是预测病情的蔓延趋势,当时的情况是人们可能患病多日、实在忍不住才会去医院,即使医生在发现新型流感病例时,同时告知美国疾病控制与预防中心(CDC),然后CDC汇总统计,一般需要两周时间。对于一种迅速传播的疾病而言,信息滞后两周将会带来非常严重的后果。能否提前或者同时对疫情进行预测呢?

在甲型H1N1流感爆发几周前,谷歌工程师们在《自然》杂志上发表了论文,通过谷歌累计的海量搜索数据,预测冬季流感的传播。在互联网普及率比较高的地区,当人们遇到问题时,网络搜索已经成为习惯。谷歌保留了多年来所有的搜索记录,而且每天都会收到来自全球超过30亿条的搜索指令,谷歌的数据分析师通过人们在网上的搜索记录就可以进行各种预测。就流感这个具体问题,谷歌用几十亿条检索记录,处理了4.5亿个不同的数字模型,构造出一个流感预测指数。结果证明,这个预测指数与官方数据的相关性高达97%。和CDC流感播报一样,可以判断流感的蔓延趋势和流感发生的地区,但是比CDC的播报提前两周,有力地协助了卫生当局控制流感疫情。

2009年甲型H1N1流感爆发时,与滞后的官方数据相比,谷歌的流感趋势预测指数是一个更有效、更及时的指标。及时、有价值的数据信息协助卫生当局控制流感疫情。谷歌并不懂医学,也不知道流感传播的原理,以事物相关性为基础,以大数据为样本,其预测精准性与传统方式不相上下,而且其超前性是传统方式所无法比拟的。

同理,生物学家利用计算手段研究生命体的特性,化学家利用计算手段研究化学反应的机理,建筑学家利用计算手段来研究建筑结构的抗震性,经济学家和社会学家利用计算手段研究社会群体网络的各种特性等。由此,计算手段与各学科结合形成了所谓的计算科学,如计算物理学、计算化学、计算生物学、计算经济学等。著名的计算机科学家、1972年图灵奖得主埃茨赫·代克斯特拉(Edsger W. Dijkstra)说:"我们所使用的工具影响着我们的思维方式和思维习惯,从而也深刻影响着我们的思维能力。"

各学科人员在利用计算手段进行创新研究的同时,也在不断地研究新型的计算手段。这种结合不同专业的新型计算手段的研究需要将专业知识与计算思维融合。1998年,瓦尔特·科恩(Walter Kohn)和约翰·波普(John Pople)因成功地研究出量子化学综合软件包(Gaussian)而获得诺贝尔奖,该软件包已成为研究化学领域许多课题的重要的计算手段。

2006年3月,美国卡内基·梅隆大学计算机科学系主任周以真(Jeannette M. Wing)教授指出,计算思维(computational thinking)是运用计算机科学的基础概念去求解问题、设计系统和理解人类行为的一系列思维活动的统称;它是如同所有人都要具备读、写、算能力一样,都必须具备的思维能力;计算思维建立在计算过程的能力和限制之上,由机器执行。因此,理解"计算机"的思维(即理解计算系统是如何工作的,计算系统的功能是如何越来越强大的),以及利用计算机的思维(即理解现实世界的各种事物如何利用计算系统来进行控制和处理,理解计算系统的核心概念,构造计算思维模式),对于所有学科的人员建立复合型的知识结构,进行各种新型计算手段研究以及基于新型计算手段的学科创新都有重要的意义。技术与知识是创新的支撑,而思维是创新的源头。

自20世纪40年代出现电子计算机以来,计算技术与计算系统的不断成长与发展,其核心则是"0和1"、"程序"、"递归"三大思维。

1. "0和1"之思维

计算机本质上是以0和1为基础来运作的,现实世界的各种信息(数值型和非数值型)都可被转换成0和1,0和1可以转换成满足人们视、听、触等各种感觉的信息。0和1可以将各种运算转换成逻辑运算来实现,逻辑运算则通过元器件实现,进而组成逻辑门电路再构造复杂的电路,由硬件实现计算机的复杂功能,软件到硬件的纽带是0和1。"0和1"的思维体现了语义符号化、"0和1"计算化、计算自动化、分层构造化、构造集成化的思维,它是最重要的一种计算思维。

2. "程序"之思维

一个复杂系统是怎样运行的?其实系统是由基本动作(基本动作是容易实现的)以及基本动作的各种组合所构成的(多变的、复杂的动作可由基本动作的各种组合来实现)。因此,实现一个系统仅需实现这些基本动作以及实现一个控制基本动作组合与执行次序的机构。对基本动作的控制就是指令,指令的各种组合及其次序就是程序。系统可以按照"程序"→控制→"基本动作",从而实现复杂的功能。计算机或者计算系统就是能够执行各种程序的机器或系统,指令和程序的思维也是最重要的一种计算思维。

3. "递归"之思维

递归是计算技术的典型特征。递归是可以用有限的步骤描述实现近于无限功能的方法;

它借鉴数学上的递推法,在有限步骤内,根据特定法则或公式,对一个或多个前序的元素进行运算得到后续元素,以确定一系列元素。从前往后的计算方法,即依次计算第1个元素值(或者过程)、第2个元素值……直到计算出第n个元素值的方法被称为迭代方法(求5!先计算1!=1,再根据1!的运算结果计算2!=1!×2=2,依此类推,5!=4!×5=120)。在有些情况下,从前往后计算并不能直接推出第n个元素,这时要采取从后往前的倒推的计算,即通过调用/返回的计算模式,第n个元素的计算调用第$n-1$个元素的计算,第$n-1$个元素的计算调用第$n-2$个元素的计算,直到调用第1个元素的计算才能得到值,然后返回计算第2个元素值、第3个元素值……最后得到第n个元素的值,这种构造方法被称为递归方法(求5!构建5!=4!×5,4!=3!×4,3!=2!×3,2!=1!×2再计算1!=1,将这个结果代入2!=1!×2中得到2!=2,依此类推,5!=120)。可以认为,递归包含了迭代,而迭代包含不了递归。递归被广泛地用于构造语言、构造过程、构造算法、构造程序中,用具有自相似性的近于无限事物(对象)的描述,用自身调用自身、高阶调用低阶的算法构造程序,是问题求解的一种重要的计算思维。

计算学科是研究利用计算机求解各种问题的相关技术与理论的学科。问题求解的核心是算法和系统。算法类问题强调的是数学建模及算法设计和分析。系统类问题则更多地使用非数学化的模型,强调复杂问题的化简及功能、过程与对象的识别、构造与交互。

算法和系统都需要表达为机器可以理解的程序,由于"语言"和"编译器"技术的发展,编写程序日益趋于便捷,如:结构化程序设计语言、面向对象程序设计语言、人工智能编程语言等。各种计算机语言虽千差万别,但从本质而言,如果不考虑具体语言的语法差异(为使机器能够理解,需要按照一定的规则和格式来书写程序)则目前计算机语言在编写和构造程序方面的基本思想是一致的,主要可分为传统的程序构造和面向对象的程序构造。算法类问题求解通常使用传统的程序构造方法,系统类问题求解则多使用面向对象的程序构造方法。

所谓算法类问题,是指那些可以由一个算法解决的问题。

例1-2 迷宫问题(见图1-1-1)。需要解决的问题是:如何找到迷宫的出口?在遇到死胡同的时候如何返回?如何防止走重复的路线?其求解的过程及思维方法见图1-1-2。

图1-1-1 迷宫

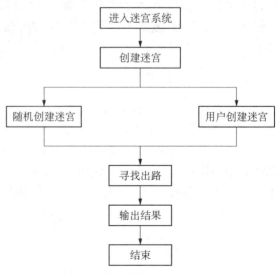

图1-1-2 迷宫求解的过程及思维方法

由此可见,算法类问题解决的思维方式为:数学建模(一种基于数学的思考方法,运用数学的语言和方法,通过抽象、简化,建立对问题进行精确描述和定义的数学模型)、算法策略设计(算法策略是指在问题空间中随机搜索所有可能的解决问题方法,直至选择一种有效的方法解决问题)、数据结构设计(指数据在计算机中存储、存在的方式)、编写程序、算法模拟与分析(即利用数学方法严格地证明算法的正确性和算法的效果,其分析方法的过程就是对于某一算法产生或选取大量的、具有代表性的问题实例,利用该算法对这些问题实例进行求解,并对算法产生的结果进行统计分析)、算法的复杂性分析(算法的效率就是算法的复杂性,算法的复杂性包括算法的空间和时间)。

所谓系统类问题,是指不能由单一算法解决,而必须构建一个系统来解决的问题。系统类问题广泛存在于工程、科学、社会和经济领域,典型的系统类问题有卫星导航问题、机器人控制问题、制造企业生产计划管理问题、计算机设备及作业管理问题等。解决此类问题的思维方式为:利用系统科学方法建立问题域模型、软件域建模、软件模块与软件系统、系统部署与运行、系统的结构性与演化、系统的可靠性(软件可靠性是软件系统在规定的时间内及规定的环境条件下,完成规定功能的能力,是在规定的条件下,在规定的时间内,软件不引起系统失效的概率)与安全性(安全性是指使伤害或损害的危险限制在可以接受的水平内。软件安全性是指软件系统遭受伤害的危险程度,所谓的伤害是指数据被破坏或被非授权修改、隐秘数据被公开、数据和系统不能正确为用户服务等现象。这种危险发生的概率,可用于评估安全性:概率越小、安全性越高)。

例1-3 企业的"库存管理"问题。某饮料企业在生产经营活动中通过市场购入所需要的原材料(装饮料的容器、制饮料的茶叶、糖、香精等),原材料在企业生产车间里被加工成运动型饮料、茶饮料等产品,再通过市场将其销售出去。在生产经营活动中物资的"入"与"出"是频繁的,数量是庞大的,位置是分散的,精准了解物资的品种、数量、位置、价值、持有时间对企业而言是生存的关键,传统的人工管理无法做到精准和实时更新,由此企业提出了定制"库存管理系统"的需求,"库存管理系统"的基本要求是"账物相符",即清理系统记录的信息与库房中的实物,确保数量和价值一致。一个典型的基于软件的业务系统如图1-1-3所示。处理"库

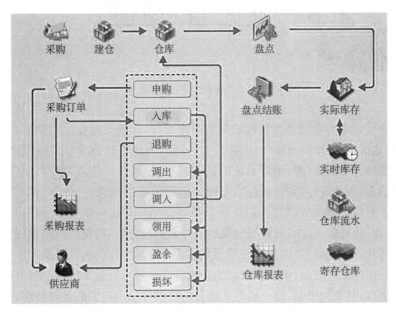

图1-1-3 一个典型的基于软件的业务系统

存管理"首先需要理解问题域系统(业务系统),即依照"如果由人(模拟软件系统)来处理,应如何操作?人如何借助计算系统完成任务?"来描述系统功能,即建立系统的模型。在问题域中描述系统模型被称为问题域模型或业务模型。

"系统"的思维即结构化思维,又称为自顶向下的思维。用结构化思维构建系统步骤为:第1步,确定系统的目标(从系统作用性出发);第2步,确定系统的边界(罗列系统外特性);第3步,分析系统组成要素以及各组成要素之间的关联(罗列系统内特性);第4步,组成要素很多,仅描述与系统相关的组成要素(复杂度可控);第5步,系统被区分为物理系统和控制系统,控制系统通常是计算系统,它接受来自物理系统的数据及状态,进行决策并下达指令控制物理系统的运行(控制与被控制);第6步,系统是复杂的,化复杂为简单的办法就是分解,将系统分解为不同部分,各个击破,分解、再分解,直到最简单的操作为止。

由构建系统过程可知,其基本思想是从宏观到微观,自顶向下地理解和分析,外特性和内特性分离描述,进而建立模型。从实现层面而论,则先描述系统的外特性,即:从系统的边界出发,再描述内特性,即系统的构成。所谓系统的构成,是指将系统分解为若干个子系统,描述每个子系统的边界及其相互作用关系。子系统再被当成系统,进一步分解,如此一层层细化,从而达到对系统的深入理解(见图1-1-4)。

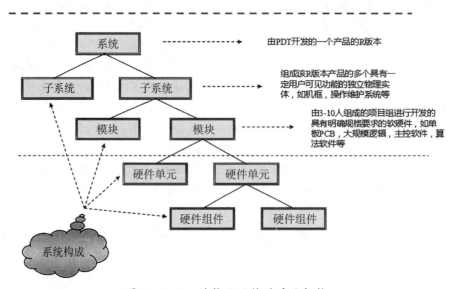

图1-1-4 结构化思维的系统架构

图1-1-5所示是库存管理的软件域模型构建过程,此模型需要说明软件系统应具有的功能,根据功能构造该软件(结构与构件)。描述上述过程的模型被称为软件域模型。在此过程中采用了面向对象的思维方式,即:确定系统的范围,识别出系统可能涉及的对象(注:系统分析识别的应是对象的类,类是设计形态的概念,对象是运行形态的概念,一个类对应了形式上相同但内容不同的若干对象。例如"饮料容器"是一个类,它对应了"塑料瓶"、"玻璃瓶"、"瓷瓶"等所有的属于"饮料容器"的对象。此时对象和对象的类并未被区分)。对每一个对象做如下的工作:识别该对象的所有状态、识别对象的状态转换及转换条件和动作、识别该对象的所有可能的活动;识别该对象的数据存储与显示;识别该对象的其他特性。对所有对象,按识别的内容建立相关的模型。简而言之,以对象为中心,逐一地独立地分析或设计每一对象的各种特性。

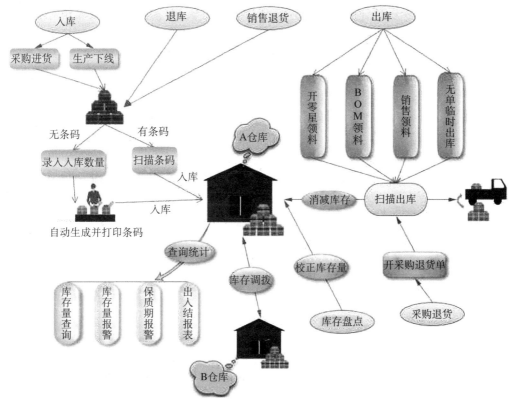

图 1-1-5 库存管理系统软件域建模示意图

软件系统由模块的集合、结构和数据库组成,模块由程序类的集合和各程序类的对象间函数调用关系的集合组成。结构则是组成系统的模块或构件以及模块/构件之间的连接关系与作用关系,以及由模块/构件与模块/构件交互形成的拓扑结构。数据库则是永久保存的数据表的集合。(程序)类是程序变量集合和函数(子程序)的集合,函数则是完成一个具体功能的程序,变量是函数处理与保存的数据,对象是程序类的一个执行实体,数据表是数据库的基本控制单位。

1.1.2 计算机中的问题求解

计算机中问题求解是由程序实现的,人们把用计算机能够接受的、指示计算机完成特定功能的命令序列称为程序;编写程序的过程称为程序设计。在计算机科学中对程序的定义为:所谓程序,是用计算机能接受的特定语言对所要处理的数据以及处理的方法和步骤所作完整而准确的描述,而描述的过程就称为程序设计。

程序处理的是数据(data),在程序中需要描述的是数据采用何种类型的结构;而关于数据处理方法和步骤的描述是算法(algorithm)。

当用计算机去解决一个具体的问题时,一般所采用的步骤是:
1. 从具体问题抽象出一个适当的数学模型;
2. 设计一个美观数学模型的算法;
3. 根据设计的算法编制程序、进行测试、修改直至得到最终解答。

寻求数学模型的实质是分析问题,从中提取操作的对象,即数据,并找出操作对象之间的关系,用数学的语言加以描述,并且确定对象在计算机中所采用的数据类型。一旦操作的对象确定后,则进入设计环节,明确需要对各个对象实施的操作,即解决问题的方法和步骤,其终极目标是解决用户提出的问题。

例 1-4 需要在网站浏览者的资料中去查找青年白领,传统的查找过程为:
第 1 步,收集浏览者基本信息(年龄、性别、职业等);
第 2 步,按浏览时间从第一个浏览者开始查找;
第 3 步,判断浏览者的年龄和职业是否满足查找条件(青年、白领),如果满足就跳到第 5 步,否则就执行下一步(第 4 步);
第 4 步,检查是否已查找到最后一个浏览者,如果不是则取出下一个浏览者信息,跳到第 3 步;如果是则执行下一步(第 5 步);
第 5 步,停止查找。
将上述步骤写成程序,程序流程为:

Open 浏览者信息文件//打开存放浏览者信息的数据文件
P=1//用一个变量记录当前处理的信息编号
while (P≤最后一位)//判断当前处理的信息是否是数据文件的最后一个信息
 if 满足所要查找人的条件 Then Exitwhile//如果当前处理的信息是需要找的"青年白领"则结束查找
 P=P+1//如果当前处理的信息不是需要找的"青年白领"则记录当前处理的信息编号变量增加 1,也就是将后续信息作为处理对象,进行判断
End While//查找结束
Close 浏览者信息文件//关闭存放浏览者信息的数据文件

解决问题时传统处理方法与计算机程序法所需的执行步骤和方法基本类似。计算机语言则是表达人类思维的一种方法,编程的过程就是把人类解决问题的步骤和方法用计算机语言表述。由例 1-4 可见,解决实际问题的关键就是设计解决问题的步骤和方法,即算法,算法处理的对象就是浏览者信息文件,即数据。浏览者信息文件中每一条信息都是一个个的数据元素,它们是从第一条起,一条条地遍历,直到最后一条,它们彼此之间有一定的先后关系,也就是线性关系,如例 1-4 所描述的特定关系,这个特定关系就是线性关系。

如果用一个公式来定义程序,则:

$$程序 = 数据结构 + 算法$$

所谓数据结构,就是相互之间存在一种或多种特定关系的数据元素的集合。算法是对一个问题的解决方法和步骤的描述。分析问题的过程就是寻找具有特定关系的数据,即描述数据结构和算法的过程。一个算法应该具有的特点为:

1. 有穷性。一个算法必须在执行有限的计算步骤后终止;
2. 确定性。一个算法给出的每个步骤,必须都是精确定义的,无二义性的;
3. 可行性。算法所要执行的每一个计算步骤,都是可以在有限时间内完成的;
4. 输入。一个算法一般要求有一个或多个输入信息,这些输入信息是算法所需的初始

数据；

5. 输出。一个算法一般要求有一个或多个输出信息,这些信息一般就是对输入信息处理的结果。

算法的表示方法多种多样,既可用日常生活中的语言来表达,也可用表达编程方法的伪代码来表达,也可直接用具体的计算机语言来表达,甚至还可以用编程思维导图来表达。表达方法各有不同,其核心是设计出解决问题的最佳算法,用简洁明了的方式表达之。有许多现成的算法可供选择,不过在选择算法时应考虑算法的兼容性和可靠性;有时,已有的算法与所需解决问题的算法不完全相同,需作修改,才能满足需求。学习已有算法是编程人员必修课程,因为学习已有算法可以剖析算法,从而优化算法,灵活运用算法的思想。

计算机处理的对象是数据,数据是描述客观事物的数、字符以及所有计算机能够接收和加工处理的符号集合。由于客观事物的多样性,就需要不同形式的数据。不同形式的数据可采用数据类型来标识,类型是明显或隐含地规定了在程序执行期间数据所有可能取值的范围,以及在这些值上允许进行的操作。因此,数据类型是一个值的集合和定义在这个值集合上的一组操作的总称。例如,在编程语言中的整型变量,其值集为某个区间上的整数,定义在其上的操作为:加、减、乘、除和求余数等算术运算。各种语言所提供的数据类型有相似点,也有特殊性。

数据结构就是相互之间存在一种或多种特定关系的数据元素的集合。在任何问题中,数据元素都不是孤立存在的,而是在它们之间存在着某种关系,这种数据元素相互之间的关系就称为结构。数据元素之间关系具有不同特性,通常使用的四类基本结构为:

1. 集合关系。结构中的数据元素除了"同属于一个集合"的关系外,再无其他关系;

2. 线性关系。结构中的数据元素之间存在一对一的关系,彼此之间有一定的先后次序,除第一个元素和最后一个元素之外,每个元素都有一个前驱和后继;

3. 树形结构关系。结构中的数据元素之间存在一对多的关系。例如:家谱中一个父亲有多个子女,一棵树根有多个分支等;

4. 图状结构或网状结构关系。结构中的数据元素之间存在多个对多个的关系。例如:地图中各个城市之间就是多个对多个的关系。

数据结构与算法有着密切关系,只有明确了问题的算法,才能更好地构造数据结构,选择好的算法,依赖于良好的数据结构,因此数据结构又是选择和设计算法的基础。

解决不同的问题,需要选择不同的数据结构,也需要选择不同的算法。程序设计的目的就是编写描述正确、运行后能得到预期结果的程序。

1.1.3 编程思维导图

人们有很多方式表达自我,每种方式都有一些核心元素,音乐家用音调、旋律、音色表达自我,画家和设计师用色彩、形状、线条表达,演员和舞者用动作、手势表达,那么,计算思维的表达方式是:输入和输出,将人、电脑和整个世界连接,程序中涉及的变量跟踪重要数据,例如,气温、账户余额、按键频次,当跟踪气温的变量变化到某种程度时立即输出相应的预警信号。程序能帮助人们连接世界,离开程序依靠人工完成任务则是不现实的。然而编程关键在于准确描述情况,并对变化的状态进行处理。例如,智能家居的场景中,当室内温度低于10摄氏度,系统就自动打开供暖设备。

编程思维导图能准确描述情况,提升编程效率。编程思维导图即心智图(mind map),又称脑图、心智地图、脑力激荡图、思维导图、灵感触发图、概念地图、树状图、树枝图或思维地图,是一种图像式思维的工具,是用图像式思考辅助工具来表达思维的工具。心智图是由英国的托尼·博赞(Tony Buzan)于1970年代提出的一种辅助思考工具。心智图通过从平面上的一个主题出发画出相关联的对象,像一个心脏及其周边的血管图,故称为"心智图"。由于这种表现方式比单纯的文本更加接近人类思考时的空间性想象,所以用于创造性思维过程中。科学研究已经充分证明:人类的思维特征是呈放射性的,进入大脑的每一条信息、每一种感觉、记忆或思想(包括每一个词汇、数字、代码、食物、香味、线条、色彩、图像、节拍、音符和纹路等),都可作为一个思维分支表现出来,它呈现出来的就是放射性立体结构。

编程思维导图通过带顺序标号的树状的结构来呈现一个思维过程,将放射性思考(radiant thinking)具体化。编程思维导图借助可视化手段促进灵感的产生和创造性思维的形成。编程思维导图是放射性思维的表达,是人类思维的自然功能。编程思维导图以一种独特有效的方法驾驭整个范围的脑皮层技巧——词汇、图形、数字、逻辑、节奏、色彩和空间感。编程思维导图是基于对人脑的模拟,它的整个画面正像一个人大脑的结构图,能发挥人脑整体功能。

1. 绘制编程思维导图的重要规则

高效地使用大脑的精准地描述编程问题的需求,充分发挥人类左右脑的功能,需要遵守一些重要的规则。设计这些规则的目的不是要限制思考,而是通过这些与大脑(工作与学习方式)一致的特定技巧更快速地提升分析力、创造力。

规则一:在纸的正中央用一个彩色图像或符号开始画编程思维导图。

原因:在正中央开始画是因为它能反映出大脑思考程序的多钩状特性,从核心向四周发散思考可以获得更多的空间和自由。使用图像和色彩更有利于提升人们的记忆力和创造力。

规则二:把写有需求问题的连线与中央图像连在一起。

原因:需求问题被连起来是因为大脑是通过联想来工作的,如果线条附着需求问题,就会在大脑内部产生类似于"附着"的思想。靠近中央图像的线条要粗一些,字号大一些,以此反映出这些主题的重要性。

规则三:线与线相连。

原因:编程思维导图连接的结构反映了大脑中的联想本性。如果连线断裂,思维、记忆和创造也会产生断层。

规则四:用印刷体字。

原因:写印刷体字虽然会多花一些时间,但是这种"精确而持久的反馈"和相当清楚的印刷体文字会带来非常多的好处,更便于识别和回忆。

规则五:将印刷体字写在线条上。

原因:把印刷体字写在线条上,这样建立起了编程思维导图基本结构的关系和联想。如果重新组织思维导图的基本骨架,许多单词会"突然出现"在合适的位置。

规则六:每条线上只有一个关键词。

原因:每个关键词都可以触发无限的联想。把关键词单独放在线上,让大脑从这个词开始,更加自由地扩展出去。词组会让单个的词语受到限制,减少了创造力和清楚地再现记忆的可能性。

规则七:在整个导图中都要使用色彩。

原因:色彩是各种思想的最主要的刺激物,尤其是在增加创造力和记忆力方面。色彩也有美感,这在画思维导图时会增加大脑的愉悦感,提高回顾、总结和使用编程思维导图的兴趣。

规则八:在整个思维导图中都要使用图像。

原因:正如达·芬奇建议要有适当的大脑训练,运用图像可以把记忆力提高到近乎完美,让创造性思考的效率提高十倍,增强解决问题、交流和感知的能力等,诸如此类。

规则九:在整个思维导图中使用代码和符号。

原因:运用各种形状(如有色彩和箭头的个性化代码)为编程思维导图添加第四个维度。这会加强人们对事物分析、构造、说明、组织和推理的能力。

2. 绘制编程思维导图的工具

手工绘图的工具:没有画上线条的空白纸张、彩色水笔和铅笔、大脑。手工绘制的过程见图1-1-6。

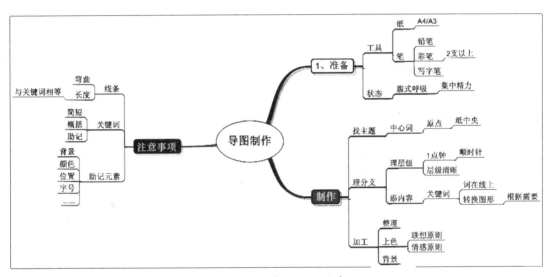

图1-1-6 手工绘图的步骤

计算机绘图工具:绘图软件即:

(1) MindManager,是一款创造、管理和交流思想的思维导图软件,拥有可视化直观、友好的用户界面和丰富的功能,它可以在一个单一的视图里组织想法,轻松地拖放操作就可以实现各种想法。

(2) MindMaster,是一款实用的国产思维导图软件,操作简单,界面简洁,稳定性高。支持在Windows、Mac以及Linux系统上安装使用,除了常规的思维导图外,还可以绘制鱼骨图、树状图、组织架构图、甘特图以及时间线等等。提供了丰富的模板,轻松提高工作学习效率。

(3) Freemind,是一套由Java撰写而成的免费思维导图软件,主要可用来帮助整理思绪。软件提供了复杂的图表以及许多分支,具有一键式"折叠/展开"和"跟随链接"操作。还可以将链接及多媒体嵌入到思维导图中。

(4) Coggle,是一个免费的在线协作思维导图工具,支持快捷键,撤销/重做,多人协作,拖拽插入图片,嵌入第三方网页,操作历史记录等,还可以设置不同颜色的连接线,轻松制作出漂亮的笔记。当设计完导图后,可以创建一个链接与朋友同事进行分享。

（5）Imindmap，是一款由思维导图创始人托尼·巴赞(Tony Buzan)亲自监制开发而成的软件。与前面几款软件不同，它是一款手绘思维导图软件，也是全球首个推出 3D 视图的思维导图软件，灵活度较高，比较适用于头脑风暴、策划和管理项目、创建演示文稿等。

1.1.4　综合案例

例 1-5

应用场景：

某大学的大二学生李大敏利用假期为希望小学的学生上课，需要给小学生讲解数值的奇、偶问题。小李设计了一个应用题让小学生理解数值的奇、偶概念，他请小学生们判断任意一个数是否是 100 以内的偶数。该问题可以用图 1-1-7 表示。

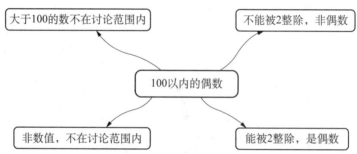

图 1-1-7　判断任意一个数是否是 100 以内的偶数的思维导图

根据图 1-1-7 可以整理出如图 1-1-8 所示的流程图。

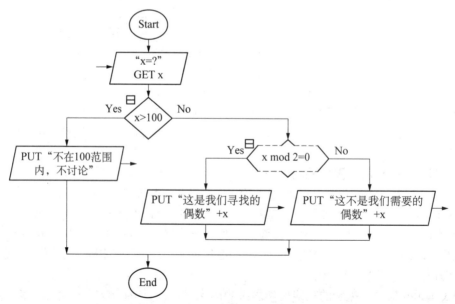

图 1-1-8　判断任意一个数是否是 100 以内的偶数的流程图（此图用流程图制作工具包制作的）

根据图1-1-8可以用Python编程语言编写以下代码。

```
n =eval(input("n=?"))
if n<101:
    if n % 2 == 0:
        print("这是我们寻找的偶数",n)
    else:
        print("这不是我们需要的偶数",n)
else:
    print("不在100范围内，不讨论",n)
```

通过这个案例,可以发现程序设计的技术路线为:

(1) 分析问题,根据问题求解分析画出编程思维图;

(2) 根据编程思维图画出流程图,对程序实现的功能做详细描述;

(3) 将流程图翻译成代码。

编程思维(computational thinking)蕴含着丰富的人生智慧。小到洗衣做饭,大到公司决策。计算性思维能够将一个问题清晰具体地描述出来,并将问题的解决方案表示为一个信息处理的流程。谷歌公司将计算性思维概括成四大类型:分解问题,模式认知,抽象思维,算法设计。

例1-6 厨师问题。如果厨师工作环境有2个灶头,锅碗瓢盆的数量是一样的。需要做肉菜、也需要做一个素菜,还需要做一道甜点。一般成年人都会做饭,但并不是所有人都是一个好的厨师,其原因是:一般人们是凭自己的直觉去做饭的。然而作为专业厨师在保证做出可口的饭菜前提下,还要考虑到诸如做肉菜的时间,因为肉菜从出锅到上桌与下一道菜的间隔很重要,如果时间间隔过长肉菜的可食温度就会下降从而降低肉菜的质量,同时要考虑与肉菜相匹配的素菜,确保整套餐的营养成分、口感。以上问题似乎与编程思维无关,其实该问题的实质就是在给定有限资源中如何去设定几个并行的流程的问题,实际上就是一个任务统筹设计。该问题自然可以通过分解问题,模式认知,抽象思维,算法设计来解决,由此诞生机器人厨师。

例1-7 家庭旅行计划问题。全家利用国庆长假出游,由于国庆假期出游的人很多,提前规划十分重要,如果不做规划凭直觉,其结果是全家高兴出门,败兴而归。

首先需要分解问题,把一个庞大的项目,分解成几个小问题,小问题还可以分解成更小的问题,每个问题逐一解决,其中每个问题都比较简单,条理清晰。旅行策划可以分解成几部分:目的地选择,行李准备,订车票,预订住宿场所,行程安排等(见图1-1-9)。

上述问题模式中认知是指找出相似模式,高效解决细分问题。识别模式,就是根据过去的经验以及过去解决问题的方法来解决眼前的问题,识别模式越多,问题解决得越快。例如,你的朋友刚刚去过某个地方,推荐了一个经济实惠、舒服、地理位置佳(离景点很近)的住宿场所,那么你就能快速完成预订住宿场所任务。

抽象思维聚焦重要的关键信息,忽视无用细节。一个善于运用抽象思维的人会剥离出问题的核心,知道什么是重要的,需要提前确定,什么是不重要的,可以拖后解决。这样就不会浪费时间在不必要的项目上。通过不同思维方式下的行程对照可以清晰看到抽象思维模式的高效。

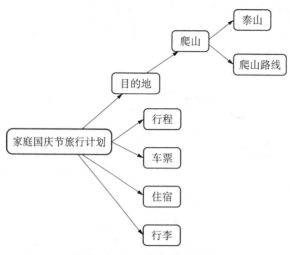

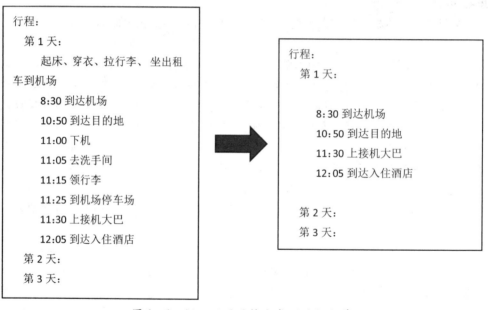

图1-1-9 旅行策划问题

图1-1-10 不同思维方式下的行程单

算法设计就是具体实现的步骤,在本例中爬山的策略,可以乘缆车上山,但会遗漏上山路上的美景,同时由于公共假期,乘缆车的游客很多,等候时间比较长,这个方案可以登山,但效率低成本高,被否决了;上山采用徒步方式,享受美景的同时也锻炼了身体,徒步花费2.5小时,下山则采用搭乘缆车,这样可以节省时间,同时与乘缆车上山的游客错峰。从案例中可见,算法设计中关注时间和效率,设计就是将解决问题的各种方案罗列,逐个比较优劣,选出最优方案。

例1-8 十字路口交通灯控制系统,这是一个比较复杂的问题,首先不急于找模型,也不急于编写代码,分析单个交通灯的各种状态,一组交通灯的各种状态,不同的路口的交通灯的状态,把具体的管控的区域一一罗列,可以发现交通灯管理程序本质上就是一个状态管理的过程。这个认识并非是编程所需要的抽象,但积累了对输入和输出的认识,下一步可以写一点简单代码或者伪代码,把各种状况的逻辑都单独实现一遍,把各种状态之间的转换的条件和过程勾勒出来,从这里观察他们在数据和流程上的共性,进行优化,这样就能找到所需的抽象,然后利用熟悉的工具(比如编程语言)编程范式实现这样的抽象。把问题具体化,寻找具体的输入和输出,具体的状态变化。具体化之后问题更容易分解,分解以后的问题更容易分析;先分析再归纳优于不分析直接归纳。

1.1.5 习题

1. 校园里有个莲花池,夏季的一天张老师发现莲花池盛开了2019年的第1朵莲花,张老师每天到莲花池边观察莲花,发现每过一天莲花盛开的数量就会翻一倍。同时也有莲花凋谢,张老师想如果莲花永远不凋谢,到第15天莲花池全部开满了莲花,这该是多美呀!请用编程思维图描述其解决方案。

2. 设有 n 个活动的集合 $E=\{1,2,\cdots,n\}$,其中每个活动都要求使用同一会场(图文信息中心报告厅),而在同一时间内只有一个活动能使用报告厅。每个活动 i 都有一个要求使用该报告厅的起始时间 s_i 和一个结束时间 f_i,且 $s_i < f_i$。如果选择了活动 i,则它在时间区间 $[s_i, f_i]$ 内占用报告厅。若区间 $[s_i, f_i]$ 与区间 $[s_j, f_j]$ 不相交,则称活动 i 与活动 j 是相容的。也就是说,当 $s_i \geqslant f_j$ 或者 $s_j \geqslant f_i$ 时,活动 i 与活动 j 相容。活动安排问题就是要在所给的活动集合中选出最大的相容活动子集合,请用编程思维图描述其解决方案。

3. 手机厂商为了推出新品组织一次新品价格竞猜活动,活动分组展开,每组3人,抽签决定竞猜顺序,第1位选手猜价后,主持人宣布结果(正确、猜的价格比原价高、猜的价格比原价低),第2位选手根据第1位所猜价格与实际产品价格的关系猜一个接近产品价格的值,之后主持人宣布第2位选手竞猜结果,第3位选手根据前2位选手所猜价格与实际产品价格的关系猜一个接近产品价格的值。之后主持人宣布第3位选手竞猜结果,如果3位选手都未猜对则第2组选手上场,按抽签、猜价、宣布结果的顺序推进,直到参加活动的选手猜对价格,活动结束。请用编程思维图描述其解决方案。

4. 设有 n 个独立的项目 $\{1,2,\cdots,n\}$,由 m 台相同的服务器进行运算处理。项目 i 所需运算时间为 t_i。约定:任何作业可以在任何一台服务器上运算处理,但未完工前不允许中断处理,任何项目不能拆分成更小的子项目。要求给出一种项目调度方案,使所给的 n 个项目在尽可能短的时间内由 m 台服务器运算处理完成。

多服务器调度问题是一个NP完全问题,到目前为止还没有完全有效的解法。对于这类问题,用贪心选择策略有时可以设计出一个比较好的近似算法。请用编程思维图描述其解决方案。

1.2 人工智能基础

智能,是智力和能力的总称,中国古代思想家一般把智与能作为两个相对独立的概念。《荀子·正名篇》:"所以知之在人者谓之知,知有所合谓之智。所以能之在人者谓之能,能有所合谓之能"。其中,"智"是指进行认识活动的某些心理特点,"能"则是指进行实际活动的某些心理特点。

也有不少思想家把二者结合起来作为一个整体看待。《吕氏春秋·审分》:"不知乘物而自怙恃,夺其智诏,多其教诏,而好自以,……此亡国之风也。"东汉王充更是提出了"智能之士"的概念,《论衡·实知篇》:"故智能之士,不学不成,不问不知""人才有高下,知物由学,学之乃知,不问不识。"他把"人才"和"智能之士"相提并论,认为人才就是具有一定智能水平的人,其实质就在于把智与能结合起来作为考察人的标准。

1.2.1 多元智能理论

根据霍华德·加德纳(Howard Gardner)的多元智能理论,人类的智能可以分成七个范畴:语言(verbal/linguistic)、逻辑(logical/mathematical)、空间(visual/spatial)、肢体运作(bodily/kinesthetic)、音乐(musical/rhythmic)、人际(inter-personal/social)、内省(intra-personal/introspective)。

1. 语言智能(linguistic intelligence)

它是指有效地运用口头语言或文字表达自己的思想并理解他人,灵活掌握语音、语义、语法,具备用语言思维、用语言表达和欣赏语言深层内涵的能力结合在一起并运用自如的能力。它们适合的职业是:政治活动家、主持人、律师、演说家、编辑、作家、记者、教师等。

2. 逻辑和数学智能(logical-mathematical intelligence)

它是指有效地计算、测量、推理、归纳、分类,并进行复杂数学运算的能力。这项智能包括对于逻辑方式和关系、陈述和主张、功能及其他相关抽象概念的敏感性。它们适合的职业是:科学家、会计师、统计学家、工程师、电脑软体研发人员等。

3. 空间智能(spatial intelligence)

它是指准确感知视觉空间及周围一切事物,并且能把所感觉到的形象以图画的形式表现出来的能力。这项智能包括对色彩、线条、形状、形式、空间关系很敏感。它们适合的职业是:室内设计师、建筑师、摄影师、画家、飞行员等。

4. 身体运动智能(bodily-kinesthetic intelligence)

它是指善于运用整个身体来表达思想和情感、灵巧地运用双手制作或操作物体的能力。

这项智能包括特殊的身体技巧,如平衡、协调、敏捷、力量、弹性和速度以及由触觉所引起的能力。它们适合的职业是:运动员、演员、舞蹈家、外科医生、宝石匠、机械师等。

5. 音乐智能(musical intelligence)

它是指人能够敏锐地感知音调、旋律、节奏、音色等的能力。这项智能是对节奏、音调、旋律或音色的强烈敏感能力,与生俱来就拥有音乐的天赋,具有较高的表演、创作及思考音乐的能力。它们适合的职业是:歌唱家、作曲家、指挥家、音乐评论家、调琴师等。

6. 交际智能(interpersonal intelligence)

它是指能很好地理解他人和与他人交往的能力。这项智能是善于察觉他人的情绪、情感,体会他人的感觉和感受,辨别不同人际关系的暗示以及对这些暗示做出适当反应的能力。它们适合的职业是:政治家、外交家、领导者、心理咨询师、公关人员、推销等。

7. 自我认知智能(intrapersonal intelligence)

它是指自我认识和具有自知之明并据此做出适当行为的能力。这项智能是能够认识自己的长处和短处,意识到自己的内在爱好、情绪、意向、脾气和自尊,喜欢独立思考的能力。它们适合的职业是:哲学家、政治家、思想家、心理学家等。

8. 自然认知智能(naturalist intelligence)

它是指善于观察自然界中的各种事物,对物体进行辨识和分类的能力。这项智能有着强烈的好奇心和求知欲,有着敏锐的观察能力,能了解各种事物的细微差别。它们适合的职业是:天文学家、生物学家、地质学家、考古学家、环境设计师等。

"人工"一词的意思是合成的(即人造的),这通常具有负面含义,人们普遍认为人造物体的品质不如自然物体。同时,人造物体也有优于真实或自然物体之处。例如,人造花是用丝和线制成的类似芽或花的物体,它不需要以阳光或水分作为养料,却可以为人们提供实用的装饰功能。虽然人造花给人的感觉以及香味可能不如自然的花朵,但它看起来和真实的花朵如出一辙。蜡烛、煤油灯或电灯泡产生的是人造光。显然自然光只有当太阳出现在天空时,才可以获得,人造光却随时都可以获得,从这一点而言,人造光是优于自然光的。

就像人造花、人造光一样,需要研究、开发用于模拟、延伸和扩展人的智能的理论、方法、技术及应用系统即:人工智能。

人工智能之父约翰·麦卡锡(John McCarthy)说:人工智能就是制造智能的机器,更特指制作人工智能的程序。人工智能模仿人类的思考方式使计算机能智能地思考问题,人工智能通过研究人类大脑的思考、学习和工作方式,然后将研究结果作为开发智能软件和系统的基础。

1.2.2 人工智能的基本概念

与人工智能形成对照的是自然智能。什么是自然智能?从自然宇宙进化发展的历史而论,自然宇宙本身,就是一个最宏大的宇宙自动机,正是这个最宏大的大自然物质的自动机,逐渐孕育出来地球上大量自然生命物质的自动机,例如各种植物、动物等,这个过程,大约经历了至少四十亿年。然后,在这大量自然生命物质的自动机之中,又逐渐孕育出来了具有自我意识能力的人类这种智能物质的自动机。所有这些自动机的奥秘,或原理,或逻辑,实际上均体现在人类存在的全过程之中。从生命物质进化到智能物质的全部过程,大约又经历了近一亿年,然而严格地讲,其中最后的一千万年,应该是属于从猿到人的全部历程。

从自然物质的自动机到自然生命—物质的自动机,最后到自然智能—生命—物质的自动机的全过程,可以说是自然智能进化发展的全部历史过程,或者说,这一切均为自然智能的产物。当然,这个过程最高的产物是人类,是人类这种具有自我意识,并从而能意识到其他一切存在的宇宙中最高精神内涵的物种,或最高水平的自然智能—生命—物质的自动机。

自从产生了人类这个自然智能—生命—物质的自动机之后,由于人类自身意识不断进化、发展的结果,人类逐渐具备了高水平的认识自身和世界的能力,随着这种认识能力的增长,人类也逐渐具备了某种可以由他们自身单独制造某种具备全新物质"自动机"功能机器的能力,虽然这些"机器"可能达不到自然生命—物质的自动机那么高度"自动化"的水准,而且人类制造的物质自动"机器",几乎全都只是仿照人类自身部分功能的自动化机器,均具有可能重复操作的逻辑理路,例如自动恒温器、自动机车、自动生产机器,甚至包括进行自动化生产的工厂、农场,等等,它们的自动性还缺乏完整性,例如至少还必须通过人类来帮助它们从外部输入物质和能量,才可能维持人工智能"机器"的运动,否则便不可能"自动"。

凡是由人类制造的这些自动"机器"的过程和结果,即为人工智能的过程和结果。至少到目前为止,人类靠自身的能力所制造成功的"人工智能自动机",还只能称作是"人工智能机器",暂时还不能称作是真正完全的"自动机",即完全离开人类操作的真正的"物质自动机",自然就更不可能是"生命—物质的自动机",至于完全靠"人工智能"生产出纯粹如同人类一样的"智能—生命—物质的自动机",则几乎是没有可能。

人类制造的自动化"机器"不仅可以取代人们的手、足,也可能部分取代人类的脑进行某些具有清晰规律理路操作,例如电子计算机,甚至也可能取代人类的脑进行某些相对完整系统的专门性的活动,例如可以像人类那样下棋、开车、探险,甚至作战,等等,只要逻辑理路清晰,即可以在物质的意义上重复人类的思维—语言—行为,而且完全可能在有限功能的意义上超越人类自身,就像阿尔法围棋机器人(电脑)事实上已经战胜了人类最高水平棋手,可以说其"棋艺"实际上已远远超越了人类。

自然智能是最基本的智能,它生产了所有一切的自动机,包括能够制造物质自动机的人类自动机,也同样是自然智能的产物;而人工智能,则是人类仿照自然智能的原理,运用人类自身所创造的知识和智慧,单独完成物质自动机的生产能力。所以,所谓的人工智能,实际上是单独由人类自身的智能来完成的创造全新物质自动机的能力;至少到现在为止,人类还不能创造人工的生命—物质自动机,至于创造完全独立思维的智能—生命—物质的自动机,则更不可能,或许根本就不可能。但是完全可以相信,人类的能力,正在逐步地向终极能力高速地进化。

信息经过感觉输入到神经系统,再经过大脑思维变成为认识,例如:一瓶可乐放在桌上,通过人的眼将信息输入到神经系统,再经过大脑思维,这是一瓶未打开的可乐,放在桌上说明可乐是常温的,这个桌子是商家的,那可乐一定是出售的商品,如果需要喝可乐一定要先询价,决定是否购买,等等,上述叙述就是认识,认识就是用符号去整理研究对象,并确定其联系。认识是初级阶段,从认识到解决问题中间需要知识和智力。

知识是人们对可重复信息之间的联系的认识,是被认识了的信息和信息之间的联系,是信息经过加工整理、解释、挑选和改造而形成的。接受和建立知识的能力就是智力。智力可被看

第1章 绪 论

作是个体的各种认知能力的综合,特别强调解决新问题的能力、抽象思维、学习能力、对环境的适应能力。

人工智能是研究、开发用于模拟、延伸和扩展人的智能的理论、方法、技术及应用系统的一门新的技术科学。

人工智能是计算机科学的一个分支,它企图了解智能的实质,并生产出一种新的能以与人类智能相似的方式做出反应的智能机器,该领域的研究包括机器人、语言识别、图像识别、自然语言处理和专家系统等。人工智能从其诞生以来,其理论和技术日益成熟,应用领域也不断扩大,可以设想,未来人工智能带来的科技产品,将会是人类智慧的"容器"。人工智能是对人的意识、思维的信息过程的模拟。人工智能不是人的智能,但能像人那样思考、也可能超过人的智能。

人工智能是一门极富挑战性的科学,从事这项工作的人必须懂得计算机、心理学和哲学知识。人工智能涉及十分广泛的科学,它由不同的领域组成,如机器学习,计算机视觉等等,人工智能研究的一个主要目标是使机器能够胜任一些通常需要人类智能才能完成的复杂工作。但不同的时代、不同的人对这种"复杂工作"的理解是不同的。

人工智能的定义可以分为两部分,即"人工"和"智能"。"人工"比较好理解,争议性也不大。有时考虑什么是人力所及能制造的,或者人自身的智能程度有没有高到可以创造人工智能的地步,等等。但总的来说,"人工智能"就是通常意义下的人工系统。

"智能"涉及其他诸如意识(consciousness)、自我(self)、思维(mind)(包括无意识的思维(unconscious mind))等等问题。人唯一了解的智能是人本身的智能,这是普遍认同的观点。但是人类对自身智能的理解都非常有限,对构成人的智能的必要元素也了解有限,因此对"人工"制造的"智能"的定义涉及面比较广。人工智能的研究往往涉及对人的智能本身的研究。其他关于动物或其他人造系统的智能也普遍被认为是与人工智能相关的研究课题。

人工智能在计算机领域内,得到了愈加广泛的重视,并已经在机器人、经济政治决策、控制系统、仿真系统中得到应用。

尼尔逊(Nilsson)教授对人工智能下了这样一个定义:"人工智能是关于知识的学科——怎样表示知识以及怎样获得知识并使用知识的科学。"而另一个美国麻省理工学院的温斯顿(Winston)教授认为:"人工智能就是研究如何使计算机去做过去只有人才能做的智能工作。"这些说法反映了人工智能学科的基本思想和基本内容。即人工智能是研究人类智能活动的规律,构造具有一定智能的人工系统,研究如何让计算机去完成以往需要人的智力才能胜任的工作,也就是研究如何应用计算机的软硬件来模拟人类某些智能行为的基本理论、方法和技术。

人工智能是计算机学科的一个分支,20世纪70年代以来已成为世界三大尖端技术之一(空间技术、能源技术、人工智能)。也被认为是21世纪三大尖端技术(基因工程、纳米科学、人工智能)之一。这是因为近三十年来它获得了迅速的发展,在很多学科领域都获得了广泛应用,并取得了丰硕的成果,人工智能已逐步成为一个独立的分支,无论在理论上还是实践上都已自成一个系统。

人工智能是研究使用计算机来模拟人的某些思维过程和智能行为(如学习、推理、思考、规划等)的学科,主要包括计算机实现智能的原理、制造类似于人脑智能的计算机,使计算机能实现更高层次的应用。人工智能将涉及计算机科学、心理学、哲学和语言学等学科。可以说几乎是自然科学和社会科学的所有学科,其范围已远远超出了计算机科学的范畴,人工智能与思维科学的关系是实践和理论的关系,人工智能是处于思维科学的技术应用层次,是它的一个应用分支。从思维观点看,人工智能不限于逻辑思维,还要考虑形象思维、灵感思维,才能促进人工智能的突破性的发展,数学常被认为是多种学科的基础科学,数学也进入了语言、思维领域,人工智能学科也必须借助数学工具,数学不仅在标准逻辑、模糊数学等范围发挥作用,数学进入人工智能学科,它们将互相促进而更快地发展。

1.2.3 人工智能的发展史

人工智能的发展历程大致可以划分为以下五个阶段:

第一阶段:20世纪50年代,人工智能的兴起和冷落。人工智能概念在1956年首次提出后,相继出现了一批显著的成果,如机器定理证明、跳棋程序、通用问题s求解程序、Lisp表处理语言等。但是由于消解法推理能力有限以及机器翻译等的失败,使人工智能研究走入了低谷。这一阶段的特点是重视问题求解的方法,而忽视了知识的重要性。

第二阶段:20世纪60年代末到70年代,专家系统出现,使人工智能研究出现新高潮。Dendral化学质谱分析系统、MYCIN疾病诊断和治疗系统、Prospectior探矿系统、Hearsay-Ⅱ语音理解系统等专家系统的研究和开发,将人工智能引向了实用化。并且,1969年成立了国际人工智能联合会议(International Joint Conferences on Artificial Intelligence,即IJCAI)。

第三阶段:20世纪80年代,随着第五代计算机的研制,人工智能得到了飞速的发展。日本在1982年开始了"第五代计算机研制计划",即"知识信息处理计算机系统KIPS",其目的是使逻辑推理达到数值运算那么快。虽然此计划最终失败,但它的开展形成了一股研究人工智能的热潮。

第四阶段:20世纪80年代末,神经网络飞速发展。1987年,在美国召开了第一次神经网络国际会议,宣告了这一新学科的诞生。此后,各国在神经网络研究方面的投资逐渐增加,神经网络迅速发展起来。

第五阶段:20世纪90年代,人工智能出现新的研究高潮。由于网络技术特别是国际互联网技术的发展,人工智能开始由单个智能主体研究转向基于网络环境下的分布式人工智能研究。不仅研究基于同一目标的分布式问题求解,而且研究多个智能主体的多目标问题求解,将人工智能更面向实用。另外,由于Hopfield多层神经网络模型的提出,使人工神经网络研究与应用出现了欣欣向荣的景象。

在人工智能所带来的新赛场上,无论是从理论研究、技术研发方面,还是从产业基础方面来看,我国都做出了一系列重要工作。早在上世纪70年代后期,吴文俊就凭借几何定理的机器证明成果,成为国际自动推理界的领军人物,他所开创的数学机械化也在国际上被誉为"吴方法"。在人际对弈方面,浪潮天梭在2006年8月以3胜5平2负击败柳大华等5位中国象棋大师组成的联队。近些年来,我国人工智能领域又取得了飞速发展。科大讯飞语音识别技术已经处于国际领先地位,其语音识别和理解的准确率均达到了世界第一,自2006年首次参加国际权威的Blizzard Challenge大赛以来,一直保持冠军地位。百度推出了度秘和自动驾驶汽车。腾讯推出了机器人记者Dreamwriter和图像识别产品腾讯优图。阿里巴巴推出了人工智能平台DTPAI和机器人客服平台。清华大学研发成功的人脸识别系统以及智能问答技术都已经获得了应用。中科院自动化所研发成功了"寒武纪"芯片并建成了类脑智能研究平台。华为也推出了MoKA人工智能系统。

我国政府也一直重视人工智能的发展。尤其是2015年将人工智能作为国家"互联网+"

战略中十一个具体行动之一,提出要"加快人工智能核心技术突破,培育发展人工智能新兴产业,推进智能产品创新,提升终端产品智能化水平"。2016年中,国家发改委、科技部、工信部、中央网信办联合发布了《"互联网+"人工智能三年行动实施方案》,这是我国首次单独为人工智能发展提出具体的策略方案,也是对2015年发布的"互联网+"战略中人工智能部分内容的具体落实。该行动方案提出了三大方向共九大工程,系统地提出了我国在2016至2018年间推动人工智能发展的具体思路和内容,目的在于充分发挥人工智能技术创新的引领作用,支撑各行业领域"互联网+"创业创新,培育经济发展新动能。这不仅在操作层面提出了我国发展人工智能的具体方案,将人工智能的发展措施落到了实处,也明确了我国人工智能技术发展的内容重点和阶段性要求。

人工智能技术还有很多很多需要研究和解决的问题。但是在发展初期如果不能快速跟上,必将会错失在一次新的产业革命(甚至是一个新的文明时代)中的赶超良机。因此,必须认清形势,把握趋势,积极谋划,推动发展。一方面,要快速抢占先机,积极进行人工智能理论研究和技术研发,争取做到"成熟一批,产业化一批"。另一方面,要同时打造坚实的产业基础,在平台、终端、应用三大环节齐头并进。此外,还要抓住有利时机,在重点领域重点布局。

按照我国"互联网+"战略及《"互联网+"人工智能三年行动实施方案》的要求,我国的人工智能技术发展将从人工智能信息产业、重点领域智能应用和智能化终端产品三大环节入手,通过9大工程,打造完备的产业链条,同时在标准体系、知识产权的辅助下,构建基础坚实、创新活跃、开放协作、绿色安全的人工智能产业生态。

人工智能新兴产业主要任务是进行人工智能前沿技术布局,推动核心技术产业化,并为人工智能产业发展奠定公共基础。其涉及核心技术研发与产业化、基础资源公共服务平台两大工程。其中,核心技术研发与产业化工程主要涉及三个方面。一是人工智能基础理论,包括深度学习、类脑智能等。二是人工智能共性技术,包括人工智能领域的芯片、传感器、操作系统、存储系统、高端服务器、关键网络设备、网络安全技术设备、中间件等基础软硬件技术。三是人工智能应用技术,包括基于人工智能的计算机视听觉、生物特征识别、复杂环境识别、新型人机交互、自然语言理解、机器翻译、智能决策控制、网络安全等。基础资源公共服务平台工程主要涉及四个方面的建设内容。一是各种类型人工智能海量训练资源库和标准测试数据集建设,包括文献、语音、图像、视频、地图及行业应用数据等,这些数据集需要面向社会开放,为广大科研机构和企业进行人工智能研究和开发提供服务。二是基础资源服务平台建设,包括满足深度学习计算需求的新型计算集群共享平台、云端智能分析处理平台、算法与技术开放平台、智能系统安全情报共享平台等。三是类脑智能基础服务平台建设,要能够模拟真实脑神经系统的认知信息处理过程。四是产业公共服务平台建设,可以为人工智能创新创业提供相关研发工具、检验评测、安全、标准、知识产权保护和成果转化、创业咨询等专业化服务。

重点领域智能应用主要任务是加快人工智能技术的产业化进程,推动人工智能在家居、汽车、无人系统、安防、制造、教育、环境、交通、商业、健康医疗、网络安全、社会治理等重要领域开展试点,使得人工智能能够在第一时间转化为生产力并惠及民生。本部分以基础较好的智能家居、智能汽车、智能无人系统、智能安防等领域为主。智能家居示范工程主要支持利用健康医疗、智慧娱乐、家庭安全、环境监测、能源管理等应用技术,进行具有人工智能的酒店、办公楼、商场、社区、家庭等建设,提升百姓生活品质。智能汽车研发与产业化工程主要面向自动驾驶和安全驾驶,支持智能汽车芯片和车载智能操作系统、高精度地图及定位、智能感知、智能决策与控制等,支持智能汽车试点。智能无人系统应用工程主要面向无人机、无人船等无人设备,支持与人工智能相关的结构设计、智能材料、自动巡航、远程遥控、图像回传等技术研发,及其在物流、农业、测绘、电力巡线、安全巡逻、应急救援等重要行业领域的创新应用。智能安防推广工程主要面向与百姓安全息息相关的社会治安、工业安全以及火灾、有害气体、地震、疫情等问题,支持利用图像精准识别、生物特征识别、编码识别、智能感知等技术的研发和应用。

智能化终端产品的主要任务是希望通过合适的终端,实现智能化生产和服务。涉及三大工程。智能终端应用能力提升工程主要是面向具有一定智能计算能力的终端及附属应用,支持其在智能交互、智能翻译等云端协同方面及图像处理、操作系统基础软硬件方面进一步改进。智能可穿戴设备发展工程主要支持轻量级操作系统、低功耗高性能芯片、柔性显示、高密度储能、快速无线充电、虚拟现实和增强现实等关键技术的成果转化与应用。智能机器人研发与应用工程主要支持智能感知、模式识别、智能分析、智能控制等技术在机器人方面的研发和应用,包括生产用智能工业机器人,救灾救援、反恐防暴等特殊领域的智能特种机器人,医疗康复、教育娱乐、家庭服务等领域的智能服务机器人。

标准体系建设、知识产权保护和成果转化还处于一片空白状态,关于人工智能的概念仍然没有达成一致意见,人工智能也还没有一个统一的技术体系架构,平台与应用之间的接口五花八门,而且基本上都是私有协议,网络、软硬件、数据、系统、测试评估等方面的研发、应用、服务也无章可循。这直接导致了人工智能领域进入门槛过高,无法形成良性发展的产业生态。因此,建设人工智能领域标准化体系,建立并完善基础共性、互联互通、行业应用、网络安全、隐私保护等技术标准,已经成为摆在眼前的现实问题。当然,标准化工作需要相关各方的积极参与,并积极开展国际合作,才能保证对人工智能产业发展的有效促进,推动标准走出去才能增强国际话语权。另一方面,在人类所处的这个全球经济一体化时代,专利已经成为发展的硬实力,必须加快重点技术和应用领域的专利布局,同时加强专利合作,提高知识产权成果转化效率,积极防控专利风险,增强标准与专利政策的有效衔接,才能保证我国人工智能产业拥有强大的竞争力并得到持续健康发展。

人工智能学科的主要学派有:

(1) 符号主义(symbolicism),又称为逻辑主义(logicism)、心理学派(psychologism)或计算机学派(computerism),其原理主要为物理符号系统(即符号操作系统)假设和有限合理性原理。

(2) 连接主义(connectionism),又称为仿生学派(bionicsism)或生理学派(physiologism),其主要原理为神经网络及神经网络间的连接机制与学习算法。

(3) 行为主义(actionism),又称为进化主义(evolutionism)或控制论学派(cyberneticsism),其原理为控制论及感知—动作型控制系统。

各学派对人工智能发展历史具有不同的看法,即:

符号主义认为人工智能源于数理逻辑。数理逻辑从 19 世纪末起得以迅速发展,到 20 世纪 30 年代开始用于描述智能行为。计算机出现后,又在计算机上实现了逻辑演绎系统。其有代表性的成果为启发式程序 LT 逻辑理论家,证明了 38 条数学定理,表明可以应用计算机研究人的思维过程,模拟人类智能活动。正是这些符号主义者,早在 1956 年首先采用"人工智能"这个术语。后来又发展了启发式算法→专家系统→知识工程理论与技术,并在 20 世纪 80 年代取得很大发展。符号主义曾长期一枝独秀,为人工智能的发展作出重要贡献,尤其是专家系统的成功开发与应用,对人工智能走向工程应用和实现理论联系实际具有特别重要的意义。在人工智能的其他学派出现之后,符号主义仍然是人工智能的主流派别。这个学派的代表人物有纽厄尔(Newell)、西蒙(Simon)和尼尔逊(Nilsson)等。

连接主义认为人工智能源于仿生学,特别是对人脑模型的研究。它的代表性成果是1943年由生理学家麦克洛克(McCulloch)和数理逻辑学家皮茨(Pitts)创立的脑模型,即MP模型,开创了用电子装置模仿人脑结构和功能的新途径。它从神经元开始进而研究神经网络模型和脑模型,开辟了人工智能的又一发展道路。20世纪60、70年代,连接主义,尤其是对以感知机(Perceptron)为代表的脑模型的研究出现过热潮,由于受到当时的理论模型、生物原型和技术条件的限制,脑模型研究在20世纪70年代后期至80年代初期落入低潮。直到约翰·霍普菲尔德(Hopfield)教授在1982年和1984年发表两篇重要论文,提出用硬件模拟神经网络以后,连接主义才又重新抬头。1986年,鲁梅尔哈特(Rumelhart)等人提出多层网络中的反向传播算法(BP算法)。此后,连接主义势头大振,从模型到算法,从理论分析到工程实现,为神经网络计算机走向市场打下基础。现在,对人工神经网络(ANN)的研究热情仍然较高,但研究成果没有像预想的那样好。

行为主义认为人工智能源于控制论。控制论思想早在20世纪40、50年代就成为时代思潮的重要部分,影响了早期的人工智能工作者。维纳(Wiener)和麦克洛克(McCulloch)等人提出的控制论和自组织系统以及钱学森等人提出的工程控制论和生物控制论,影响了许多领域。控制论把神经系统的工作原理与信息理论、控制理论、逻辑以及计算机联系起来。早期的研究工作重点是模拟人在控制过程中的智能行为和作用,如对自寻优、自适应、自镇定、自组织和自学习等控制论系统的研究,并进行"控制论动物"的研制。到20世纪60、70年代,上述这些控制论系统的研究取得一定进展,播下智能控制和智能机器人的种子,并在20世纪80年代诞生了智能控制和智能机器人系统。行为主义是20世纪末才以人工智能新学派的面貌出现的,引起许多人的兴趣。这一学派的代表作首推布鲁克斯(Brooks)的六足行走机器人,它被看作是新一代的"控制论动物",是一个基于感知—动作模式模拟昆虫行为的控制系统。

1.2.4 人工智能主要研究内容

1. 问题求解系统

在20世纪60年代,人工智能的研究者试图通过找到通用问题求解方法来模拟复杂的思维过程,最典型的案例是当时开发的GPS(General Problem Solver)。然而,这种策略虽然取得了一些发展,但没有很大突破。于是,人工智能研究者们一直试图探索一种使计算机程序具有"智能"的方法,在20世纪70年代,人们致力于问题表示技术,即:如何将问题求解形式化,使之易于求解;搜索技术则用于如何有效地控制解的搜索过程,提升搜索效率,节约时间和空间。使用这两种技术虽也取得了一定的进展,但人们发现如果使单个程序能处理的问题更广泛,它处理具体问题的能力就下降。

直到20世纪70年代后期,人工智能研究者们才认识到:一个程序求解问题的能力来自它所具有的知识,而不仅仅是它所采用的形式化方法和推理策略。要使一个程序具有智能,就要给它提供许多关于某一问题域特定的知识。这一认识导致了特定问题求解的计算机程序的发展,这类程序就是人们所熟悉的专家系统。

2. 专家系统

20世纪60年代初,出现了运用逻辑学和模拟心理活动的一些问题求解程序,它们可以证明定理和进行逻辑推理。但是这些通用方法无法解决大的实际问题,很难把实际问题改造成适合于计算机解决的形式,并且对于解题所需的巨大的搜索空间也难于处理。1965年,E·A·费根鲍姆(E. A. Feigenbaum)等人在总结通用问题求解系统的成功与失败经验的基础上,结合化学领域的专门知识,研制了世界上第一个专家系统Dendral,可以推断化学分子结构。几十年来,知识工程的研究,专家系统的理论和技术不断发展,应用渗透到几乎各个领域,包括化学、数学、物理、生物、医学、农业、气象、地质勘探、军事、工程技术、法律、商业、空间技术、自动控制、计算机设计和制造等众多领域,开发了几千个的专家系统,其中不少在功能上已达到,甚至超过同领域中人类专家的水平,并在实际应用中产生了巨大的经济效益。

专家系统的发展已经历了3个阶段,正向第四代过渡和发展。第一代专家系统(Dendral、Macsyma等)以高度专业化、求解专门问题的能力强为特点。但在体系结构的完整性、可移植性、系统的透明性和灵活性等方面存在缺陷,求解问题的能力弱。第二代专家系统(Mycin、Casnet、Prospector、Hearsay等)属于单学科专业型、应用型系统,其体系结构较完整,移植性方面也有所改善,而且在系统的人机接口、解释机制、知识获取技术、不确定推理技术、增强专家系统的知识表示和推理方法的启发性、通用性等方面都有所改进。第三代专家系统属于多学科综合型系统,采用多种人工智能语言,综合采用各种知识表示方法和多种推理机制及控制策略,并开始运用各种知识工程语言、骨架系统及专家系统开发工具和环境来研制大型综合专家系统。在总结前三代专家系统的设计方法和实现技术的基础上,已开始采用大型多专家协作系统、多种知识表示、综合知识库、自组织解题机制、多学科协同解题与并行推理、专家系统工具与环境、人工神经网络知识获取及学习机制等最新人工智能技术来实现具有多知识库、多主体的第四代专家系统。

专家系统通常由人机交互界面、知识库、推理机、解释器、综合数据库、知识获取等6个部分构成。其中尤以知识库与推理机相互分离而别具特色。专家系统的体系结构随专家系统的类型、功能和规模的不同而有所差异。

为了使计算机能运用专家的领域知识,必须采用一定的方式表示知识。目前常用的知识表示方式有产生式规则、语义网络、框架、状态空间、逻辑模式、脚本、过程、面向对象等。基于规则的产生式系统是目前实现知识运用最基本的方法。产生式系统由综合数据库、知识库和推理机3个主要部分组成,综合数据库包含求解问题的世界范围内的事实和断言。知识库包含所有用"如果……〈前提〉,于是……〈结果〉"形式表达的知识规则。推理机(又称规则解释器)的任务是运用控制策略找到可以应用的规则。

人机界面是系统与用户进行交流时的界面。通过该界面,用户输入基本信息、回答系统提出的相关问题,系统输出推理结果及相关的解释等。

综合数据库专门用于存储推理过程中所需的原始数据、中间结果和最终结论,往往是作为暂时的存储区。解释器能够根据用户的提问,对结论、求解过程做出说明,因而使专家系统更具有人情味。

知识获取是专家系统知识库是否优越的关键,也是专家系统设计的"瓶颈"问题,通过知识获取,可以扩充和修改知识库中的内容,也可以实现自动学习功能。

早期的专家系统采用通用的程序设计语言(如Fortran、Pascal、BASIC等)和人工智能语言(如 Lisp、Prolog、Smalltalk 等),通过人工智能专家与领域专家的合作直接编程来实现的。其研制周期长,难度大,但灵活实用,至今尚为人工智能专家所使用。大部分专家系统研制工作已采用专家系统开发环境或专家系统开发工具来实现,领域专家可以选用合适的工具开发自己的专家系统,大大缩短了专家系统的研制周期,从而为专家系统在各领域的广泛应用提供条件。

专家系统的基本工作流程是,用户通过人机界面回答系统的提问,推理机将用户输入的信息与知识库中各个规则的条件进行匹配,并把被规则匹配的结论存放到综合数据库中。最后,专家系统将得出最终结论呈现给用户。

专家系统还可以通过解释器向用户解释以下问题:系统为什么要向用户提出该问题(Why)?计算机是如何得出最终结论的(How)?

领域专家或知识工程师通过专门的软件工具,或编程实现专家系统中知识的获取,不断地充实和完善知识库中的知识。主要开发工具:Gensym G2,CLIPS,Prolog,Jess,MQL 4。

根据定义,专家系统应具备以下几个功能:

(1) 存储问题求解所需的知识。

(2) 存储具体问题求解的初始数据和推理过程中涉及的各种信息,如中间结果、目标、字母表以及假设等。

(3) 根据当前输入的数据,利用已有的知识,按照一定的推理策略,去解决当前问题,并能控制和协调整个系统。

(4) 能够对推理过程、结论或系统自身行为作出必要的解释,如解题步骤、处理策略、选择处理方法的理由、系统求解某种问题的能力、系统如何组织和管理其自身知识等。这样既便于用户的理解和接受,同时也便于系统的维护。

(5) 提供知识获取,机器学习以及知识库的修改、扩充和完善等维护手段。只有这样才能更有效地提高系统的问题求解能力及准确性。

(6) 提供一种用户接口,既便于用户使用,又便于分析和理解用户的各种要求和请求。

其中存放知识和运用知识进行问题求解是专家系统的两个最基本的功能。

专家系统是一个基于知识的系统,它利用人类专家提供的专门知识,模拟人类专家的思维过程,解决对人类专家都相当困难的问题。一般来说,一个高性能的专家系统应具备如下特征:

启发性

不仅能使用逻辑知识,也能使用启发性知识,它运用规范的专门知识和直觉的评判知识进行判断、推理和联想,实现问题求解。

透明性

它使用户在对专家系统结构不了解的情况下,可以进行相互交往,并了解知识的内容和推理思路,系统还能回答用户的一些有关系统自身行为的问题。

灵活性

专家系统的知识与推理机构的分离,使系统不断接纳新的知识,从而确保系统内知识不断增长以满足商业和研究的需要。

按知识表示技术专家系统可分为:基于逻辑的专家系统、基于规则的专家系统、基于语义网络的专家系统和基于框架的专家系统。

按任务类型专家系统可分为:

解释型：可用于分析符号数据，进行阐述这些数据的实际意义。
预测型：根据对象的过去和现在情况来推断对象的未来演变结果。
诊断型：根据输入信息来找到对象的故障和缺陷。
调试型：给出自己确定的故障的排除方案。
维修型：指定并实施纠正某类故障的规划。
规划型：根据给定目标拟定行动计划。
设计型：根据给定要求形成所需方案和图样。
监护型：完成实时监测任务。
控制型：完成实施控制任务。
教育型：诊断型和调试型的组合，用于教学和培训。

最初的专家系统乃人工智能之一个应用，但由于其重要性及相关应用系统之迅速发展，它已是信息系统的一种特定类型。专家系统一词系由"以知识为基础的专家系统（knowledge-based expert system）"而来，此种系统应用计算机中储存的人类知识，解决一般需要专家才能处理的问题，它能模仿人类专家解决特定问题时的推理过程，因而可供非专家们用来增进问题解决的能力，同时专家们也可把它视为具备专业知识的助理。由于在人类社会中，专家资源稀少，有了专家系统，则可使此珍贵的专家知识获得普遍的应用。

近年来专家系统技术逐渐成熟，广泛应用在工程、科学、医药、军事、商业等方面，而且成果相当丰硕，甚至在某些应用领域，还超过人类专家的智能与判断。其功能应用领域主要有：

解释（interpretation）——测试肺部机能（如 PUFF）。
预测（prediction）——预测可能由黑蛾所造成的玉米损失（如 Plan）。
诊断（diagnosis）——诊断血液中细菌的感染（MYCIN），诊断汽车柴油引擎故障原因的 Cats 系统。
故障排除（fault isolation）——电话故障排除系统 Ace。
设计（design）——如专门设计小型马达弹簧与碳刷之专家系统 MOTORBRUSHDESIGNER。
规划（planning）——较出名的有辅助规划 IBM 计算机主架构之布置，重安装与重安排之专家系统 CSS，以及辅助财物管理之 PlanPower 专家系统。
监督（monitoring）——监督 IBM MVS 操作系统之 Yes/Mvs。
除错（debugging）——侦查学生减法算术错误原因之 Buggy。
修理（repair）——如修理原油储油槽之专家系统 Secofor。
行程安排（scheduling）——如制造与运输行称安排之专家系统 ISA。
教学（instruction）——如教导使用者学习操作系统之 TVC 专家系统。
控制（control）——帮助 Digital Corporation 计算机制造及分配之控制系统 Ptrans。
分析（analysis）——分析油井储存量之专家系统 Dipmeter 及分析有机分子可能结构之 DENDRAL 系统。它是最早的专家系统，也是最成功者之一。
维护（maintenance）——分析电话交换机故障原因之后，并能建议人类该如何维修之专家系统 COMPASS。
架构设计（configuration）——如设计 VAX 计算机架构之专家系统 XCON 以及设计新电梯架构之专家系统 VT 等。
校准（targeting）——校准武器。

例 1-9 "动物识别专家系统",动物识别专家系统是人工智能中一个比较基础的规则演绎系统,是人工智能领域里的一个大模块的专家系统的一个特定例子。是集知识表与推理为一体的,以规则为基础对用户提供的事实进行向前、逆向或双向的推理得出结论的一种产生式系统。如果通过良好的分析、精确地设计和细致的规划会创设出高度灵活和快速有效的识别系统,再加上良好的界面供用户添加新的事实和规则,反馈详细的错误或信息的话,那就是一个相当完整的识别系统了。

用产生式系统监别动物,需要一种演绎机制,利用已知事实的集合做出新的结论,一种方法是替动物园中的每个动物制作一个产生式表,使用者首先收集所有可利用的事实,然后在产生式的表中进行扫描,寻找一个状态部分能与之匹配的产生式。一般要经过许多步并生成和利用一些中间事实才能从基本事实推出结论,这种做法所包含的产生式可以比较小,容易理解,容易使用和容易产生。动物识别专家系统中的知识库中的知识通常是用规则表示的。

知识库所要遵循的规则为:

规则 1:

如果:动物有毛发

则:该动物是哺乳动物

规则 2:

如果:动物能产奶

则:该动物是哺乳动物

规则 3:

如果:该动物有羽毛

则:该动物是鸟

规则 4:

如果:动物会飞,且会下蛋

则:该动物是鸟

规则 5:

如果:动物吃肉

则:该动物是肉食动物

规则 6:

如果:动物有犬齿,且有爪,且眼盯前方

则:该动物是食肉动物

规则 7:

如果:动物是哺乳动物,且有蹄

则:该动物是有蹄动物

规则 8:

如果:动物是哺乳动物,且是反刍动物

则:该动物是有蹄动物

规则 9:

如果:动物是哺乳动物,且是食肉动物,且是黄褐色的,且有暗斑点

则:该动物是豹

规则10：

如果：如果：动物是黄褐色的，且是哺乳动物，且是食肉，且有黑条纹

则：该动物是虎

规则11：

如果：动物有暗斑点，且有长腿，且有长脖子，且是有蹄类

则：该动物是长颈鹿

规则12：

如果：动物有黑条纹，且是有蹄类动物

则：该动物是斑马

规则13：

如果：动物有长腿，且有长脖子，且是黑色的，且是鸟，且不会飞

则：该动物是鸵鸟

规则14：

如果：动物是鸟，且不会飞，会游泳，且是黑色的

则：该动物是企鹅

规则15：

如果：动物是鸟，且善飞

则：该动物是信天翁

动物分类专家系统由15条规则组成，可以识别7种动物。

知识获取一般是指获取专家系统问题求解所需要的专门知识，并以某种形式在计算机中存储、传输与转移。专家系统的知识获取一般是由知识工程师与专家系统知识的获取机构共同完成的。

知识获取的常用方法有：

（1）手工知识获取；

（2）半自动获取；

（3）自动知识获取；

（4）人工神经网络知识获取。

选用哪种知识获取方法需要根据当前的系统，以及用户的需求来决定。但在有些大型系统上还可能会用到多种获取方法。

数据库即事实记录库，在计算机中留出一些存储区间，以存放反应系统当前状态的事实，存放用户回答的事实、已知的事实和由推理而得的事实，即由已知事实推导出的假设成立时，也作为事实。其综合数据库的内容是不断变化的。

推理机是一组函数，既有正向推理机又有反向推理机，都采用精确推理。推理机是实施问题求解的核心执行机构，它是对知识进行解释的程序，根据知识的语义，对按一定策略找到的知识进行解释执行，并把结果记录到动态库的适当空间中去。

将需要识别的动物存入文本文件，使用推理机将得到如图1-2-1所示的识别本文中所举的7种动物时所规则形成的推理网络。

早期的专家系统通常用高级程序设计语言编写，尤其是Lisp和Prolog语言，常被选为实现语言。然而，在用高级编程语言作为专家系统的建造工具时，人们常常要把大量的精力和时间花费在被模型化的问题领域毫无关系的系统实现上。而且，领域专家知识和运用这些知识

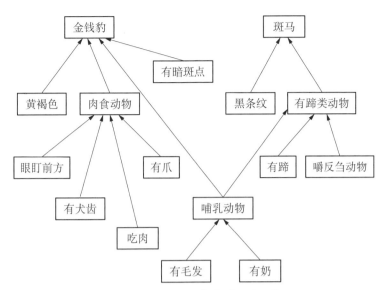

图 1-2-1 "动物识别专家系统"的推理网络

的算法紧密交织在一起,不易分开,致使系统一旦建成,便不易改变。而事实上专家知识和经验却总在改变。由于对以上特性的分析,研究者们认识到在开发专家系统中应该把求解问题的算法与知识分开,从而使当今的专家系统的基本模式为:专家系统=知识+推理。因此,一个专家系统主要由知识库(存放关于特定领域的知识)和推理机(包括操纵知识库中所表示知识的算法)组成。

现在专家系统很少直接用高级编程语言编写,取而代之的是专家系统构造工具。专家系统工具结构为:开发机通过自然语言方式获取知识,制成知识库;推理机借助知识库用自然语言方式向专家系统用户开展专业咨询;开发机和推理机共同构成了专家系统工具。

专家系统工具按其功能可分为骨架型、辅助型、通用型三类。

(1) 骨架型工具:从被实践证明了有实用价值的专家系统中,抽出了实际领域的知识背景,并保留了系统中推理机的结构所形成的一类工具。EMYCIN、EXPERT 和 PC 等均属于此类型。EMYCIN 是在细菌感染疾病诊断专家系统 MYCIN 的基础上,抽去了医疗专业知识,修改了不精确推理,增强了知识获取和推理解释功能之后构造而成的世上最早的专家系统工具之一。EXPERT 是从石油勘探和计算机故障诊断专家系统中抽象并构造出来的,适用于开发诊断解释型专家系统。

(2) 辅助型工具:根据开发机、推理机和人机界面三部分的逻辑功能所设计的能独立完成某一部分逻辑功能的工具系统。ADVISE、AGE、EXPERT-EASE 和 RULEMASTER 等就属于这一类工具。辅助型工具的研究在一定范围内带有通用性。它不仅能广泛地用于不同领域的实用专家系统的开发。而且也可单独作为功能完善的实用软件。

(3) 通用型工具:根据专家系统的不同应用领域和人类智能活动的特征研制出来的适用于专家系统开发的开发工具系统。ART、ESHELL、INSIGHT、KEE、LOOPS、REVEAL 等就是这类工具的代表。

专家系统框架的局限性为:

(1) 框架的结构具有一定的领域针对性。这是因为,原有的专家系统的内部结构,受到其应用领域的影响,具有一定的领域针对性。

(2) 推理机制不能表达新领域知识使用过程。当专家系统框架使用的推理机制与一新领域的专家问题求解方式有很大差异时,专家系统框架的推理过程就不易为专家所理解,使专家不容易接受系统的推理思想。

(3) 知识表示方式不适于表达新领域的知识结构。在特定领域中,知识是围绕着特定的环境、特定的对象组织的。例如,Mycin是围绕着上下文结点组织的;Hearsay-Ⅱ是围绕着语音理解的不同阶段组织的。把应用领域中各对象、概念、环境之间的关系用属性继承结构表示,并将"知识表示方式+属性继承结构"看成知识结构,则可以认为每个专家系统框架具有确定的知识结构。不同的领域可能适应于以不同的知识结构描述,给专家系统框架的应用带来了困难。

3. 知识工程

知识工程的概念是1977年美国斯坦福大学计算机科学家费根鲍姆教授在第五届国际人工智能会议上提出的。

知识工程是人工智能的原理和方法,对需要专家知识才能解决的应用难题提供求解的手段。运用专家知识的获取、表达和推理过程的构成与解释,是设计基于知识的系统的重要技术问题。知识工程是以知识为基础的系统,就是通过智能软件而建立的专家系统。知识工程可以看成是人工智能在知识信息处理方面的发展,研究如何由计算机表示知识,进行问题的自动求解。知识工程的研究使人工智能的研究从理论转向应用,从基于推理的模型转向基于知识的模型,包括了整个知识信息处理的研究。知识工程已成为一门新兴的边缘学科。

知识工程是一门以知识为研究对象的新兴学科,它将具体智能系统研究中共同的基本问题抽出来,作为知识工程的核心内容,使之成为指导具体研制各类智能系统的一般方法和基本工具,成为一门具有方法论意义的科学。

1984年8月全国第五代计算机专家讨论会上,史忠植提出:知识工程是研究知识信息处理的学科,提供开发智能系统的技术,是人工智能、数据库技术、数理逻辑、认知科学、心理学等学科交叉发展的结果。

知识工程过程包括5个活动:

(1) 知识获取:知识获取包括从人类专家、书籍、文件、传感器或计算机文件获取知识,知识可能是特定领域或特定问题的解决程序,或者它可能是一般知识或者是元知识解决问题的过程。

(2) 知识验证:知识验证是知识被验证(例如,通过测试用例),直到它的质量是可以被接受的。测试用例的结果通常被专家用来验证知识的准确性。

(3) 知识表示:获得的知识被组织在一起的活动叫做知识表示。这个活动需要准备知识地图以及在知识库进行知识编码。

(4) 推论:这个活动包括软件的设计,使电脑做出基于知识和细节问题的推论。然后该系统可以推论结果提供建议给非专业用户。

(5) 解释和理由:这包括设计和编程的解释功能。

知识工程的过程中,知识获取被许多研究者和实践者作为一个瓶颈,限制了专家系统和其他人工智能系统的发展。

知识管理的概念目前尚不统一,不同的概念认知反映出不同的学派。厄尔分析了知识管理的7个学派,包括系统学派、制图学派、工程学派、商业学派、组织学派、空间学派和战略学派。宾尼把知识管理分为沟通型、分析型、资产管理型、过程型、开发型和创新型六种类型。左美云把知识管理研究归纳为三个学派，包括技术学派、行为学派和综合学派；吴金希总结出知识管理的四大学派，包括IT技术学派、组织行为学派、战略管理学派、知识工程学派。盛小平总结了八个学派，包括认识论学派、战略管理学派、知识创新学派、空间学派、信息技术学派、组织行为学派、知识工程学派和综合学派。这些学派总体上分为两类，一类是企业知识管理学派，关注知识的转化与共享，重点关注隐性知识显性化，以提高企业核心竞争力为目标，如文献，属于管理科学。第二类是图书馆知识管理学派，以知识的序化为目标，提高知识组织的有序性，从而提高知识服务水平，属于图书馆学。知识管理的研究集中在企业管理、图书馆学与情报学领域。图书馆的知识管理分为两类，一类是以知识序化为目标的知识管理，一类是以知识共享与转化为目标的知识管理。前者重视资源的建设，管理的核心是资源。后者把图书馆作为一个具体的机构进行知识管理，管理的核心是人。

知识工程在国内的研究集中在计算机科学与人工智能领域，如中科院的陆汝钤研究员对知识工程、知识科学进行深入研究，中科院的史忠植研究员对知识发现进行了深入研究，北京科技大学的杨炳儒教授主要从逻辑的角度对知识工程进行深入研究，浙江大学潘云鹤教授等从形象思维方面入手，运用心象思维理论，研究了语义知识与图形图像之间的转换，石纯一等教授研究了基于Agent的KQML（Knowledge Query and Manipulation Language，知识查询操作语言）知识操作。知识工程的根本目的是为了解决人工智能特别是专家系统中知识获取的问题。

把知识工程包含于知识管理或把知识管理包含于知识工程都是不可取的，知识管理更多地关注人的因素，属于管理范畴；知识工程更多地关注技术的实现，属于技术范畴。因此，从目标、处理手段与方法、应用领域、学科范畴等各个方面来讲，知识管理与知识工程都有着很大的不同，是完全不同的两个研究领域。

知识管理主要包括知识转化与知识序化。知识转化是知识共享的过程，同时知识共享也是知识转化的前提。知识管理中的知识转化包括四个方面，从隐性知识到隐性知识的社会化过程；从隐性知识到显性知识的外化过程；从显性知识到显性知识的综合过程；从显性知识到隐性知识的内化过程，这些转化主要是知识存在形态以及附着主体的变化。知识管理中的知识组织以知识的序化为主，包括分类、检索、排序等操作。传统的知识组织借助文献单元的方法，依据检索语言中的结构模式，采用分类法、标题法、单元词法、关键词法和叙词法，并在这些方法的基础上编制出各种目录、索引、文献等。以关键词或主题词来实现知识从物理层次的文献单元向认知层次的知识单元转化是不现实的，因为词单元不足以完整地反映知识，能够完整地反映知识应该至少是句子层次的。知识地图揭示知识源以及知识之间的关系，它指向知识而不包含知识本身，是一个向导而不是一个知识的集合。所以知识地图实际上是知识的索引。但是知识地图不具备地理坐标这一基本属性。

知识管理不仅是获取、组织与检索信息的问题，还涉及数据挖掘、文本聚类、数据库与文档等问题。知识与人类认知的密切相关性，决定了知识管理定位在错综复杂的结构化的内容处理上。知识管理中的知识组织以自然语言的方式描述知识，知识的粒度并不统一，有大有小，大到一篇文献，小到一个知识点。

知识工程是以知识为处理对象，借用工程化的思想，利用人工智能的原理、方法和技术，设计、构造和维护知识型系统的一门学科，人们一般认为知识工程是人工智能的一个应用分支。知识工程包括知识获取、知识表示与知识利用三大过程。知识获取有三种方式：非自动知识获取、知识抽取、机器学习知识。非自动知识获取由知识工程师通过阅读有关文献或与领域专家交流,获取原始知识并进行分析、归纳、整理,形成用自然语言表述的知识条目输入到数据库中。知识抽取是对蕴含于文本文献中的知识进行识别、理解、筛选、格式化,把文献的每个知识点抽取出来,以一定形式存入知识库中。机器学习知识通过机器的视觉、听觉等途径,直接感知外部世界,输入自然信息,获取感性和理性知识,或者根据系统运行经验从已有的知识或实例中演绎、归纳出新知识,补充到知识库中。非自动知识获取效率较低,机器学习知识难度太大,而知识抽取是知识获取的最有效方式。知识抽取是知识获取的三种方式之一,知识获取是知识工程的三大步骤之一(包括知识获取、知识表示与知识利用),因此知识抽取是知识工程的最有效方式。

本体(ontology)研究的出现为知识工程的研究注入了新的活力。但是本体在知识工程中究竟扮演什么样的角色呢?本体是知识表示的一种方式?本体工程将取代知识工程?本体其实就是一种充分复杂的词表,有了本体固然可以解决很多问题,但本体如何来获取仍然是一大难点,正如知识获取一直是人工智能的瓶颈问题一样。本体的获取有三种方式:手工构建、词表转换、自动获取。而本体论是一种认知论,本体的表示语言比知识表示语言更具体,具有更强的可操作性。

知识表示有九种方法,分别为:介谓词逻辑表示、产生式表示法、框架表示法、脚本表示法、过程表示法、语义网表示法、Petri 网表示法、面向对象表示法。不同的知识类型使用不同的表示方法。如规则适宜用产生式表示法,实验过程采用过程表示法,概念特征采用面向对象表示法,概念之间的关系采用语义网表示法。知识利用包括知识搜索以及知识推理。知识搜索确定在什么情况下需要什么样的知识,搜索到的知识是否满足当前的需求。找到了适当的知识后,进行推理,得到结果。

知识管理注重人与人之间的知识传递,而知识工程更注重知识本身的操作。知识管理(KM,Knowledge Management)的目标是建立供人使用的知识库,而知识工程(KE,Knowledge Engineering)的目标是建立供计算机使用的知识库。知识管理的核心是无序知识有序化、隐性知识显性化、泛化知识本体化。知识工程主要涉及知识获取、知识表示与知识利用三大过程,其中知识获取一直是知识工程的难点,也是人工智能的瓶颈。知识管理主要从管理学的角度出发,重点关注隐性知识显性化,技术性不强,管理的结果主要是人用。知识工程是从工程学的角度出发,重点关注知识获取与知识表示,技术性很强,结果既可以人用,也可以机用,主要是机用。知识管理围绕着人转,知识管理的用户是人,计算机是辅助管理工具,人是知识管理中的本体。知识工程围绕着计算机转,知识工程的用户主要是计算机(系统),人与计算机是实现的工具,计算机是知识工程中的本体。

知识工程中的知识组织以计算机可理解的方式描述知识,知识的粒度比较小,以知识元(或称知识点)为单位,如知识库 CYC,IBM 深蓝计算机所使用的棋谱等。知识元与知识元之间的链接构成知识链。关于知识链的概念主要有三种用法,第一种用法为知识元与知识之间的链接,如知识发现过程中所用到的多个知识元之间形成的链接;第二种用法是文献知识链接,如清华同方的中国知网,万方数据的知识链接门户,不同的知识节点之间的粒度差异性很大,如从作者到文献、从作者到机构之间的链接,知识链接不能直接进行知识发现;第三种用法是对知识的处理过程所形成的动作链,如知识获取、知识重组、知识存储、知识传播等过程所形成的链。第一种知识链强调知识的可数性,第二种知识链中的知识节点范畴更大一些,第三种知识链中的知识可大可小。前两种知识链是不同知识元素之间形成的链,是元素与元素之间的关系,而第三种知识链是围绕单个知识元素进行的操作所形成的链,是动作与动作之间的关系。知识网格不同于知识网络,网格是一种充分利用网络资源的计算技术,这种技术解决的根本问题是计算资源(包括存储与运算,尤其是运算),所以知识网格并不是指由不同的知识元逻辑放在一起,形成格状。

知识管理应当以隐性知识显性化、无序知识有序化、泛化知识本体化为目标。知识工程,旨在建立面向对象知识库和逻辑命题知识库,以最贴近自然的方式来描述自然界的事物,以人们可认知、计算机可理解的方式描述事物之间的规律,以便能够有效地解决信息泛滥、信息爆炸等问题,可以对重复的信息进行滤重、筛选,得到最能反映事物本质及自然规律的清晰有序的知识。韩客松等认为知识发现是知识管理的最高层次:初级阶段是知识库(你知道你有什么),中级阶段是知识共享(你知道你没有什么),高级阶段是知识发现(你不知道你有什么)。

知识工程也在向着知识表达清晰化、数据组织有序化、内容存储本体化的方向发展,随着自然语言处理的新进展、面向对象方法的成熟应用,特别是本体论思想的引入,为知识工程的发展指明了方向,为知识工程的实施注入了新的活力。知识表示的方式已经比较成熟,能够覆盖绝大多数知识类型。知识工程的关键仍是知识获取,非自动知识获取太慢,很难满足工程化需要。全自动知识获取又太难,在自然语言处理无法取得重大突破以前,亦很难进行工程化实施。因此,半自动知识获取的方式具有更强的可操作性,构建部分知识库与学习规则,分析语料库,边分析边抽取,然后再改进规则,不断改进算法与丰富知识库。

知识管理不包括关于知识处理的全部,而知识工程也不包括知识处理的全部。知识管理与知识工程各有分工,各司其职。如果认为知识管理与知识工程有交叉的话,那就是在知识库的构建上。知识管理中构建的知识库一般用自然语言,而知识工程中构建的知识库一般用人工语言。尽管表示方式与使用对象都有所不同,但构建知识库都是关键一环。知识库构建的前提是知识获取,知识获取的有效方式是知识抽取,知识抽取的目标是形成以知识元为单位的知识库。知识获取是知识工程要解决的关键问题,因此,知识抽取是知识工程的关键一环。另一方面,知识抽取实现一种知识序化,是以不同粒度组织知识,而知识组织是知识管理的关键一环。因此,知识抽取既有利于知识工程的知识获取,又有利于知识管理的知识组织。知识管理与知识工程都涉及知识组织。

无论是知识管理还是知识工程,通过分析获取知识必然成为研究的重点。获取知识之后,对知识本身的分析以及知识之间的关系分析必然会成为新的研究热点,通过分析获取知识主要指知识抽取,知识本身的分析包括知识表示、知识转化与知识映射,知识之间的关系分析体现在知识挖掘、知识发现上。情报学家正好介于知识管理与知识工程之间。

情报学对知识管理的定位更多的是定位于知识服务。情报学家在走知识管理与知识工程的交叉路,既做知识序化又做知识转化。单纯的信息可能会产生情报,单纯的知识很难产生情报,大多数情报是信息与知识共同作用的结果,即通过知识对新信息进行分析,分析出处境与机遇,为决策提供方案,这才是情报活动的本质。因此如何获取知识并有效地利用知识成为知识处理的关键。涉及知识处理的技术很多,包括知识组织、知识管理、知识服务、知识发现、知识挖掘、知识检索等等,但知识处理的核心是知识的获取、表示与利用。这些处理过程有些是人工的,如隐性知识显性化;有些是计算机自动化的,如从文献中抽取知识;还有一些是人机交互的,如知识表示。解决知识的来、去以及中间分析过程是知识处理的三大过程,也是核心所在。知识处理一定会在总结学术文献特征规律的基础上,以学术文献为主要处理对象,并适当借助自然语言处理技术,深入文献内容结构及语义表达进行分析,以知识元为处理单位进行抽取、组织并利用,从而实现知识的自动化处理,提高分析过程的知识维度与智能成分,推动图书情报学的飞速发展。

1.2.5 人工智能主要技术

人工智能是利用数字计算机或者数字计算机控制的机器模拟、延伸和扩展人的智能,感知环境、获取知识并使用知识获得最佳结果的理论、方法、技术及应用系统。人工智能的定义对人工智能学科的基本思想和内容作出了解释,即围绕智能活动而构造的人工系统。人工智能是知识的工程,是机器模仿人类利用知识完成一定行为的过程。根据人工智能是否能真正实现推理、思考和解决问题,人工智能分为弱人工智能和强人工智能。

弱人工智能是指不能真正实现推理和解决问题的智能机器,这些机器表面看像是智能的,但是并不真正拥有智能,也不会有自主意识。迄今为止的人工智能系统都是实现特定功能的专用智能,而不是像人类智能那样能够不断适应复杂的新环境并不断涌现出新的功能,因此都还是弱人工智能。目前的主流研究仍然集中于弱人工智能,并取得了显著进步,如在语音识别、图像处理和物体分割、机器翻译等方面取得了重大突破,甚至可以接近或超越人类水平。

强人工智能是指真正能思维的智能机器,并且认为这样的机器是有知觉的和自我意识的,这类机器可分为类人(机器的思考和推理类似人的思维)与非类人(机器产生了和人完全不一样的知觉和意识,使用和人完全不一样的推理方式)两大类。从一般意义上来说,达到人类水平的、能够自适应地应对外界环境挑战的、具有自我意识的人工智能称为"通用人工智能""强人工智能"或"类人智能"。强人工智能不仅在哲学上存在巨大争论(涉及思维与意识等根本问题的讨论),在技术上的研究也具有极大的挑战性。美国私营部门的专家及国家科技委员会比较支持的观点是,至少在未来几十年内难以实现。

靠符号主义、连接主义、行为主义和统计主义这四个流派的经典路线就能设计制造出强人工智能吗?其中一个主流看法是:即使有更高性能的计算平台和更大规模的大数据助力,也还只是量变,不是质变,人类对自身智能的认识还处在初级阶段,在人类真正理解智能机理之前,不可能制造出强人工智能。理解大脑产生智能的机理是脑科学的终极性问题,绝大多数脑科学专家都认为这是一个数百年乃至数千年甚至永远都解决不了的问题。

通向强人工智能还有一条"新"路线,称为"仿真主义"。这条新路线通过制造先进的大脑探测工具从结构上解析大脑,再利用工程技术手段构造出模仿大脑神经网络基元及结构的仿脑装置,最后通过环境刺激和交互训练仿真大脑实现类人智能,简言之,"先结构,后功能"。虽然这项工程也十分困难,但是有可能在数十年内解决的工程技术问题,而不像"理解大脑"这个科学问题那样遥不可及。

仿真主义可以说是符号主义、连接主义、行为主义和统计主义之后的第五个流派,和前四个流派有着千丝万缕的联系,也是前四个流派通向强人工智能的关键一环。经典计算机是用数理逻辑的开关电路实现,采用冯诺依曼体系结构,可以作为逻辑推理等专用智能的实现载体。但要靠经典计算机不可能实现强人工智能。要按仿真主义的路线"仿脑",就必须设计制造全新的软硬件系统,这就是"类脑计算机",或者更准确地称为"仿脑机"。"仿脑机"是"仿真工程"的标志性成果,也是"仿真工程"通向强人工智能之路的重要里程碑。

无论是弱人工智能还是强人工智能其主要技术包括:

1. 机器学习

机器学习(machine learning)是一门涉及统计学、系统辨识、逼近理论、神经网络、优化理论、计算机科学、脑科学等诸多领域的交叉学科,研究计算机怎样模拟或实现人类的学习行为,以获取新的知识或技能,重新组织已有的知识结构使之不断改善自身的性能,是人工智能技术的核心。基于数据的机器学习是现代智能技术中的重要方法之一,研究从观测数据(样本)出发寻找规律,利用这些规律对未来数据或无法观测的数据进行预测。根据学习模式、学习方法以及算法的不同,机器学习存在不同的分类方法。

(1) 根据学习模式将机器学习分类为监督学习、无监督学习和强化学习等。

监督学习是利用已标记的有限训练数据集,通过某种学习策略/方法建立一个模型,实现对新数据/实例的标记(分类)/映射,最典型的监督学习算法包括回归和分类。监督学习要求训练样本的分类标签已知,分类标签精确度越高,样本越具有代表性,学习模型的准确度越高。监督学习在自然语言处理、信息检索、文本挖掘、手写体辨识、垃圾邮件侦测等领域获得了广泛应用。

无监督学习是利用无标记的有限数据描述隐藏在未标记数据中的结构/规律,最典型的非监督学习算法包括单类密度估计、单类数据降维、聚类等。无监督学习不需要训练样本和人工标注数据,便于压缩数据存储、减少计算量、提升算法速度,还可以避免正、负样本偏移引起的分类错误问题。主要用于经济预测、异常检测、数据挖掘、图像处理、模式识别等领域,例如组织大型计算机集群、社交网络分析、市场分割、天文数据分析等。

强化学习是智能系统从环境到行为映射的学习,以使强化信号函数值最大。由于外部环境提供的信息很少,强化学习系统必须靠自身的经历进行学习。强化学习的目标是学习从环境状态到行为的映射,使得智能体选择的行为能够获得环境最大的奖赏,使得外部环境对学习系统在某种意义下的评价为最佳。其在机器人控制、无人驾驶、下棋、工业控制等领域获得成功应用。

(2) 根据学习方法可以将机器学习分为传统机器学习和深度学习。传统机器学习从一些观测(训练)样本出发,试图发现不能通过原理分析获得的规律,实现对未来数据行为或趋势的准确预测。相关算法包括逻辑回归、隐马尔科夫方法、支持向量机方法、K近邻方法、三层人工神经网络方法、Adaboost算法、贝叶斯方法以及决策树方法等。传统机器学习平衡了学习结果的有效性与学习模型的可解释性,为解决有限样本的学习问题提供了一种框架,主要用于有限样本情况下的模式分类、回归分析、概率密度估计等。传统机器学习方法共同的重要理论基础之一是统计学,在自然语言处理、语音识别、图像识别、信息检索和生物信息等许多计算机领域获得了广泛应用。

深度学习是建立深层结构模型的学习方法,典型的深度学习算法包括深度置信网络、卷积神经网络、受限玻尔兹曼机和循环神经网络等。深度学习又称为深度神经网络(指层数超3层的神经网络)。深度学习作为机器学习研究中的一个新兴领域,由 Hinton 等人于 2006 年提出。深度学习源于多层神经网络,其实质是给出了一种将特征表示和学习合二为一的方式。深度学习的特点是放弃了可解释性,单纯追求学习的有效性。经过多年的摸索尝试和研究,已经产生了诸多深度神经网络的模型,其中卷积神经网络、循环神经网络是两类典型的模型。卷积神经网络常被应用于空间性分布数据;循环神经网络在神经网络中引入了记忆和反馈,常被应用于时间性分布数据。深度学习框架是进行深度学习的基础底层框架,一般包含主流的神经网络算法模型,提供稳定的深度学习 API,支持训练模型在服务器和 GPU、TPU 间的分布式学习,部分框架还具备在包括移动设备、云平台在内的多种平台上运行的移植能力,从而为深度学习算法带来前所未有的运行速度和实用性。目前主流的开源算法框架有 TensorFlow、Caffe/Caffe2、CNTK、MXNet、Paddle-paddle、Torch/PyTorch、Theano 等。

(3) 机器学习的常见算法还包括迁移学习、主动学习和演化学习等。

迁移学习是指当在某些领域无法取得足够多的数据进行模型训练时,利用另一领域数据获得的关系进行的学习。迁移学习可以把已训练好的模型参数迁移到新的模型指导新模型训练,可以更有效地学习底层规则、减少数据量。目前的迁移学习技术主要在变量有限的小规模应用中使用,如基于传感器网络的定位,文字分类和图像分类等。未来迁移学习将被广泛应用于解决更有挑战性的问题,如视频分类、社交网络分析、逻辑推理等。

主动学习通过一定的算法查询最有用的未标记样本,并交由专家进行标记,然后用查询到的样本训练分类模型来提高模型的精度。主动学习能够选择性地获取知识,通过较少的训练样本获得高性能的模型,最常用的策略是通过不确定性准则和差异性准则选取有效的样本。

演化学习对优化问题性质要求极少,只需能够评估解的好坏即可,适用于求解复杂的优化问题,也能直接用于多目标优化。演化算法包括粒子群优化算法、多目标演化算法等。目前针对演化学习的研究主要集中在演化数据聚类、对演化数据更有效地分类,以及提供某种自适应机制以确定演化机制的影响等。

2. 知识图谱

知识图谱本质上是结构化的语义知识库,是一种由节点和边组成的图数据结构,以符号形式描述物理世界中的概念及其相互关系,其基本组成单位是"实体—关系—实体"三元组,以及实体及其相关"属性—值"对。不同实体之间通过关系相互联结,构成网状的知识结构。在知识图谱中,每个节点表示现实世界中的"实体",每条边为实体与实体之间的"关系"。知识图谱就是把所有不同种类的信息连接在一起而得到的一个关系网络,提供了从"关系"的角度去分析问题的能力。

知识图谱可用于反欺诈、不一致性验证、组团欺诈等公共安全保障领域,需要用到异常分析、静态分析、动态分析等数据挖掘方法。特别地,知识图谱在搜索引擎、可视化展示和精准营销方面有很大的优势,已成为业界的热门工具。但是,知识图谱的发展还有很大的挑战,如数据的噪声问题,即数据本身有错误或者数据存在冗余。随着知识图谱应用的不断深入,还有一系列关键技术需要突破。

3. 自然语言处理

自然语言处理是计算机科学领域与人工智能领域中的一个重要方向,研究能实现人与计算机之间用自然语言进行有效通信的各种理论和方法,涉及的领域较多,主要包括机器翻译、机器阅读理解和问答系统等。

(1) 机器翻译

机器翻译技术是指利用计算机技术实现从一种自然语言到另外一种自然语言的翻译过程。基于统计的机器翻译方法突破了之前基于规则和实例翻译方法的局限性,翻译性能取得巨大提升。基于深度神经网络的机器翻译在日常口语等一些场景的成功应用已经显现出了巨大的潜力。随着上下文的语境表征和知识逻辑推理能力的发展,自然语言知识图谱不断扩充,机器翻译将会在多轮对话翻译及篇章翻译等领域取得更大进展。

目前非限定领域机器翻译中性能较佳的一种是统计机器翻译,包括训练及解码两个阶段。训练阶段的目标是获得模型参数,解码阶段的目标是利用所估计的参数和给定的优化目标,获取待翻译语句的最佳翻译结果。统计机器翻译主要包括语料预处理、词对齐、短语抽取、短语概率计算、最大熵调序等步骤。基于神经网络的端到端翻译方法不需要针对双语句子专门设计特征模型,而是直接把源语言句子的词串送入神经网络模型,经过神经网络的运算,得到目标语言句子的翻译结果。在基于端到端的机器翻译系统中,通常采用递归神经网络或卷积神经网络对句子进行表征建模,从海量训练数据中抽取语义信息,与基于短语的统计翻译相比,其翻译结果更加流畅自然,在实际应用中取得了较好的效果。

(2) 语义理解

语义理解技术是指利用计算机技术实现对文本篇章的理解,并且回答与篇章相关问题的过程。语义理解更注重于对上下文的理解以及对答案精准程度的把控。随着MCTest数据集的发布,语义理解受到更多关注,取得了快速发展,相关数据集和对应的神经网络模型层出不穷。语义理解技术将在智能客服、产品自动问答等相关领域发挥重要作用,进一步提高问答与对话系统的精度。

在数据采集方面,语义理解通过自动构造数据方法和自动构造填空型问题的方法来有效扩充数据资源。为了解决填充型问题,一些基于深度学习的方法相继提出,如基于注意力的神经网络方法。当前主流的模型是利用神经网络技术对篇章、问题建模,对答案的开始和终止位置进行预测,抽取出篇章片段。对于进一步泛化的答案,处理难度进一步提升,目前的语义理解技术仍有较大的提升空间。

(3) 问答系统

问答系统分为开放领域的对话系统和特定领域的问答系统。问答系统技术是指让计算机像人类一样用自然语言与人交流的技术。人们可以向问答系统提交用自然语言表达的问题,系统会返回关联性较高的答案。尽管问答系统目前已经有了不少应用产品出现,但大多是在实际信息服务系统和智能手机助手等领域中的应用,在问答系统鲁棒性方面仍然存在着问题和挑战。

自然语言处理面临四大挑战:一是在词法、句法、语义、语用和语音等不同层面存在不确定性;二是新的词汇、术语、语义和语法导致未知语言现象的不可预测性;三是数据资源的不充分使其难以覆盖复杂的语言现象;四是语义知识的模糊性和错综复杂的关联性难以用简单的数学模型描述,语义计算需要参数庞大的非线性计算。

4. 人机交互

人机交互主要研究人和计算机之间的信息交换,主要包括人到计算机和计算机到人两部分的信息交换,是人工智能领域的重要的外围技术。人机交互是与认知心理学、人机工程学、多媒体技术、虚拟现实技术等密切相关的综合学科。传统的人与计算机之间的信息交换主要依靠交互设备进行,包括键盘、鼠标、操纵杆、数据服装、眼动跟踪器、位置跟踪器、数据手套、压力笔等输入设备,以及打印机、绘图仪、显示器、头盔式显示器、音箱等输出设备。人机交互技术除了传统的基本交互和图形交互外,还包括语音交互、情感交互、体感交互及脑机交互等技术。

(1) 语音交互

语音交互是一种高效的交互方式，是人以自然语音或机器合成语音同计算机进行交互的综合性技术，结合了语言学、心理学、工程和计算机技术等领域的知识。语音交互不仅要对语音识别和语音合成进行研究，还要对人在语音通道下的交互机理、行为方式等进行研究。语音交互过程包括四部分：语音采集、语音识别、语义理解和语音合成。语音采集完成音频的录入、采样及编码；语音识别完成语音信息到机器可识别的文本信息的转化；语义理解根据语音识别转换后的文本字符或命令完成相应的操作；语音合成完成文本信息到声音信息的转换。作为人类沟通和获取信息最自然便捷的手段，语音交互比其他交互方式具有更多优势，能为人机交互带来根本性变革，是大数据和认知计算时代未来发展的制高点，具有广阔的发展前景和应用前景。

(2) 情感交互

情感是一种高层次的信息传递，情感交互在表达功能和信息时传递情感，勾起人们的记忆或内心的情愫。传统的人机交互无法理解和适应人的情绪或心境，缺乏情感理解和表达能力，计算机难以具有类似人一样的智能，也难以通过人机交互做到真正的和谐与自然。情感交互就是要赋予计算机类似于人一样的观察、理解和生成各种情感的能力，最终使计算机像人一样能进行自然、亲切和生动的交互。情感交互已经成为人工智能领域中的热点方向，旨在让人机交互变得更加自然。目前，在情感交互信息的处理方式、情感描述方式、情感数据获取和处理过程、情感表达方式等方面还有诸多技术挑战。

(3) 体感交互

体感交互是个体不需要借助任何复杂的控制系统，以体感技术为基础，直接通过肢体动作与周边数字设备装置和环境进行自然的交互。根据体感方式与原理差异，体感技术主要分为三类：惯性感测、光学感测以及光学联合感测。体感交互通常由运动追踪、手势识别、运动捕捉、面部表情识别等一系列技术支撑。

与其他交互手段相比，体感交互技术无论是在硬件还是软件方面都有了较大的提升，交互设备向小型化、便携化、使用方便化等方面发展，大大降低了对用户的约束，使得交互过程更加自然。目前，体感交互在游戏娱乐、医疗辅助与康复、全自动三维建模、辅助购物、眼动仪等领域有了较为广泛的应用。

(4) 脑机交互

脑机交互又称为脑机接口，指不依赖于外围神经和肌肉等神经通道，直接实现大脑与外界信息传递的通路。脑机接口系统检测中枢神经系统活动，并将其转化为人工输出指令，能够替代、修复、增强、补充或者改善中枢神经系统的正常输出，从而改变中枢神经系统与内外环境之间的交互作用。脑机交互通过对神经信号解码，实现脑信号到机器指令的转化，一般包括信号采集、特征提取和命令输出三个模块。从脑电信号采集的角度，一般将脑机接口分为侵入式和非侵入式两大类。除此之外，脑机接口还有其他常见的分类方式：按照信号传输方向可以分为脑到机、机到脑和脑机双向接口；按照信号生成的类型，可分为自发式脑机接口和诱发式脑机接口；按照信号源的不同还可分为基于脑电的脑机接口、基于功能性核磁共振的脑机接口以及基于近红外光谱分析的脑机接口。

5. 计算机视觉

计算机视觉是使用计算机模仿人类视觉系统的科学,让计算机拥有类似人类提取、处理、理解和分析图像以及图像序列的能力。自动驾驶、机器人、智能医疗等领域均需要通过计算机视觉技术从视觉信号中提取并处理信息。近来随着深度学习的发展,预处理、特征提取与算法处理渐渐融合,形成端到端的人工智能算法技术。根据解决的问题的不同,计算机视觉可分为计算成像学、图像理解、三维视觉、动态视觉和视频编解码五大类。

(1) 计算成像学

计算成像学是探索人眼结构、相机成像原理及其延伸应用的科学。在相机成像原理方面,计算成像学不断促进现有可见光相机的完善,使得现代相机更加轻便,可以适用于不同场景。同时计算成像学也推动着新型相机的产生,使相机超出可见光的限制。在相机应用科学方面,计算成像学可以提升相机的能力,从而通过后续的算法处理使得在受限条件下拍摄的图像更加完善,例如图像去噪、去模糊、暗光增强、去雾霾等,以及实现新的功能,例如全景图、软件虚化、超分辨率等。

(2) 图像理解

图像理解是通过用计算机系统解释图像,实现类似人类视觉系统理解外部世界的一门科学。通常根据理解信息的抽象程度可分为三个层次:浅层理解,包括图像边缘、图像特征点、纹理元素等;中层理解,包括物体边界、区域与平面等;高层理解,根据需要抽取的高层语义信息,可大致分为识别、检测、分割、姿态估计、图像文字说明等。目前高层图像理解算法已逐渐广泛应用于人工智能系统,如刷脸支付、智慧安防、图像搜索等。

(3) 三维视觉

三维视觉即研究如何通过视觉获取三维信息(三维重建)以及如何理解所获取的三维信息的科学。三维重建可以根据重建的信息来源,分为单目图像重建、多目图像重建和深度图像重建等。三维信息理解,即使用三维信息辅助图像理解或者直接理解三维信息。三维信息理解可分为,浅层:角点、边缘、法向量等;中层:平面、立方体等;高层:物体检测、识别、分割等。三维视觉技术广泛应用于机器人、无人驾驶、智慧工厂、虚拟/增强现实等方向。

(4) 动态视觉

动态视觉即分析视频或图像序列,模拟人处理时序图像的科学。通常动态视觉问题可以定义为寻找图像元素,如像素、区域、物体在时序上的对应,以及提取其语义信息的问题。动态视觉研究被广泛应用在视频分析以及人机交互等方面。

(5) 视频编解码

视频编解码是指通过特定的压缩技术,将视频流进行压缩。

目前,计算机视觉技术发展迅速,已具备初步的产业规模。未来计算机视觉技术的发展主要面临问题:如何在不同的应用领域和其他技术更好地结合,计算机视觉在解决某些问题时可以广泛利用大数据,已经逐渐成熟并且可以超过人类,而在某些问题上却无法达到很高的精度;如何降低计算机视觉算法的开发时间和人力成本,目前计算机视觉算法需要大量的数据与人工标注,需要较长的研发周期以达到应用领域所要求的精度与耗时;如何加快新型算法的设计开发,随着新的成像硬件与人工智能芯片的出现,针对不同芯片与数据采集设备的计算机视觉算法的设计与开发也是挑战之一。

6. 生物特征识别技术

生物特征识别技术是指通过个体生理特征或行为特征对个体身份进行识别认证的技术。从应用流程看,生物特征识别通常分为注册和识别两个阶段。注册阶段通过传感器对人体的生物表征信息进行采集,如利用图像传感器对指纹和人脸等光学信息、麦克风对说话声等声学信息进行采集,利用数据预处理以及特征提取技术对采集的数据进行处理,得到相应的特征进行存储。识别过程采用与注册过程一致的信息采集方式对待识别人进行信息采集、数据预处理和特征提取,然后将提取的特征与存储的特征进行比对分析,完成识别。从应用任务看,生物特征识别一般分为辨认与确认两种任务,辨认是指从存储库中确定待识别人身份的过程,是一对多的问题;确认是指将待识别人信息与存储库中特定单人信息进行比对,确定身份的过程,是一对一的问题。

生物特征识别技术涉及的内容十分广泛,包括指纹、掌纹、人脸、虹膜、指静脉、声纹、步态等多种生物特征,其识别过程涉及图像处理、计算机视觉、语音识别、机器学习等多项技术。目前生物特征识别作为重要的智能化身份认证技术,在金融、公共安全、教育、交通等领域得到广泛的应用。下面将对指纹识别、人脸识别、虹膜识别、指静脉识别、声纹识别以及步态识别等技术进行介绍。

(1) 指纹识别

指纹识别过程通常包括数据采集、数据处理、分析判别三个过程。数据采集通过光、电、力、热等物理传感器获取指纹图像;数据处理包括预处理、畸变校正、特征提取三个过程;分析判别是对提取的特征进行分析判别的过程。

(2) 人脸识别

人脸识别是典型的计算机视觉应用,从应用过程来看,可将人脸识别技术划分为检测定位、面部特征提取以及人脸确认三个过程。人脸识别技术的应用主要受到光照、拍摄角度、图像遮挡、年龄等多个因素的影响,在约束条件下人脸识别技术相对成熟,在自由条件下人脸识别技术还在不断改进。

(3) 虹膜识别

虹膜识别的理论框架主要包括虹膜图像分割、虹膜区域归一化、特征提取和识别四个部分,研究工作大多是基于此理论框架发展而来。虹膜识别技术应用的主要难题包含传感器和光照影响两个方面:一方面,由于虹膜尺寸小且受黑色素遮挡,需在近红外光源下采用高分辨图像传感器才可清晰成像,对传感器质量和稳定性要求比较高;另一方面,光照的强弱变化会引起瞳孔缩放,导致虹膜纹理产生复杂形变,增加了匹配的难度。

(4) 指静脉识别

指静脉识别利用人体静脉血管中的脱氧血红蛋白对特定波长范围内的近红外线有很好吸收作用这一特性,采用近红外光对指静脉进行成像与识别。由于指静脉血管分布随机性很强,其网络特征具有很好的唯一性,且属于人体内部特征,不受外界影响,因此模态特性十分稳定。

指静脉识别技术应用面临的主要难题来自于成像单元。

(5) 声纹识别

声纹识别是指根据待识别语音的声纹特征识别说话人的技术。声纹识别技术通常可以分为前端处理和建模分析两个阶段。声纹识别的过程是将某段来自某个人的语音经过特征提取后与多复合声纹模型库中的声纹模型进行匹配,常用的识别方法可以分为模板匹配法、概率模型法等。

(6) 步态识别

步态是远距离复杂场景下唯一可清晰成像的生物特征,步态识别是指通过身体体型和行走姿态来识别人的身份。相比前述几种生物特征识别,步态识别的技术难度更大,体现在其需要从视频中提取运动特征,以及需要更高要求的预处理算法,但步态识别具有远距离、跨角度、光照不敏感等优势。

7. 虚拟现实/增强现实

虚拟现实(VR)/增强现实(AR)是以计算机为核心的新型视听技术。结合相关科学技术,在一定范围内生成与真实环境在视觉、听觉、触感等方面高度近似的数字化环境。用户借助必要的装备与数字化环境中的对象进行交互,相互影响,获得近似真实环境的感受和体验,通过显示设备、跟踪定位设备、触力觉交互设备、数据获取设备、专用芯片等实现。

虚拟现实/增强现实从技术特征角度,按照不同处理阶段,可以分为获取与建模技术、分析与利用技术、交换与分发技术、展示与交互技术以及技术标准与评价体系五个方面。获取与建模技术研究如何把物理世界或者人类的创意进行数字化和模型化,难点是三维物理世界的数字化和模型化技术;分析与利用技术重点研究对数字内容进行分析、理解、搜索和知识化方法,其难点在于内容的语义表示和分析;交换与分发技术主要强调各种网络环境下大规模的数字化内容流通、转换、集成和面向不同终端用户的个性化服务等,其核心是开放的内容交换和版权管理技术;展示与交换技术重点研究符合人类习惯数字内容的各种显示技术及交互方法,以期提高人对复杂信息的认知能力,其难点在于建立自然和谐的人机交互环境;标准与评价体系重点研究虚拟现实/增强现实基础资源、内容编目、信源编码等的规范标准以及相应的评估技术。

目前虚拟现实/增强现实面临的挑战主要体现在智能获取、普适设备、自由交互和感知融合四个方面。在硬件平台与装置、核心芯片与器件、软件平台与工具、相关标准与规范等方面存在一系列科学技术问题。虚拟现实/增强现实呈现虚拟现实系统智能化、虚实环境对象无缝融合、自然交互全方位与舒适化的发展趋势。

人工智能的主要发展阶段包括:运算智能、感知智能、认知智能,这一观点得到业界的广泛认可。早期阶段的人工智能是运算智能,机器具有快速计算和记忆存储能力。当前大数据时代的人工智能是感知智能,机器具有视觉、听觉、触觉等感知能力。随着类脑科技的发展,人工智能必然向认知智能时代迈进,即让机器能理解会思考。

人工智能作为新一轮产业变革的核心驱动力,将催生新的技术、产品、产业、产业生态、生活和工作模式,从而引发经济结构的重大变革,实现社会生产力的整体提升。麦肯锡 Mckinsey & Company 预计,到 2025 年全球人工智能应用市场规模总值将达到 1270 亿美元,人工智能将是众多智能产业发展的突破点。

通过对人工智能产业分布进行梳理,可以绘制如图 1-2-2 所示的人工智能产业生态图。

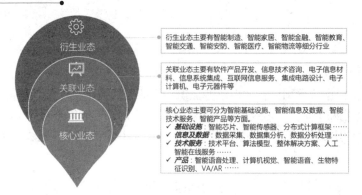

图 1-2-2　人工智能产业生态图

1.2.6　综合案例

本案例借用百度 AI 开放平台体验动物识别。

1. 认识百度 AI

百度 AI 智慧平台可以对输入的文字、语音、视频等识别，也可以对人脸进行识别，通过对用户数据的处理和收集，为用户带来更好的体验，真正享受智能平台的乐趣。

2. 找到百度 AI

在浏览器中输入百度官网地址 www.baidu.com，点击右上角的更多产品。

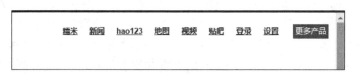

图 1-2-3　百度的更多产品

此时可以看到百度产品列表，拖动滚动条，可以找到百度大脑。

图 1-2-4　百度产品列表

点击百度大脑，即可进入官网。

图 1-2-5　百度 AI 开放平台图标

3. 体验动物识别

拖动滚动条，找到图像技术并单击，关注右上角的控制台，后面在自己设计接口进行图像识别时要用到。

图 1-2-6　百度 AI 开放平台中的图像识别

点击动物识别，然后下拉滚动条，看到功能演示，选择动物识别。

图 1-2-7　百度 AI 的动物识别演示

首先对平台中自带的一张动物图片进行识别,右上角是识别结果。结果显示该图像是国宝大熊猫的概率为 0.973。右侧是根据平台的算法计算出来的分类数据。选择系统自带的其他图像,分析识别结果。

还可以对特定的图像进行识别,首先把需要识别的图片放在设定的目录下,在功能界面,点击上传图片,即可上传本地图片,或者也可以直接输入网络图片 URL 地址,然后就可得到识别结果。

点击上传图片按钮,将本地图片上传识别。

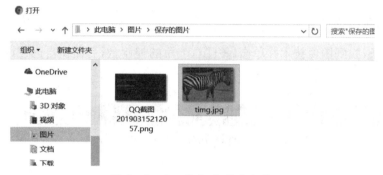

图 1-2-8　将本地图片上传

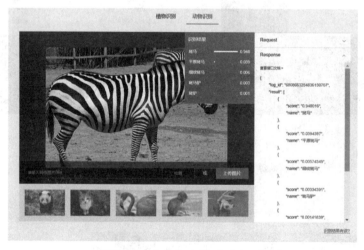

图 1-2-9　本地图片的识别

还可以输入网络图片 URL 地址直接识别。

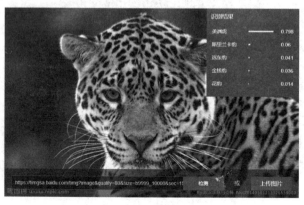

图 1-2-10　网络图片的识别

4. 通过接口调用 Python SDK 进行动物识别

(1) 获取应用接口参数

在 AI 官网的右上角有一个控制台选项按钮,鼠标移到上面可以看到语言技术、人脸识别、自然语言和知识图谱等分类,点击控制台进入百度云管理平台登录百度账号。

图 1-2-11 控制台按钮

如果已在百度帖吧、百度网盘、百度搜索、百度文库等百度产品注册过账号,则可使用以前百度产品的账号登录,否则需要注册后再登录。

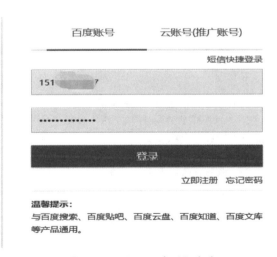

图 1-2-12 百度 AI 登录

登录后点击左侧菜单条的图像识别,可查看管理自己的应用,如果没有应用可以新建应用。

图 1-2-13 百度智能云 管理中心

图 1-2-14 管理应用

点击创建应用,就可以创建新应用,此处以动物识别为例,创建一个动物识别应用,填充标注 * 的信息,点击立即创建。

图 1-2-15 创建应用

创建应用成功后,会自动给出 AppID,API Key 和 Secret Key,具体 Secret Key 值需要点击显示才能出现。注意这几个参数,在调用接口时,需要使用它们。

图 1-2-16 应用参数

图 1-2-17 显示 Secret Key

(2) 配置 Python SDK 调用环境

单击左侧菜单条里的 SDK 下载,找到 Python SDK,点击使用说明,在 Python SDK 的使用说明里面找到接口程序(接口程序要和自己所做的项目一致)

图 1-2-18 Python SDK

为了使用百度 AI 里的 SDK,需要先安装 Python SDK,步骤如下:
- 先安装好 Python,比如 Python 3.6,注意根据操作系统选择 32 位还是 64 位
- 如果已安装 pip,执行 pip install baidu-aip 即可。
- 如果已安装 setuptools,执行 python setup.py install 即可

用第一种方法载 cmd 中输入 pip install baidu-aip,在调试过程中如果提示找不到 aip,则可以把 aip 文件夹放到当前目录下。

图 1-2-19 安装 baidu-aip

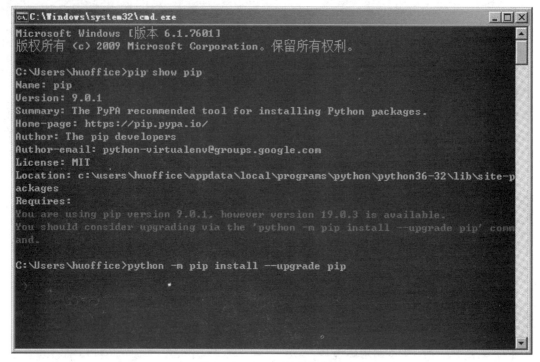

图 1-2-20　pip 升级提示

如果有提示 however version 19.0.3 is available，则需升级 pip，输入 python-m pip install-upgrade pip。

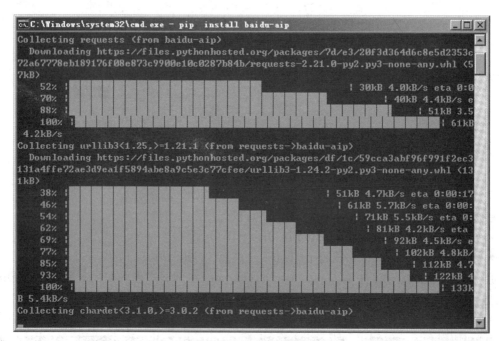

图 1-2-21　pip 升级

(3) 安装 Jupyter

Jupyter Notebook 可用于接口程序运行和识别结果显示，为了安装 Jupyter，在 cmd 中输入命令 pip install jupyter。

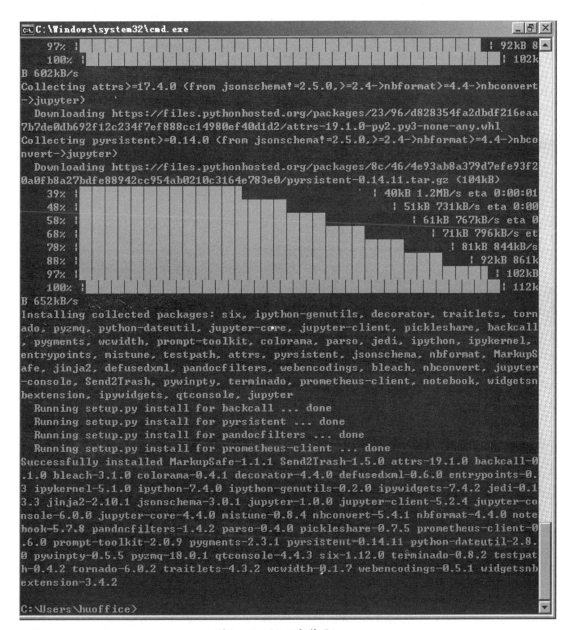

图 1-2-22 安装 Jupyter

查看 Python 目录，找到 Jupyter Notebook。运行后有时浏览器显示是空白的，可以更换默认浏览器试试，本测试尝试了 ie 浏览器，猎豹浏览器，最后使用火狐浏览器。

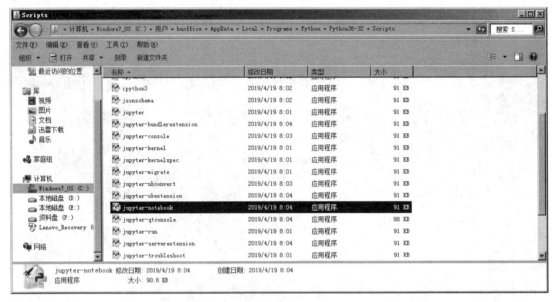

图 1-2-23　Jupyter Notebook

(4) 编写接口代码

根据使用说明参考如下代码新建一个 AipImageClassify。

from aip import AipImageClassify(把自己上面的参数到下面的单引号里)
""" 你的 APPID AK SK """
APP_ID = '你的 App ID'
API_KEY = '你的 Api Key'
SECRET_KEY = '你的 Secret Key'
client = AipImageClassify(APP_ID, API_KEY, SECRET_KEY)

```
from aip import AipImageClassify
APP_ID = '15921086'
API_KEY = '4DP7N3gQnlm9vpTx42rGGFMf'
SECRET_KEY = 'pabEVOMNAGh8Gt4KrbDpQ9KXpa78aKCN'
client = AipImageClassify(APP_ID, API_KEY, SECRET_KEY)
```

图 1-2-24　AipImageClassify 实例

```
""" 读取图片 """
def get_file_content(filePath):        #定义一个读取文件的函数
    with open(filePath, 'rb') as fp:   #读取文件
        return fp.read()               #返回文件
image = get_file_content('example.jpg')#'example.jpg'为所要识别的图像，放在与程序同一个文件夹里，有时要加上路径信息
""" 如果有可选参数 """
options = {}
options["top_num"] = 3
options["baike_num"] = 5
""" 带参数调用动物识别 """
client.animalDetect(image, options)
```

用 Jupyter notebook 测试，In 对应的是输入的代码，Out 对应的是输出结果。

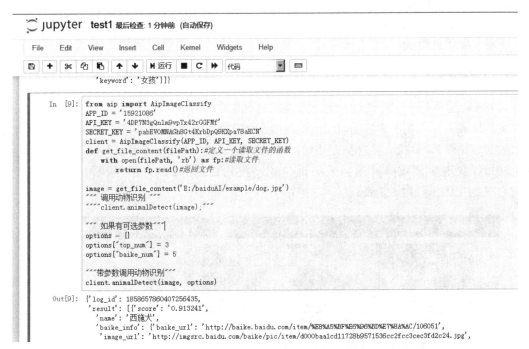

图 1-2-25　在 Jupyter 里输入代码

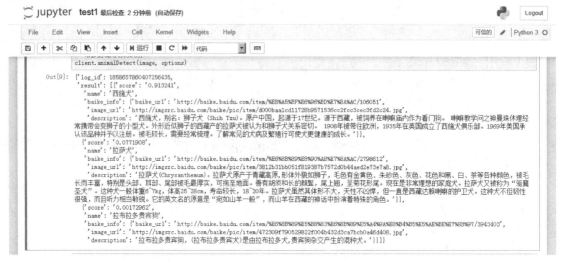

图 1-2-26　在 Jupyter 里看识别结果

1.2.7　习题与实践

1. 实验目的

体验 AI 的人脸检测；
了解人脸识别系统的架构；
了解人脸识别算法。

2. 实验内容

（1）人脸检测是针对获取的一幅图像，找到图像中的所有人脸位置，通常用一个矩形突显。人脸检测对于人类非常容易，出于社会生活的需要，人们大脑中有专门的人脸检测模块，对人脸非常敏感，计算机人脸检测需要结合图像处理，算法分析等技术。百度 AI 里的人脸检测示例可以快速检测人脸并返回人脸框位置。找到百度 AI 的人脸检测并做测试。对图 1-2-27 给出的图像做人脸测试。

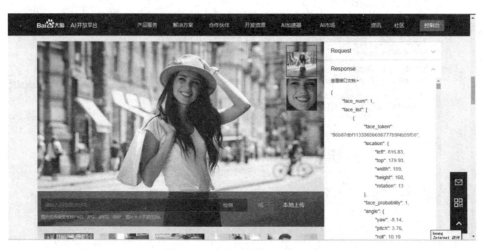

图 1-2-27　人脸识别测试

(2) 利用本地上传的图片检测图像中的人脸,参见图 1-2-28。

图 1-2-28　图像人脸识别测试

(3) 在户外游玩时,面对某一种植物或者花时很想知道叫什么名字,但让人困惑的是大多数时候并不能回答。于是市场针对这个需求出现了许多可以进行植物识别的小程序。百度 AI 里也有能够实现相应功能的模块,和动物识别的流程类似。请模仿动物识别编写接口调用 Python SDK 实现植物识别并用 Jupyter 测试。

1.3 综合练习

一、选择题

1. 人工智能是一门_____。
   A. 数学和生理学 B. 心理学和生理学
   C. 语言学 D. 综合性的交叉学科和边缘学科

2. 不属于人工智能的学派是_____。
   A. 符号主义 B. 机会主义
   C. 行为主义 D. 连接主义

3. 所谓不确定性推理就是从_____的初始证据出发,通过运用_____的知识,最终推出具有一定程度的不确定性,但却是合理或者近乎合理的结论的思维过程。
   A. 不确定性,不确定性 B. 确定性,确定性
   C. 确定性,不确定性 D. 不确定性,确定性

4. _____不在人工智能系统的知识包含的4个要素中。
   A. 事实 B. 规则 C. 控制 D. 关系

5. 使机器具有智能,必须让机器具有知识。因此,_____研究分支学科主要研究计算机如何自动获取知识和技能,实现自我完善。
   A. 专家系统 B. 机器学习 C. 神经网络 D. 模式识别

6. _____不是专家系统的组成部分。
   A. 用户 B. 综合数据库 C. 推理机 D. 知识库

7. 产生式系统的推理不包括_____。
   A. 正向推理 B. 逆向推理 C. 双向推理 D. 简单推理

8. $C(B|A)$ 表示在规则 A→B 中,证据 A 为真的作用下结论 B 为真的_____。
   A. 可信度 B. 信度 C. 信任增长度 D. 概率

二、填空题

1. 人工智能的含义最早由_____于1950年提出,并且同时提出一个机器智能的测试模型。
2. _____是从已知事实出发,通过规则库求得结论的产生式系统的推理方式。
3. _____的英文缩写是 AI。
4. 不确定性类型按性质可分为:_____。
5. _____是一门涉及统计学、系统辨识、逼近理论、神经网络、优化理论、计算机科学、脑科学等诸多领域的交叉学科。

· 54 ·

6. _____是一种高效的交互方式,是人以自然语音或机器合成语音同计算机进行交互的综合性技术,结合了语言学、心理学、工程和计算机技术等领域的知识。
7. 人机交互主要研究人和计算机之间的信息交换,主要包括人到计算机和计算机到人的两部分信息交换,是人工智能领域的重要的_____。
8. _____是以计算机为核心的新型视听技术。

本章小结

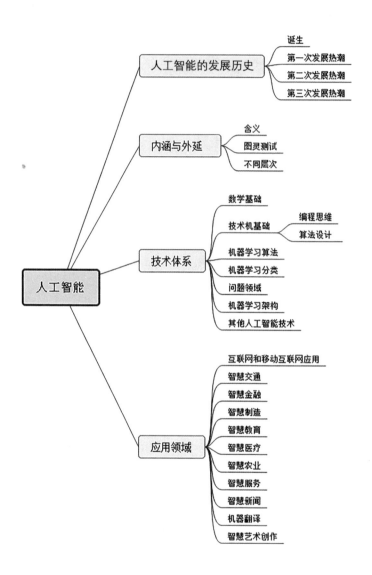

第 2 章 计算机求解问题基础

<本章概述>

本章主要介绍了在利用计算机解决实际问题中常用的算法设计与分析方法,首先介绍了算法的基本概念,算法的常用表示方法,并以几个经典算法(枚举法、递推法、递归法、分治法)为例,详细讨论了算法分析的基本手段;其次,介绍了可视化算法设计软件 Raptor 的基本使用方法和高级应用。最后对精选案例进行了分析和讲解,并通过综合练习加深对本章知识的理解。

<学习目标>

通过本章学习,要求达到以下目标:
1. 理解编程思维的概念;
2. 掌握可视化流程图软件 Raptor 的使用方法;
3. 程序设计中的基本概念和常用数据结构;
4. 掌握程序的三种基本结构:顺序结构、分支结构和循环结构;
5. 了解解决问题的常用算法。

2.1　算法概述

利用计算机求解问题的方法就是算法。

2.1.1　算法与程序

算法无处不在,例如,家具的组装说明,洗衣机的使用说明等,都代表一种解决问题的方法和步骤。也就是说,能够对一定的规范性输入,在有限时间内获得所要求的输出。

算法一般具有以下特征:
(1) 有穷性(finiteness),算法必须能在执行有限个步骤之后终止;
(2) 确切性(definiteness),算法的每一步骤必须有确切的定义;
(3) 输入项(input),算法有 0 个或多个输入,以刻画运算对象的初始情况;
(4) 输出项(output),算法有一个或多个输出,以反映对输入数据加工后的结果;
(5) 有效性(effectiveness),每个计算步骤都可以在有限时间内完成。

算法是一种思维方法,但对算法的实现,还需要借助程序,程序＝算法＋数据结构,计算机程序(computer program)是指一组指示计算机或其他具有信息处理能力的装置执行动作或做出判断的指令,通常用某种程序设计语言编写。

算法一般通过程序来实现,但是,算法一般是没有语言界限的,它只是一个思路,算法逻辑是和语言无关的。

2.1.2　算法的表示方法

用计算机解决问题,必须将解决问题的方法、步骤(即算法)写成程序,输入到计算机中存储并运行。算法的描述有多种方法,包括自然语言描述、图形描述、伪码描述、计算机编程语言等,无论用哪种方法表示,都是为了清晰描述算法过程和解题步骤。

由于自然语言本身可能具有二义性,所以用文字描述算法难免会出现不精确、二义性问题,图形描述则是一种更加准确的算法描述手段,主要包括流程图(也称为框图)、盒图(也称为N-S 图)、PAD 图等。流程图是对算法逻辑顺序的图形描述,在流程图中常用的描述符号,如表 2-1-1 所示。

表 2-1-1　流程图符号示例

名称	形状	功　　能
起止框		表示算法的开始或结束
处理框		表示初始化或运算赋值等操作

续表

名称	形状	功　　能
输入输出框	▱	表示数据的输入输出操作
判断框	◇	表示根据条件决定程序的流向
流程线	→	表示流程的方向

伪码也是一种算法描述方法，它的可读性和严谨性介于文字描述和程序描述之间，提供了一种结构化的算法描述工具。使用伪码描述的算法可以方便地转换为程序设计语言实现。伪码保留了程序设计语言的结构化的特点，但是排除了程序设计的一些实现细节，使得设计者可以集中精力考虑算法的逻辑。

2.1.3　算法的分析与设计

解决问题的算法有的简单，有的复杂，但如果一个算法本身是有缺陷的，那么它往往不是这个问题的最佳解决方法，因此一个算法的优劣需要通过一定的准则来判定。

1. 算法的分析

同一问题可用不同算法解决，而一个算法的质量优劣将影响到程序执行的效率。算法分析的目的在于选择合适算法和改进算法。对一个算法的评价主要从时间复杂度和空间复杂度来考虑。

（1）时间复杂度，指算法需要消耗的时间资源，一般用算法中操作次数的多少来衡量。算法的时间复杂度是问题规模 n 的函数，一般用 $T(n)$ 表示，当问题的规模 n 趋向无穷大时，时间复杂度 $T(n)$ 的数量级称为算法的渐近时间复杂度。

（2）空间复杂度，指算法需要消耗的空间资源，即占用的存储空间的大小，其计算和表示方法与时间复杂度类似，一般都用复杂度的渐近性来表示，同时间复杂度相比，空间复杂度的分析要简单得多。

2. 算法的设计

设计算法是计算机问题求解中非常重要的步骤，在分析清楚问题后，需要通过设计算法把问题的数学模型或处理需求转化为使用计算机的解题步骤，然后再将算法实现为程序，最后在计算机上运行程序从而得到问题的解。

例如：汇率兑换问题。

汇率是指一国货币与另一国货币的比率或比价，假设汇率是 1 美元兑换 6.7112 元人民币，现有 10 美元，可以兑换多少人民币？解决这个问题的思路就是：首先，输入已有的美元数；其次，根据汇率计算公式得出可以兑换的人民币数；最后，输出计算结果。这种解决问题的思路就是顺序执行的方法；

如果问题需求发生了改变：假设需要根据实际情况完成双向兑换，即美元兑换人民币，或人民币兑换美元，则解决问题的思路就需修改成：第一步：输入想要兑换的币种，第二步：判断如果是人民币,则需兑换成美元;如果是美元,则兑换成人民币;第三步,输出兑换后的结果。这种解决问题的思路就是采用了分支结构的方法。

再进一步,如果需要多次兑换,也就是上一个问题需要重复多次执行,则就需要用到循环结构。上述解决问题所用到的三种方法,就是程序设计的三种基本结构。

(1) 顺序结构

顺序结构是一种最简单、最基本的结构,是构成算法框架的基础部分,任何算法都包含顺序结构。顺序结构的特点就是算法按语句出现的先后顺序从上到下依次执行。如图 2-1-1 所示,流程先执行语句块 1,再执行语句块 2。各语句块可以是一条或多条语句,甚至是空语句。

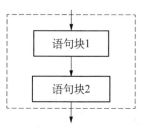

图 2-1-1 顺序结构示意图

(2) 分支结构

为了解决较复杂的实际问题,算法需要根据某些条件做出判断,或是有条件地执行某一语句块,以改变算法的执行流向的一种程序结构称为分支结构。如图 2-1-2 所示,如果条件成立则执行语句块 1,不成立则执行语句块 2。

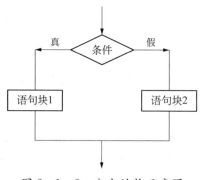

图 2-1-2 分支结构示意图

例 2-1 如果学生成绩大于 90 分,则显示"You are a good student.",否则没有显示,其选择结构如图 2-1-3 所示。

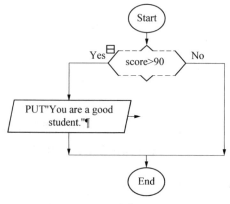

图 2-1-3 选择结构示例

例 2-2 如果学生成绩大于等于 60 分，则显示"You passed."，否则，显示学生的姓名和"You failed"，其选择结构如图 2-1-4 所示。

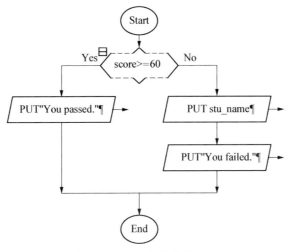

图 2-1-4 选择结构示例

单一的选择控制语句在两个选择之间选择，如果需要做出的决策，涉及两个以上的选择，则需要有多个选择控制语句。例如，如果在数字评分的基础上换成字母（A, B, C, D, 或 E）等级，就需要在五个选项中选择，如图 2-1-5 所示，也被称为"级联选择控制"。

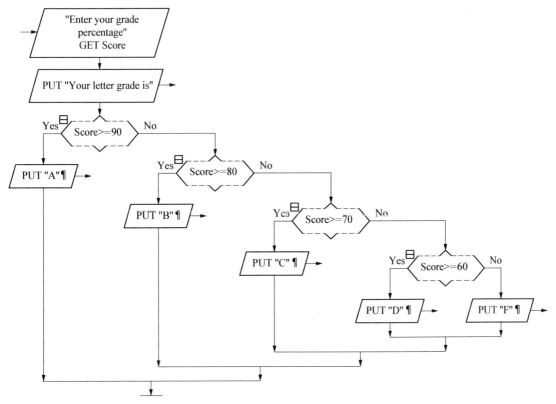

图 2-1-5 级联选择示意图

(3) 循环结构

循环结构是指在算法中需要反复执行某个功能而设置的一种结构。它由判断条件和循环体组成，根据判断条件，循环结构又可细分为以下两种形式：

① 当型结构：先判断后执行的循环结构，如图2-1-6(a)所示，当条件判断为假的时候执行循环体，然后再次进行条件判断，直到条件判断为真的时候退出循环。

② 直到型结构：先执行后判断的循环结构，如图2-1-6(b)所示，先执行循环体，然后进行条件判断，当条件判断为假的时候再次执行循环体，再进行条件判断，直到条件判断为真的时候退出循环。

当型结构与直到型结构的区别是，当第一次条件判断为真时，当型结构直接退出循环，而直到型结构先执行一次循环体后再退出循环。

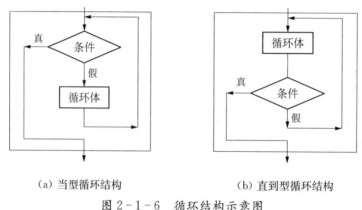

(a) 当型循环结构　　　　(b) 直到型循环结构

图2-1-6　循环结构示意图

例2-3　输入年龄，当输入的年龄值不在0～130的范围内，则报错并要求重新输入，直到输入的年龄值符合要求。结构图如图2-1-7所示。

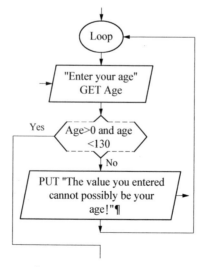

图2-1-7　循环结构示例

2.1.4 典型算法

算法可以根据算法设计原理、算法的具体应用和其他一些特性进行分类。有基本算法和在不同应用领域的具体算法,其中基本算法中常见的有:

1. 枚举法

枚举法,又称为穷举法、列举法,是计算机求解问题常用的方法之一,其核心思想就是枚举所有的可能性。

枚举法利用计算机运算速度快、精确度高的特点,对要解决问题的所有可能情况,一个不漏地进行检验,用给定的约束条件判定哪些是无用的,哪些是有用的;能使命题成立的,即为问题的解。使用枚举法时应注意对问题涉及的所有情形都要一一列举,既不能重复,也不能遗漏,重复列举会造成增解,而遗漏则会导致缺解。

由于枚举法一般是现实生活中问题的"直译",因此,比较直观,易于理解,且后续的程序编写和调试也较为方便,但是,用枚举法解题的最大缺点是运算量比较大,解题效率不高,如果枚举范围太大(一般以不超过百万次为限),在时间上就难以承受。因此,如果解题的规模不是很大,在有限的时间与空间内能够求出解,那么就可以采用枚举法,而不需太在意是否还有更快的算法,这样可以将更多的时间用于关注解题时的其他问题。

采用枚举法解题的基本思路:

(1) 确定枚举对象、枚举范围和约束条件;
(2) 枚举可能的解,验证是否是问题的解。

枚举法的流程图如图 2-1-8 所示:

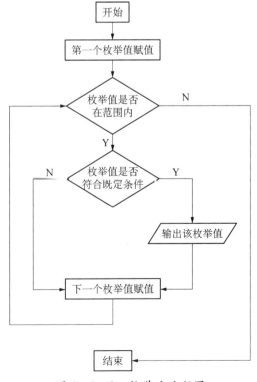

图 2-1-8 枚举法流程图

2. 递推法

递推法是应用较为广泛的算法之一,即通过已知条件,利用特定关系,按照一定的规律来计算序列中每个项的值,通常是通过计算前面的一些项值来得出序列中指定的后续项值。

在自然界中,大多数事物之间都呈现出一定的联系,这些联系往往都是有规律可循的,而这些规律大多属于因果关系,即某些变化和紧靠它前面的一个或几个变化密切相关,递推的思想正是体现了这一变化规律。

例如,斐波那契数列,又称黄金分割数列,指的是这样一个数列:1、1、2、3、5、8、13、21、34、⋯在数学上,斐波那契数列用如下递归方法定义:$F_0=0, F_1=1, F_n=F_{n-1}+F_{n-2}(n \geqslant 2, n \in \mathbf{N})$,用文字来说,就是斐波那契数列由 0 和 1 开始,之后的斐波那契数列每一项都等于之前的两项之和。

求解数列中第 n 项,流程图如图 2-1-9 所示:

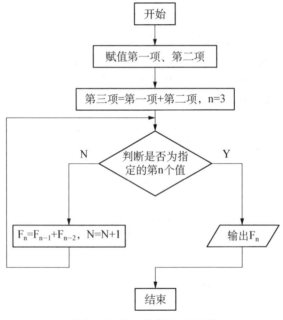

图 2-1-9 递推法流程图

3. 递归法

实际生活中有许多这样的问题,这些问题比较复杂,问题的解决又依赖于类似问题的解决,只不过后者的复杂程度或规模较原来的问题更小,而且一旦将问题的复杂程度和规模化简到足够小时,问题的解法其实非常简单,对于这类问题,可以采用递归的方法进行解决,它也是算法设计中常用的一种算法。

在数学与计算机科学中,递归法是指在函数的定义中使用函数自身的方法,即通过函数(或过程)直接或间接调用自身,把复杂问题转化为规模缩小了的同类子问题。需注意的是,这个解决问题的函数必须有明确的结束条件,否则就会导致无限递归的情况。

递归算法的执行过程分为去(递去)和回(归来)两个阶段,如图 2-1-10 所示。

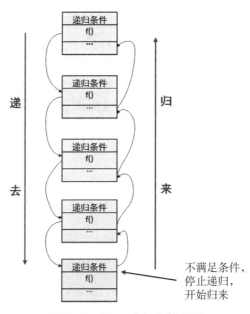

图 2-1-10　递归法执行图

在"去"阶段,递归问题必须可以分解为若干个规模较小,与原问题形式相同的子问题,这些子问题可以用相同的解题思路来解决,这些问题的演化过程是一个从大到小,由近及远的过程,并且会有一个明确的终点(临界点),一旦到达了这个临界点,就不用再往更小、更远的地方走下去。

在"回"阶段,从最后这个临界点开始,即获得最简单情况的解后,原路逐级返回到原点,原问题得到解决。

递归的三要素:

(1) 提取重复的逻辑,缩小问题规模:递归问题必须可以分解为若干个规模较小、与原问题形式相同的子问题,这些子问题可以用相同的解题思路来解决。

(2) 明确递归终止条件:递归是有去有回,既然这样,那么必然有一个明确的临界点,程序一旦到达了这个临界点,就不用继续往下递去而是开始实实在在的归来。换句话说,该临界点就是一种简单情境,可以防止无限递归。

(3) 给出递归终止时的处理办法:在递归的临界点存在一种简单情境,在这种简单情境下,应该直接给出问题的解决方案,一般地,在这种情境下,问题的解决方案是简单直观的,例如,赋值等。

4. 分治法

分治法属于计算思维中的分解方法,采取"分而治之"的方法,把一个复杂的问题分成两个或更多子问题,再把子问题分成更小的子问题……直到最后子问题可以简单地直接求解,最后通过子问题的解的合并得到原问题的解。分治法是很多高效算法的基础,如排序中的快速排序、归并排序等算法。

分治法的基本步骤如下:

(1) 分:将原始问题分解为规模更小的子问题;

(2) 治:将这些规模更小的子问题逐个击破;
(3) 合:将已解决的子问题合并,最终得出原始问题的解;

分治法所能解决的问题一般应具有以下几个特征:
(1) 该问题的规模缩小到一定的程度就可以容易地解决;
(2) 该问题可以分解为若干个规模较小的问题,即该问题具有最优子结构性质;
(3) 利用该问题分解出的子问题的解可以合并为该总问题的解;
(4) 该问题所分解出的各个子问题是相互独立的,即子问题之间不包含公共的子子问题。

分治法描述如图 2-1-11 所示:

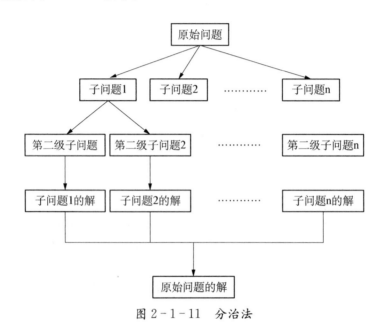

图 2-1-11　分治法

2.1.5　习题

1. 算法和程序的联系是什么?
2. 描述算法的基本结构有哪些?
3. 两种循环结构有什么区别?
4. 枚举法的优点是什么?
5. 递归的三要素是什么?
6. 分治法解题的一般步骤是什么?

2.2 Raptor 简介

2.2.1 概述

Raptor 是一种可视化的算法设计环境,它允许用户用基本流程图符号来创建算法,且可以在其环境下直接调试和运行,包括单步执行和连续执行的模式。该环境可以直观地显示当前算法的执行过程,以及所有变量的状态。使用 Raptor 设计的算法也可以直接转换成为 C++、C♯、Java 等高级程序语言。

使用 Raptor 基于以下几个原因:
(1) Raptor 是为易用性而设计的。
(2) Raptor 开发环境,在最大限度地减少语法要求的情况下,帮助用户设计算法。
(3) Raptor 中的算法实际上是一种有向图,可以一次执行一个图形符号,以便帮助用户跟踪算法的执行过程。
(4) Raptor 所设计的报错消息更容易为初学者理解。
(5) 使用 Raptor 的目的是进行算法设计和运行验证,不需要重量级编程语言,如 C++或 Java。

Raptor 官网为 https://raptor.martincarlisle.com/,用户可以在该网站下载 Raptor 应用程序,本章给出的算法示例的设计环境为 Raptor 4.0.5 汉化版。

2.2.2 Raptor 的基本程序环境

Raptor 应用程序安装完毕后,桌面上会出现该应用程序图标,双击图标运行程序,其主界面如图 2-2-1 所示,左边为 Raptor 提供的 6 种基本符号,分别为输入(input)、赋值(assignment)、

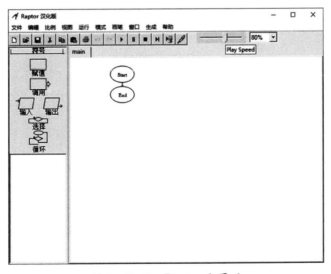

图 2-2-1　Raptor 主界面

过程调用(call)、输出(output)、选择(selection)、循环(loop),右边为算法设计窗口。

Raptor输出界面,即主控台,如2-2-2所示。

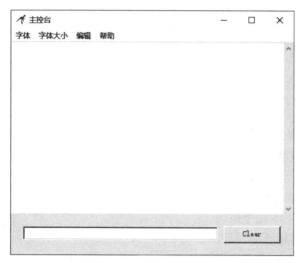

图2-2-2　Raptor主控台

注意:在主界面的上方有一个滑动片,滑片的位置表示流程图的运行速度(play speed),建议将该滑片滑动到最右边,以提高算法的运行速度。

1. 输入符号

输入符号允许用户在算法执行过程中输入变量的数据值。当编辑一个输入符号时,用户需要设置两个内容:一是提示文本,二是变量名称,如图2-2-3所示,提示框中可以输入提示文本,该文本应尽可能简单明确,变量框中需输入变量名,变量名应尽可能有意义。设置完成,算法运行时,Raptor会弹出输入对话框便于用户输入变量的值。

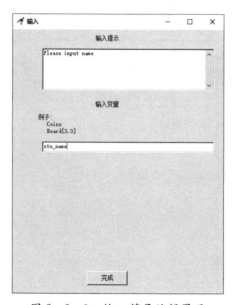

图2-2-3　输入符号编辑界面

2. 赋值符号

赋值符号用于执行计算,然后将其结果存储在变量中。使用方法为:变量←表达式,如图 2-2-4 所示。一个赋值语句只能改变一个变量的值,也就是箭头左边所指的变量,如果这个变量在先前的语句中未曾出现过,则 Raptor 会创建一个新的变量并赋值,如果这个变量在先前的语句中已经出现,那么先前的变量值就将被目前所执行的计算值所取代。

当编辑一个赋值符号时,用户需要设置两个内容:一是变量名称,二是变量值,如图 2-2-5 所示。

图 2-2-4 赋值符号

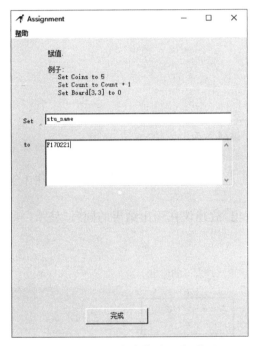

图 2-2-5 赋值符号编辑界面

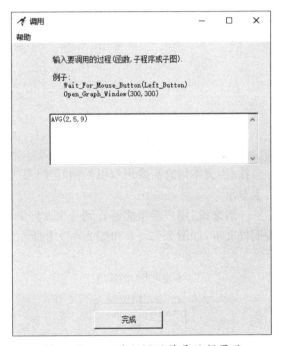

图 2-2-6 过程调用符号编辑界面

3. 过程调用符号

一个过程是一个编程语句的命令集合,用以完成某项功能。调用过程时,首先暂停当前程序的执行,转去执行过程中的程序指令,然后在先前暂停的程序的下一语句恢复执行原来的程序。当编辑一个过程调用符号时,用户需要设置两个内容:一是过程的名称,二是完成过程所需要的数据值,也就是所谓的参数,例如:AVG(2,5,9),如图 2-2-6 所示。

4. 输出符号

输出符号用来在 Raptor 主控窗口中显示算法运行结果。当编辑一个输出符号时,用户可以设置两个内容:一是显示什么文本或表达式结果,二是是否需要在输出结束时输出一个换行符,如图 2-2-7 所示。

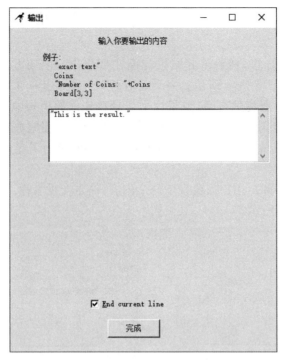

图2-2-7 输出符号编辑界面

注意：文本信息需要用双引号括起来（英文输入法下的半角双引号），但该符号不会在主控台上显示。

一般来说，用户希望能够看到一个友好的结果输出，故建议在输出结果的同时，显示一些说明性文本，如图2-2-8和图2-2-9所示。

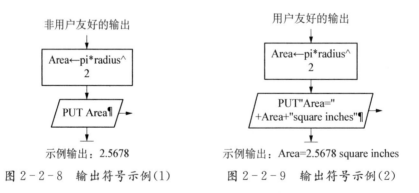

图2-2-8 输出符号示例(1)　　图2-2-9 输出符号示例(2)

5. 注释

Raptor的开发环境，像其他许多编程语言一样，允许对算法进行注释。注释用来帮助他人理解算法，特别是算法比较复杂较难理解的情况下。注释本身对计算机并无意义，算法运行过程中注释并不会被执行。要为某个符号添加注释，可以鼠标右键单击相关符号，然后选择"注释"，进入编辑界面，如图2-2-10所示，注释显示在算法界面中会用绿色圆角框表示，如图2-2-11所示。

第2章　计算机求解问题基础

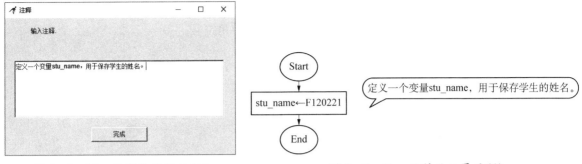

图 2-2-10　注释编辑界面(1)　　　　　图 2-2-11　注释显示界面(2)

例 2-4　输出字符串"Hello World"。

步骤：

(1) 将"输出"符号拖曳到流程图中，如图 2-2-12 所示。

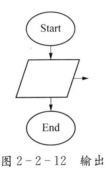

图 2-2-12　输　出

(2) 右击"输出"符号，在弹出的快捷菜单中选择"编辑"，弹出"输出"对话框，如图 2-2-13 所示。

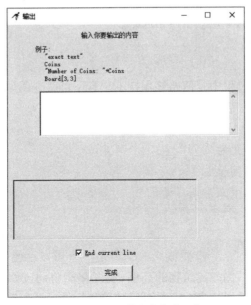

图 2-2-13　"输出"对话框

71

（3）在"输出"对话框的文本框中输入"Hello World"，单击"完成"按钮，得到结果如图2-2-14所示。注意："Hello World"两边的双引号是英文半角符号。

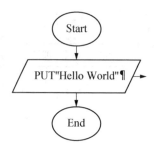

图 2-2-14　"Hello World"流程图

（4）将该流程图保存为"Hello World.rap"。

2.2.3　Raptor 中的语法元素

所有能输入到计算机中并被计算机程序加工处理的符号的集合称为数据。数据是计算机程序处理的对象，也是运算产生的结果。

本节主要介绍常用的数据类型，常量、变量的定义和使用，表达式的使用，以及一些常用的Raptor 内部函数。

1. 数据类型

不同的数据类型在表现形式、所占内存字节长度及其取值范围等方面都不相同，常用的数据类型可分为数值型和字符型。

（1）数值型数据：用来表示参与计算的数字数据。例如：12,0.76,-23。

（2）字符型数据：用来表示不参与数学计算的文本数据，例如："12"，"Hello World"。字符型必须使用英文输入法中的半角双引号括起来。

2. 常量

常量是指在算法运行过程中其值始终保持不变且不可改变的量。
例如：
PI：圆周率，定义为 3.1416；
e：自然对数的底数，定义为 2.7183；
true/yes：布尔值为真，定义为 1；
false/no：布尔值为假，定义为 0。

3. 变量

变量是计算机编程中的一个重要概念。变量是一个可以存储值的字母或名称。当编程时，可使用变量来存储数字，例如建筑物的高度，或者存储单词，例如人的名字。简单地说，可使用变量表示程序所需的任何信息。变量可以随着程序的运行而改变其表示的值。

(1) 变量的命名规则

变量可以看作是为某个对象起的名字,因而应该是有意义的和具有描述性的名称,变量名应该与该变量在算法中的作用有关,即见名知义。如果一个变量名中包含多个单词,单词间可以用下划线字符分隔,这样变量名更具有可读性。

变量名的命名需要遵循一定的规则,具体规则如下:
- 变量名的第1个字符必须为字母(a~z,A~Z)或下划线(_)。
- 变量名必须也只能由字母(a~z,A~Z)、数字(0~9)或下划线(_)组成,不能有空格。
- 不能使用系统保留字(put、or、and、true、false 等)。

表2-2-1显示了一些好的、不好的和非法的变量名的示例。

表2-2-1 变量名示例

好的变量名	差的变量名	理由	非法的变量名	理由
tax_rate	a	没有描述	4sale	不可以数字开头
sales_tax	milesperhour	添加下划线	sales tax	包括空格
distance_in_miles	my4to	没有描述	sales $	包括无效字符

(2) 变量的声明

在 Raptor 中,使用变量必须遵循"先声明赋值,后使用"的原则。

Raptor 程序中变量赋值有3种不同方法:

通过输入语句对变量进行声明及赋值;

通过赋值语句对变量进行声明及赋值;

通过过程调用的参数传递或返回值对变量进行声明及赋值。

例2-5 为变量 x 声明并赋值。

表2-2-2 变量 x 的声明赋值过程

Raptor 程序	x 的值	说 明
(流程图: Start → x←2 → PUT x → x←20*x+9*x → PUT x → End)	未定义	程序开始时没有任何变量存在
	2	第1个语句通过输入语句对变量 x 进行声明,并将2赋值给 x
	58	第3个语句通过赋值语句中的公式计算将运算结果58赋值给变量 x

使用变量时常见的错误：

错误1：Variable _____ does not have a value(变量_____无值)，如图2-2-15所示，此错误的常见原因有两个：1)变量无值。2)变量名拼写错误。

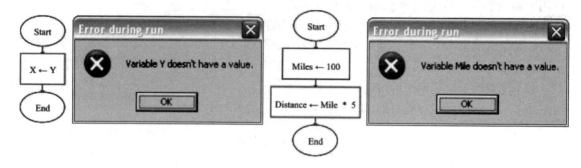

图2-2-15 变量常见错误(1)

错误2：Can't assign string to numeric variable _____(不能将字符串赋值给数值变量_____)，或者，Can't assign numeric to string variable _____(不能将数值赋值给字符串变量_____)，如图2-2-16所示。如果某个语句试图改变一个变量的数据类型，常出现此错误提示。

图2-2-16 变量常见错误(2)

(3) 变量的作用域

一个变量被定义后并不一定在程序的任何位置上都可以被使用，它们的使用有一个有效范围，这就是变量的作用域。根据变量的不同作用域，可以把变量分为局部变量和全局变量。在一个过程内部定义的变量称为局部变量，局部变量只在定义它的过程中有效，在该过程外就无效；全局变量是可以被程序中任何过程直接使用的变量。

4. 运算符与表达式

表达式是指按一定的运算规则由运算符连接运算对象所组成的字符序列。一般可分为4类：算术表达式、字符串表达式、关系表达式和逻辑表达式。

(1) 算术运算符与表达式

在 Raptor 中提供的算术运算符与数学中的运算符一样,有优先级。算术运算符及其功能按优先级从高到低次序排列如表 2-2-3 所示。

表 2-2-3　算术运算符列表

运算符	功　　能	优先级
** 或 ∧	乘方运算	高↓低
-	单目运算符,取负值	
*	乘法运算	
/	除法运算	
mod	取模运算	
rem	取余运算	
+	加法运算	
-	减法运算	

(2) 字符串运算符与表达式

字符串运算符为"+",用来将两个字符串连接成一个整体。
例如:"Hello"+" "+"Shanghai",结果为"Hello Shanghai"
例如:"123"+"456",结果为"123456"

(3) 关系运算符与表达式

关系运算符是对两个运算对象进行比较,其结果只有"真"(True)或"假"(False)两个值。关系运算符的优先级相同,运算时从左到右依次进行。

Raptor 中的关系运算符如表 2-2-4 所示。

表 2-2-4　Raptor 中的关系运算符

运算符	说明	举例	结果
=	等于	"vb"="VB"	假
>	大于	3>6	假
>=	大于或等于	8>=(10-2)	真
<	小于	3<6	真
<=	小于或等于	220<=110	假
!=	不等于	"z"!="y"	真

(4) 逻辑运算符与表达式

逻辑运算符也称为布尔运算符,对两个运算对象进行逻辑比较,其结果只有"真"(True)

或"假"(False)两个值。逻辑运算符及其功能按优先级从高到低次序排列如表2-2-5所示，其运算表如表2-2-6所示。

表2-2-5 逻辑运算符列表

运算符	功　能	优先级
not	逻辑非	高
and	逻辑与	↓
or	逻辑或	低

表2-2-6 逻辑运算示例表

A	B	A and B	A or B	not A
True	True	True	True	False
True	False	False	True	False
False	True	False	True	True
False	False	False	False	True

例如：(15＞3) and (6＞2)，结果为 True；

例如：(7＞3) or (2＞6)，结果为 True；

例如：not (2＞6) and (6＞2)，结果为 True。

(5) 优先级

计算表达式的时候，Raptor 会根据预定义的"优先顺序"执行运算，不同的运算顺序，会产生不同的结果，运算顺序如下：
- 计算所有的函数；
- 计算括号中的所有表达式；
- 计算乘幂(∧，**)；
- 从左到右，计算乘法和除法；
- 从左到右，计算加法和减法；
- 从左到右，进行关系运算；
- 从左到右，进行 not 逻辑运算；
- 从左到右，进行 and 逻辑运算；
- 从左到右，进行 xor 逻辑运算；
- 从左到右，进行 or 逻辑运算。

5. 函数和过程

函数和过程都是用来完成特定功能的一段独立模块。在 Raptor 中，函数是预先编好的、由程序系统内部提供的模块。而过程是用户自定义的模块，又称为"子程序"。

常用函数如表2-2-7所示。

表 2-2-7 常用函数

函数	功能	示例	结果
abs(x)	返回 x 的绝对值	abs(−1.35)	1.35
floor(x)	返回不大于 x 的最大整数	floor(5.6) floor(−5.6) floor(0.67) floor(−0.67)	5 −6 0 −1
max(x,y)	返回最大值	max(5,7)	7
min(x,y)	返回最小值	min(5,7)	5
to_character(x)	返回字符	to_character(65)	A

2.2.4 Raptor 中数据的存储与处理

随着计算机技术的发展，计算机的应用领域从科学计算扩展到医学、建筑、设计等多个领域，计算机处理的数据对象，也从单一的数值扩大到图像、声音、视频等非数值对象。计算机中存储、组织数据的方式就是数据结构，通常情况下，精心设计的数据结构可以带来更高的运行或者存储效率，数据结构往往同高效的检索算法和索引技术有关。

具体而言，数据结构是指相互之间存在一种或多种特定关系的数据元素的集合，一般涉及数据的逻辑结构，数据的物理结构，以及数据结构上的运算。

1. 数据的逻辑结构

逻辑结构是从具体问题抽象出来的数学模型，是描述数据元素及其关系的数学特性的，有时就把逻辑结构简称为数据结构，它是数据在计算机存储中的映像。根据数据元素间关系的不同特性，通常有以下四类基本的结构：

集合结构：该结构内的数据之间是属于同一集合的关系，集合的特征是集合内数据是相互区分、无序的。

线性结构：该结构内的数据是一个有序数据元素的集合，每个元素有一个索引值，成意义对应关系。

树结构：树结构是具有层次的嵌套结构，该结构内的数据成一对多的关系。一个树结构的外层和内层有相似的结构。

图结构：图结构是一种复杂的数据结构，该结构内的数据存在多对多的关系，也称为网状结构。图可以表示数据元素之间的复杂关系。

通常，一个数据结构有两个要素，一个是数据元素的集合，另一个是关系的集合。在形式上，数据结构通常可以采用一个二元组来表示。

2. 数据的物理结构

数据结构在计算机中的表示(映像)称为数据的物理(存储)结构。它包括数据元素的表示和关系的表示，通常一种逻辑结构可以表示成一种或多种存储结构。数据元素的表示，计算机内采用的是二进制编码,而数据元素之间的关系则有两种不同的表示方法:顺序映象和非顺序映象,顺序映像借助元素在存储器中的相对位置来表示数据元素之间的逻辑关系。非顺序映像借助指示元素存储位置的地址来表示数据元素之间的逻辑关系,并由此得到两种不同的存储结构:顺序存储结构和链式存储结构。

例如:学校要做一个毕业生信息采集系统,收集毕业生的信息资料,方便校友间的联系。毕业生的信息包含姓名、年龄、性别、籍贯、手机号码、电子邮箱、专业、工作领域等数据,如表2-2-8所示。

表2-2-8 毕业生信息表

序号	姓名	年龄	性别	籍贯	手机号码	电子邮箱	学历	专业	工作领域
1	王丽	26	女	上海	****	****	本科	新闻学	出版业
2	钱莎	30	女	青岛	****	****	硕士	法学	机关
3	邓琪佳	34	女	金华	****	****	博士	心理学	高校
4	潘林	28	男	苏州	****	****	本科	物理学	制造业
5	孔俊	27	男	重庆	****	****	本科	工商管理	旅游业
6	黄云清	31	女	厦门	****	****	硕士	护理学	医院
7	廖洛英	28	男	广州	****	****	本科	经济学	餐饮业
……	……	……	……	……	……	……	……	……	……

其中,王丽、钱莎等每一行毕业生的完整信息是一个整体,称为数据元素。需要存储100个人的数据,存储的方法有很多种,例如顺序存储结构、链式存储结构、索引存储结构和散列存储结构等,但无论采用哪种方式,最终都是由计算机统一存储和处理的。

(1)顺序存储结构

顺序存储结构是指用一段物理地址连续的存储单元来依次存储数据元素。如果用顺序存储结构存储这100个毕业生的信息,它们将依次存放在从某个点开始的物理地址中,这个开始的起始点(首地址)是由系统根据情况和需求来划定的。首先存入第1个毕业生(序号1)的信息,之后依次存入第2个、第3个直至最后一个毕业生的信息。可以把这个过程想象成是100个学生从首地址开始依次往后排队,而且每个人之间不留空隙。这样的顺序存储结构如图2-2-17所示。

图2-2-17 毕业生信息的顺序存储结构

从结构图中可见,节省存储空间是其最大的优点。顺序存储结构中的数据元素一个紧挨一个,存储的位置没有浪费。此外,由于顺序存储结构中数据元素的存放是依次进行的,所以描述数据元素之间的逻辑关系也无需额外占用存储空间。通过数据元素的序号可以直接找出该数据元素,比如,要读取第 25 个毕业生信息的数据元素,其信息就存放在首地址后第 25 个物理地址中。

顺序存储结构的不足:

> 如果要存储的数据元素很多,在实际操作中,内存很难满足顺序存储结构需要大块连续存储结构的要求。
> 在顺序存储结构中,存取数据很方便,但是删除或插入数据时就比较麻烦了。如果要在第 25 个毕业生信息前新插入一个毕业生的信息,需要先向后移动原第 25、第 26、……、第 100 毕业生信息,然后才能插入新信息。因此,数据元素量越大,操作效率就越低。
> 顺序存储结构能占用的物理地址一般需要预分配,预分配的地址很大,会造成大量地址闲置浪费;预分配的地址太少,后期扩充地址则无法实现。

(2) 链式存储结构

链式存储结构可以使用计算机中任意的存储单元来存储数据元素,存储地址既可以是连续的,也可以是不连续的。这样的存储方式可以充分地利用系统里的存储空间。仍以毕业生信息采集系统的例子来说,分散存储方式如图 2-2-18 所示。

图 2-2-18 毕业生信息的分散存储

链式存储结构不再需要连续的存储地址,系统可以根据数据元素的情况为数据安排空闲的存储空间使用。但是由于例子中的数据元素是有序的,而现在数据元素经系统安排后可以无序、分散存储,因此,链式存储结构采用了"指针"来解决数据元素之间的逻辑关系,如图 2-2-19 所示。指针存储的是下一个数据元素在存储器中的位置,它的值直接指向存储器中另一个地方的位置。如图中 G_1 的指针直接指向 G_2 的位置,G_2 的指针则直接指向 G_3 的位置。

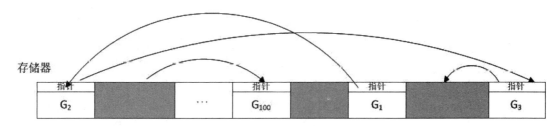

图 2-2-19 毕业生信息的链式存储结构

链式存储结构的特点:

> 在链式存储结构中,逻辑上紧密相连的数据元素,不再像顺序存储结构中必须紧挨在一起,大块连续的存储空间需求已经不再需要了。
> 插入、删除灵活。如果需要新插入一个数据元素,只需向操作系统申请一块新的地址存放新数据和它的指针,再修改相应的指针即可,操作效率高。

> 顺序存储结构中,数据元素的逻辑顺序和物理顺序总是一致的;但在链式存储结构中,数据元素的逻辑顺序和物理顺序一般是不同的。

链式存储结构也有缺点。除了数据元素需要存储外,链式存储结构还需要存储指针,因此占用的空间比顺序存储结构多。而且查找数据的速度也会慢一些。

3. 数据结构的设计

算法的设计取决于数据(逻辑)结构,而算法的实现依赖于采用的存储结构。数据的存储结构实质上是它的逻辑结构在计算机存储器中的实现。不同数据结构有其相应的若干运算,通常包括结构的生成与销毁、在结构中搜索满足某条件的数据元素、结构中插入新元素、结构中删除元素,以及遍历结构内的数据元素等。

不同数据的组织形式可采用不同的方式,常用结构如图 2-2-20 所示。

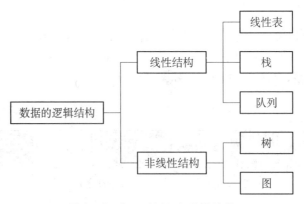

图 2-2-20 数据的逻辑结构

以图书馆书籍管理为例,假设某图书馆藏有 200 万册书籍,如果这些书籍是随机存放的,要查找一本特定的图书可能就要花费好长时间;但如果换种图书存放方式呢？比如将图书按照学科领域分类,就可以缩短查找时间。不同图书的分类存放方式,就像不同的数据,它的组织形式也是不同的。

(1) 线性表

线性表是一种最基本的、常用的线性结构。线性表中的数据元素是一一对应的关系。如毕业生信息采集系统中的毕业生信息,就是一个线性表结构。每一个毕业生的信息是一个数据元素,这些数据元素按照一定的次序排列在一起,n 名毕业生的线性表,可以表示为(G1,G2,…,Gi,…,Gn)。每一个数据元素 Gi 中,姓名、专业等元素也是一一对应的线性关系。

(2) 栈与队列

栈与队列是两种比较特殊的线性结构。

栈的特点是先进后出。可以把栈想象成一个存放羽毛球的桶,往桶里面放入羽毛球(数据),先进入的球在桶的底端,后进入的球在桶的顶端,每次取球都是从桶顶端取的,先放入的球最后取到,后放入的球最先取到。数据就像球一样,插入和删除数据都在栈顶进行,如图 2-2-21 所示。栈是递归程序经常使用的数据结构。

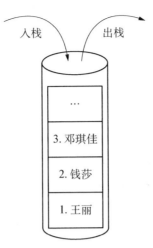

图 2-2-21 栈的结构

队列则是先进先出的线性结构,如图 2-2-22 所示。队列就像去食堂就餐需要排队,早到的人排在队首,取餐后就可以离开,而新来的人只能在队尾排队。在队列中,先输入的数据在队首,后输入的数据在队尾。数据的插入只能在队尾进行,数据的删除只能在队首进行。

图 2-2-22 队列的结构

(3) 树与二叉树

在现实世界中,有很多数据不能用简单的线性关系来描述,比如磁盘文件存储目录、家庭的族谱、公司组织架构等,如图 2-2-23 所示。以家庭族谱为例,家族关系有父子的继承关系,也有同辈的平级关系。简单的线性结构是无法描述这些逻辑关系的,但是树的"根""枝"和"叶"可以很好地表达这种关系。

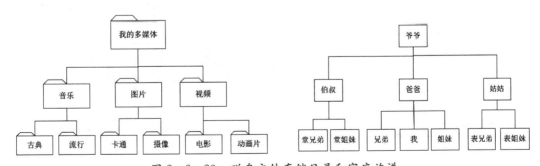

图 2-2-23 磁盘文件存储目录和家庭族谱

树是描述有层次的或者包含结构的数据结构。它就像一颗倒挂的自然界中的"树",根在顶部,枝和叶在下方,如图2-2-24(甲)所示。二叉树指每个节点最多含有两个子树的树,如图2-2-24(乙)所示。

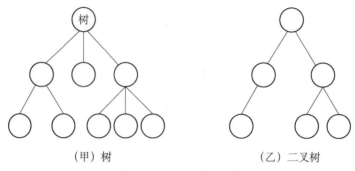

(甲)树　　　　　　　　　　(乙)二叉树

图2-2-24　树的结构

树结构中数据的查找、插入和删除十分便捷,例如,在计算机中查找文件、新建文件、删除文件操作就是在计算机的存储设备上完成数据的查找、插入和删除;对于不平衡的树结构,其数据删除算法比较复杂。

(4) 图结构

图结构指各个数据元素之间存在多对多的关系。图的数据结构由节点和边组成,但对节点的连接关系没有限制,也就是说,图中任意两个节点之间都可存在一条边。实际上树是图的特例。图可以表示数据元素之间的复杂关系。例如,过年时全家人围坐在餐桌前的样子,每个人和餐桌上的每一盘菜的关系就是图结构。上海地铁路线图,如图2-2-25所示,也是一种图结构,节点代表站点,边代表连接站点之间的路线。通常可以用矩阵来存储图结构。例如,如果需要乘坐地铁从上海虹桥虹桥火车站出发至小南门站,从图中可以看出,有很多种换乘的方式可供选择。图可以很好地模拟现实世界中的很多关系,但是它的算法也比较复杂。

图2-2-25　上海地铁图

2.2.5 习题与实践

1. 简答题

(1) 在 Raptor 中，"play speed"的设置对流程图的运行有何影响？
(2) 在 Raptor 中，在"输出"对话框中使用中文全角的双引号是否会产生错误？
(3) 在 Raptor 中，数值型数据与字符型数据有什么区别？
(4) 什么是数据结构，一般包括哪些类型？

2. 实践

模拟健康体脂秤

(1) 实验目的

- 掌握变量、常量、常用函数的使用方法。
- 掌握顺序结构、选择结构的描述方式和基本实现过程。
- 理解并能正确使用关系表达式和逻辑表达式。
- 理解分支的含义，能解决复杂的逻辑判断与分类问题。
- 正确应用选择结构解决实际生活问题。

(2) 实验内容

(a) 背景知识

BMI 指数(Body Mass Index，即身体质量指数)，是目前国际上常用的衡量人体胖瘦程度以及是否健康的标准之一，其参考标准如表 2-2-9 所示，计算公式为：

体质指数(BMI)＝体重(kg)÷身高^2(m)

表 2-2-9　BMI 标准

	中国标准	相关疾病发病危险性
偏瘦	<18.5	低(但其他疾病危险性增加)
正常	18.5～23.9	平均水平
偏胖	24～27.9	增加
肥胖	>=28	中度增加
重度肥胖		严重增加

(b) 问题需求：智能 BMI 计算器

某公司开发了一款智能体脂秤产品，其中一个功能为计算 BMI 值。请据此设计实现 BMI 值的计算，根据计算结果给出诊断结论并提出相应的健康建议。

(c) 问题分析

本问题的算法思路是：

第 1 步:设定 2 个变量 w 和 h,分别代表体重和身高;
第 2 步:给两个变量赋值;
第 3 步:根据公式计算出相应的 BMI 值;
第 4 步:根据结果和正常值进行比对,得出诊断结果;
第 5 步:根据比对结果,提出相应建议;

(d) 实验要求

请根据分析,利用 Raptor 完成以上问题,并根据运行结果检测算法的正确性。

(e) 功能的优化

➢ 不同国家在应用 BMI 值判断时有着自己本国的标准,例如中国的标准和世界卫生组织的标准是有差异的,男性和女性的标准也是不同的,请查找相关资料了解数值的不同含义。然后重新输入身高和体重,针对不同人种、不同性别来修改上述算法,完成 BMI 值的精确计算。

➢ BMI 值并不是对每个人都适用的,如未满 18 岁的人就不适用此方法,请思考如何修改上述算法,当输入的年龄小于 18 岁时,不计算 BMI 值,并给出相应的提示信息。

2.3 Raptor 进阶

2.3.1 数组

在前面遇到的问题中,所涉及的数据不太多,使用简单变量就可以进行存取和处理。但是,在实际的编程中往往需要面对大量的数据,如果仍用简单变量进行处理,就很不方便甚至不可能完成。例如,需要把班上成绩在平均分数以下的学生名单列出来,这时,就可以使用数组来完成。在许多场合,使用数组可以缩短和简化程序,提高问题解决的效率。

1. 数组的概念

数组是用一个统一的名称表示的、顺序排列的一组相同类型变量的集合,它本身并不是一种数据类型。数组中的变量称为数组元素,用数字(下标)来标识它们,因此,数组元素又称为下标变量。

如果一个数组的元素只有一个下标,则称这个数组为一维数组。例如,数组 A 有 10 个元素:A(1),A(2),……,A(10)。如果一个数据的元素有两个下标,则称这个数组为二维数组。例如,数组 S(3,4),其第一维是 0 到 3,第二维是 0 到 4,则这个数组共有 20 个元素(4×5=20),分别为:S(0,0),S(0,1),S(0,2),S(0,3),S(0,4),S(1,0),S(1,1),……,S(3,4)。

2. 数组的定义和使用

声明数组的格式如下:

数组名[下标1,下标2,…,下标n]

说明:
- 数组名目的是用于标识该数组,其命名应是合法的变量名。
- 方括号中的数值为下标值,以区分数组中的各个元素,在 Raptor 中规定,下标值可以是常量、变量或表达式,但其值必须是正整数,不能是 0、负数或小数。下标的个数表示数组的维数,根据数组的维数可以将数组分为一维数组、二维数组等。
- 数组元素用整个数组的名字和该元素在数组中的顺序位置来表示。在 Raptor 中,默认情况下,第 1 个数组元素的下标值为 1,第 n 个数组元素的下标值为 n。

例如:score[20]表示创建一个名为 score 的数组,数组的维数为 1,数组元素的个数是 20,score[1]表示数组中的第 1 个数组元素。

例 2-6 统计 10 个学生成绩的总分和平均分。

分析:首先,定义一个一维的数组,用于保存学生的成绩,输入的成绩如果不在 0~100 之间,则需要重新输入,然后将学生的成绩加总相加得到总分,再除以 10,即可得到学生的平均分。

Raptor 程序实现的流程图如图 2-3-1 所示。

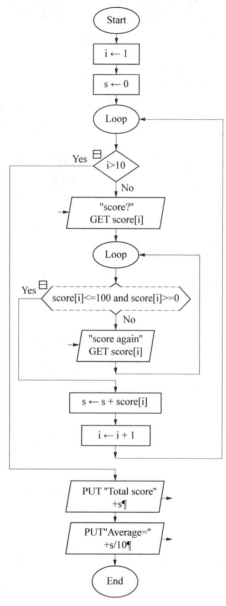

图 2-3-1 统计 10 个学生成绩的总分和平均分

2.3.2 子图

使用"子图"是实现结构化程序设计思想的重要方法。结构化程序设计思想的要点之一就是对一个复杂的问题采用"分而治之"的策略,即模块化,把一个较大的程序划分为若干个模块,每个模块只完成一个或几个功能。在 Raptor 中,子图可以将程序分解成逻辑块,由主程序来调用它们,这样可以简化程序设计工作,便于流程图的管理,减少错误的发生。

编辑程序时,如果需要调用子图,只需要把调用语句插入到相应的位置,输入需要调用的子图名称即可。子图可以被主程序、其他子图及自身调用。子图运行方式如图2-3-2所示。

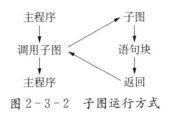

图2-3-2 子图运行方式

例2-7 创建一个计算半径为3的圆面积的子图。

(1) 鼠标右键单击 main 选项卡,在弹出的快捷菜单中选择"增加一个子图",系统会弹出设置子图名称的对话框,如图2-3-3所示,输入子图名称:subchart_circle。

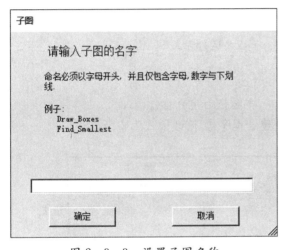

图2-3-3 设置子图名称

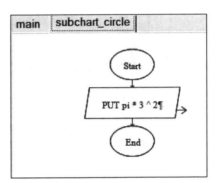

图2-3-4 子图界面

(2) 在子图中添加一个输出符号,输出计算圆面积的表达式:pi*3∧2,子图界面如图2-3-4所示。

(3) 在主程序界面中,添加一个过程调用符号,编辑过程调用符号,在编辑界面中输入要调用的子图名称,其最终结果如图2-3-5所示,运行结果如图2-3-6所示。

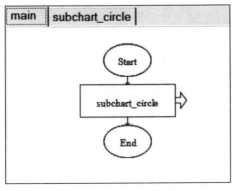

图2-3-5 主程序界面

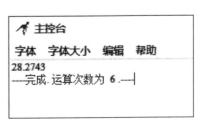

图2-3-6 运行结果

2.3.3 子程序

子程序的功能与子图类似,我们可以将子程序理解为一种"增强"型的子图,子程序允许在每次被调用时,通过参数来调整运行的值,也可以将计算的结果反馈给主程序供后续使用。因而,子图与子程序的差别在于不能给子图传递参数,子图也不会返回任何值。

例如,子图中的例子用于计算半径为3的圆面积,其半径是固定的,所以,只能计算一种圆面积,而利用子程序则可以通过参数传输不同的半径值,从而计算不同的圆面积。

子程序运行方式与子图类似,如2-3-7所示。

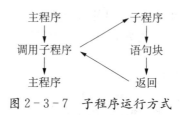

图2-3-7 子程序运行方式

例2-8 创建一个计算圆面积的子程序,半径值由用户自行输入。

(1) Raptor默认模式为初级,如需要创建子程序,需修改模式为中级,如图2-3-8所示。

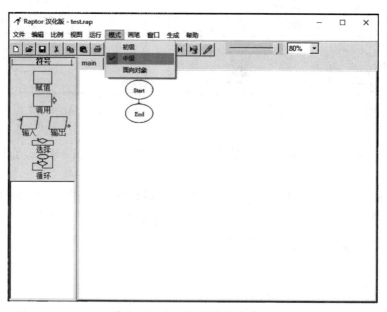

图2-3-8 设置模式为中级

(2) 鼠标右键单击main选项卡,在弹出的快捷菜单中选择中选择"增加一个子程序",如图2-3-9所示。

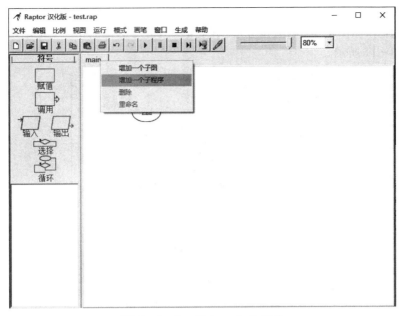

图 2-3-9　增加一个子程序

(3) 设置子程序参数,如图 2-3-10 所示,其中:子程序名为 C_circle,参数 1 为 circle_r(输入参数),参数 2 为 circle_c(输出参数)。

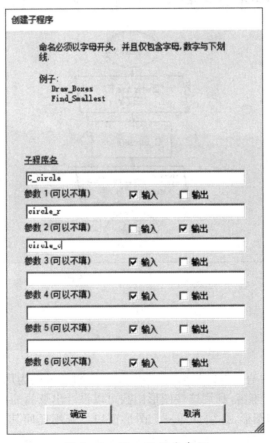

图 2-3-10　子程序参数

(4) 在子程序中添加一个赋值符号,设置变量 circle_c 的值为 pi * circle_r∧2,子程序流程图如图 2-3-11 所示。

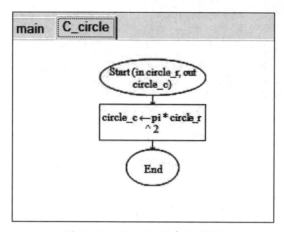

图 2-3-11　子程序流程图

(5) 在主程序界面中,添加输入符号、过程调用符号和输出符号各一个,编辑过程调用符号,在编辑界面中输入要调用的子程序名称和参数,C_circle(r,c),其最终结果如图 2-3-12 所示。

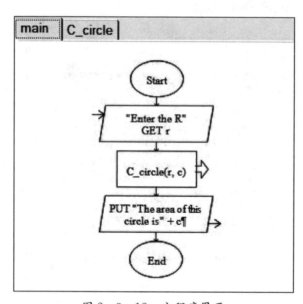

图 2-3-12　主程序界面

2.3.4　图形

一个成功的程序需要有友好的界面,在界面设计中图形可以为用户带来许多操作上的便利,Raptor 图形函数比较丰富,利用这些图形函数可以设计出炫丽的界面。

要使用 Raptor 中的图形,必须打开一个图形窗口。调用任何其他 Raptor 图形过程或函数之前,必须创建此图形窗口,打开窗口的语句为 Open_graph_Window(X_Size,Y_Size),图形窗口(X,Y)坐标系的原点在窗口的左下角,X 轴由 1 开始从左到右,Y 轴由 1 开始自底向上,如图 2-3-13 所示。

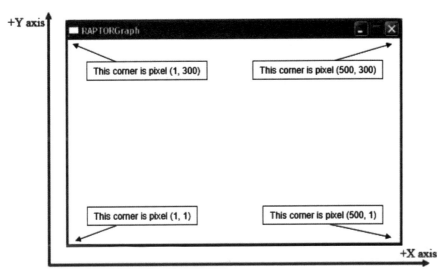

图 2-3-13　Raptor 图形窗口和坐标表示

Raptor 图形有 9 个绘图过程,用于在图形窗口中绘制形状,如表 2-3-1 所示,绘制的图形如有覆盖,则后绘制的图形遮盖先绘制的图形,因此,在绘制图形时顺序是很重要的。

图形对象的色彩参数如表 2-3-2 所示。

表 2-3-1　绘图命令与说明

形状	过程调用和描述
单个像素	Put_Pixel(X,Y,Color)　设置单个像素为特定的颜色。
线段	Draw_Line(X1,Y1,X2,Y2,Color)　在(X1,Y1)和(X2,Y2)之间画出特定颜色的线段。
矩形	Draw_Box(X1,Y1,X2,Y2,Color,Filled/Unfilled)　以(X1,Y1)和(X2,Y2)为对角,画出一个矩形。
圆	Draw_Circle(X,Y,Radius,Color,Filled/Unfilled)　以(X,Y)为圆心,以 radius 为半径,画圆。
椭圆	Draw_Ellipse(X1,Y1,X2,Y2,Color,Filled/Unfilled)　在以(X1,Y1)和(X2,Y2)为对角的矩形范围内画椭圆。
弧	Draw_Arc(X1,Y1,X2,Y2,Startx,Starty,Endx,Endy,Color)　在以(X1,Y1)和(X2,Y2)为对角的矩形范围内画出椭圆的一部分。
为一个封闭区域填色	Flood_Fill(X,Y,Color)　在一个包含(X,Y)坐标的封闭区域内填色(如果该区域没有封闭,则整个窗口全部被填色)。
绘制文本	Display_Text(X,Y,Text,Color)　在(X,Y)位置上,落下首先绘制的文字串,绘制方式从左到右,水平伸展。
绘制数字	Display_Number(X,Y,Number,Color)　在(X,Y)位置上,落下首先绘制的数值,绘制方式从左到右,水平伸展。

表2-3-2 图形对象的色彩参数

色彩参数	色彩描述	色彩参数	色彩描述
White	白色	Brown	棕色
Black	黑色	Light_Gray	浅灰色
Red	红色	Dark_Gray	深灰色
Blue	蓝色	Light_Blue	浅蓝色
Green	绿色	Light_Green	浅绿色
Cyan	青色	Light_Cyan	浅青色
Magenta	品红	Light_Red	浅红色
Yellow	黄色	Light_Magenta	浅品红色

例 2-9 绘制 3 个同心圆。

Raptor 程序实现的流程图如图 2-3-14 所示,其效果图如图 2-3-15 所示。

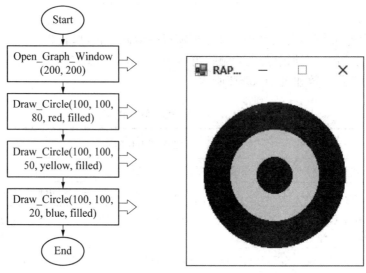

图 2-3-14 绘制同心圆流程图　　图 2-3-15 绘制同心圆效果图

例 2-10 绘制一个正弦曲线图。

分析:Raptor 中没有画正弦曲线的图形函数,可以利用其他图形函数完成正弦曲线的绘制。设计思路是:

(1) 用 Open_Graph_Window 打开一个 1000 * 500 的图形窗口;

(2) 利用 Draw_Line() 函数画 x 轴和 y 轴;

(3) 利用 Display_Text() 函数显示 x、y 以及原点;x 值从 -5 变化到 5,y 的值从 -2.5 变化到 2.5;

(4) 利用画圆函数 Draw_Circle() 画一个半径为 1 像素的圆代替正弦曲线中的一个点;

(5) x 每循环一次增加 0.01,循环 1000 次后,就可以画出正弦曲线。
Raptor 程序实现的流程图如图 2-3-16 所示,其效果图如图 2-3-17 所示。

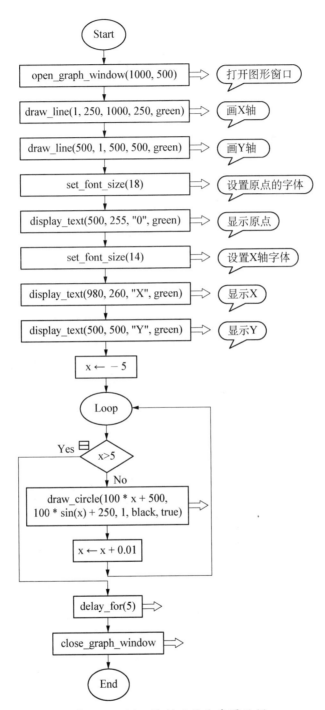

图 2-3-16 绘制正弦曲线图示例

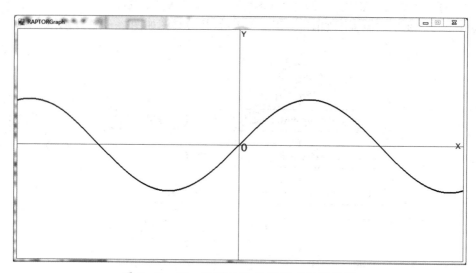

图 2-3-17 绘制正弦曲线图示例效果图

2.4 综合案例

1. 闰年的判断

闰年是为了弥补因人为编制历法规定造成的年度天数与地球实际公转周期的时间差而设立的。补上时间差的年份,把有闰日的年份定为闰年。公历闰年判定遵循的规则为:四年一闰,百年不闰,四百年再闰;千年不闰,四千年再闰;万年不闰,五十万年再闰。

简而言之,所指定的年份符合以下条件之一的即为闰年:

(1) 能被 400 整除。

(2) 能被 4 整除而不能被 100 整除。

任意输入一个年份判断该年份是否为闰年,若是闰年,输出该年份并显示"The year is leap year"的提示信息,否则输出该年份并显示"The year isn't leap year"的提示信息。

【问题分析】

在程序中用变量 year 表示输入的年份,根据判断闰年的两个条件,其判断表达式如下:

(1) year mod 400＝0

(2) (year mod 4＝0) and (year mod 100! ＝0)

上述两种情况中任何一种成立,即可判定该年为闰年,所以,判断是否为闰年的关系表达式为:(year mod 400＝0) or (year mod 4＝0) and (year mod 100! ＝0)

【主要步骤】

第一步:在基本流程图上,拖拽加入输入符号,设置提示信息:"please enter year",并将输入的年份信息赋值给变量 year。

第二步:拖拽加入选择符号,并设置选择条件为(year mod 400＝0) or (year mod 4＝0) and (year mod 100! ＝0)。

第三步:拖拽加入两个输出符号,当条件成立的情况下输出" The year "＋year＋" is leap year",当条件不成立的情况下输出" The year "＋year＋" isn't leap year"。

Raptor 程序实现的流程图如图 2-4-1 所示。(流程图保存为"闰年的判断.rap")

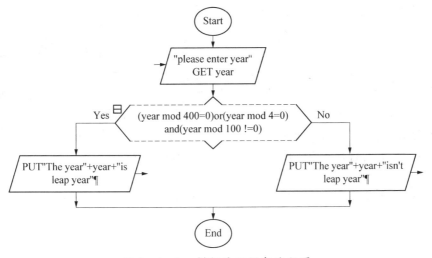

图 2-4-1 判断是否闰年流程图

在运行时,用户输入数据,如 2000,其结果如图 2-4-2 所示。

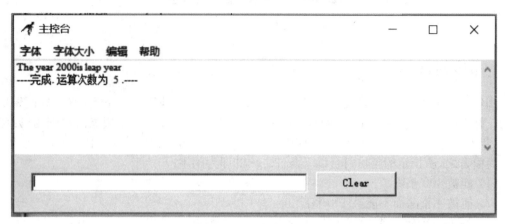

图 2-4-2　输入 2000 年的运行图

2. 神奇的数字

"水仙花数"是指一个三位正整数,其各位数字的立方和等于该数本身,例如,$153=1^3+5^3+3^3$,153 就是"水仙花数"。请设计算法求出 100~999 之间所有的"水仙花数"。(流程图保存为"神奇的数字.rap")

【问题分析】

首先,定义一个变量 num,用来保存数字,num 的取值范围为 100~999,然后,分别取出这个数的百位上的数字并赋值给变量 i、十位上的数字并赋值给变量 j、个位上的数字并赋值给变量 k;最后,判断表达式 num=i^3+j^3+k^3 是否成立,若成立,则可以判断该数为"水仙花数"。

【主要步骤】

(1) 在基本流程图基础上,拖拽加入赋值符号,并给变量 num 赋值 100。

(2) 拖拽加入输出符号,输出提示信息:"All of the Narcissus few is:"。

(3) 拖拽加入循环符号,并设置循环条件为 num>999。

(4) 拖拽加入三个赋值符号。该语句功能是将数字的个、十、百位上的数字分离出来,并依次给 i,j,k 三个变量赋值,借助 floor 函数实现向下取整的功能。

(5) 拖拽加入选择符号,设置选择判断条件为 num=i∧3+j∧3+k∧3。条件成立,拖拽加入输出符号,输出变量 num 的值,条件不成立结束选择分支判断。

(6) 在循环结构最后位置,拖拽加入赋值符号,设置变量 num=num+1。

(7) 流程图完成后保存为"神奇的数字.rap",并运行测试。运行结果为:All of the Narcissus few is:153　370　371　407。

Raptor 程序实现的流程图如图 2-4-3 所示,其效果如图 2-4-4 所示。

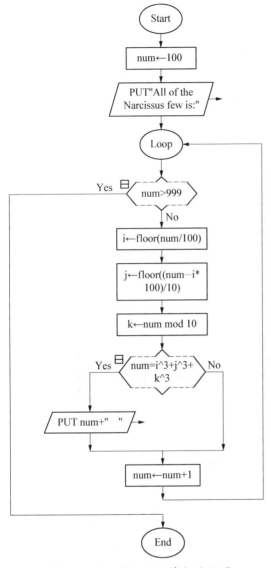

图 2-4-3 判断水仙花数流程图

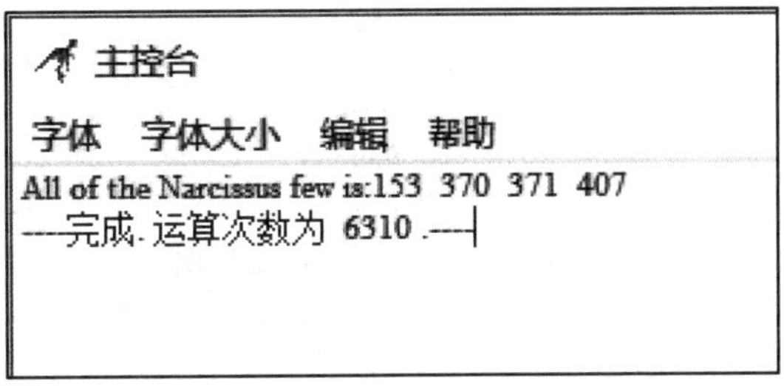

图 2-4-4 判断水仙花数流程效果图

3. 植树问题

植树节那天,有五位同学参加了植树活动,他们完成植树的棵数都不相同。问第一位同学植了多少棵时,他指着旁边的第二位同学说:比他多植了两棵,追问第二位同学,他又说比第三位同学多植了两棵,如此,都说比另一位同学多植两棵,最后问到第五位同学时,他说自己植了10棵。请问第一位同学到底植了多少棵树?(流程图保存为"Tree.rap")

【问题分析】

根据"多两棵"这个规律逐步进行推算:

(1) 第五位同学植树的棵数为10。

(2) 第四位同学植树的棵数为10+2=12。

(3) 第三位同学植树的棵数为12+2=14。

(4) 第二位同学植树的棵数为14+2=16。
(5) 第一位同学植树的棵数为16+2=18。
该问题可以通过递推的方式进行求解,即以10为基础,每次递推增加2,共递推5次。Raptor程序实现的流程图如图2-4-5所示,其效果如图2-4-6所示。

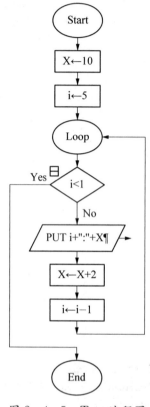

图2-4-5 Tree流程图

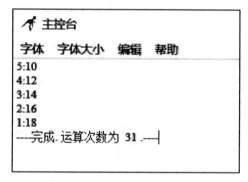

图2-4-6 Tree流程效果图

4. 破解密码

小明的行李箱密码忘记了,他希望能够找回密码,目前已知密码由3个数字组成,密码中的3个数字的总和为14,乘积为90,且第一个数字小于第二个数字,第二个数字小于第三个数字,问密码是多少?(流程图保存为"Password.rap")

【问题分析】

设密码的第一个数字为A,第二个数字为B,第三个数字为C,该三个数字的取值范围均为0~9,所以,我们使用枚举法进行遍历即可得到该问题的解,当满足A<B<C、A+B+C=14并且A*B*C=90时,即为该问题的解,遍历过程如下:

(1) 遍历 A=0,B=0,C=0~9。
(2) 遍历 A=0,B=1,C=0~9。
(3) ……
(4) 遍历 A=1,B=0,C=0~9。

(5) 遍历 A=1,B=1,C=0～9。

(6) 遍历 A=1,B=2,C=0～9。

(7) ……

(8) 遍历 A=9,B=9,C=0～9。

经过遍历,该问题得到的解为:Password is:356。

Raptor 程序实现的流程图如图 2-4-7 所示,其效果如图 2-4-8 所示。

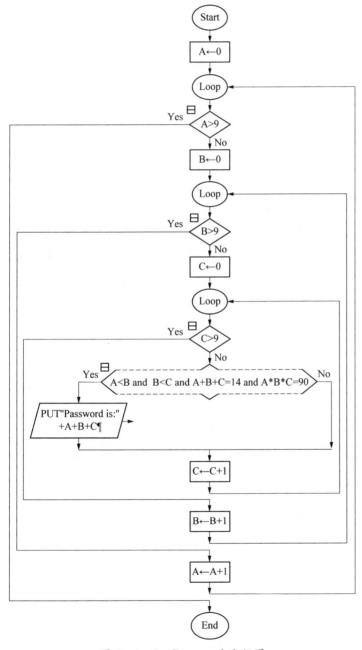

图 2-4-7　Password 流程图　　　　　图 2-4-8　Password 流程效果图

5. 谁撒谎

某抢劫案抓到4个嫌疑人A、B、C、D,经过审讯,这4个人的供述如下:
A说:"不是我。"
B说:"是C。"
C说:"是D。"
D说:"C撒谎。"
已知其中3个人说的是真话,1个人说的是假话,现根据这些信息,确认谁在撒谎。(流程图保存为"Lie.rap")

【问题分析】

我们用变量i表示撒谎的人,用1~4分别表示4个嫌疑人,用关系运算符"="表示"是",用关系运算符"!="表示"不是",则这4个人的供述可表示如下:
(1) A说:"不是我。"表示为i!=1。
(2) B说:"是C"表示为i=3。
(3) C说:"是D"表示为i=4。
(4) D说:"C撒谎"表示为i!=4。

已知其中3个人说的是真话,1个人说的是假话,我们假设A撒谎、B撒谎、C撒谎、D撒谎四种情况,每种情况中用变量count计数,以上4个供述中,每满足一个情况count+1,当某种情况下count=3时即为该问题的解。

经过分析,该问题得到的解为:C在撒谎。
Raptor程序实现的其流程图如图2-4-9所示,其效果如图2-4-10所示。

6. 逆序输出姓名

要求将输入的姓名逆序输出。如,"Alice"逆序输出为"ecilA"。(流程图保存为"逆序输出姓名.rap")

【问题分析】

要想对输入一行字符串进行逆序输出,需要使用一个一维数组,利用两个变量i和j分别表示该字符数组首部元素和末尾元素,进行元素对换。

算法思路如下:
(1) 从键盘输入一行字符,并存放于数组str中;
(2) 对变量i初始赋值为1,变量j初始赋值为该字符串个数;
(3) 当i<j时,对字符数组中i和j对应位置的元素互换,变量i的值加1,变量j的值减1;
(4) 当i>=j时,停止互换;
(5) 输出字符串。

Raptor程序实现的流程图如图2-4-11所示,其效果如图2-4-12所示。

第 2 章 计算机求解问题基础

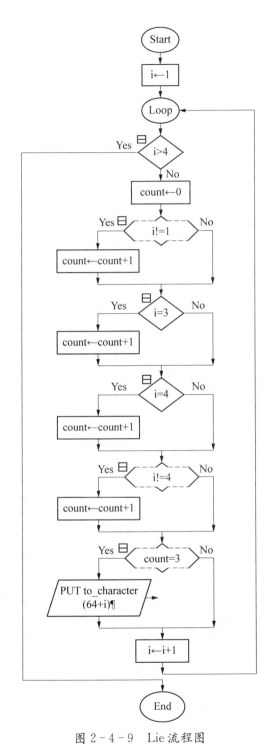

图 2-4-9　Lie 流程图

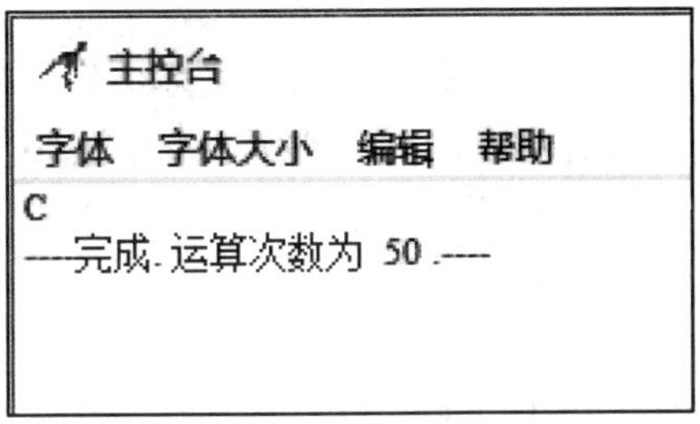

图 2-4-10　Lie 流程效果图

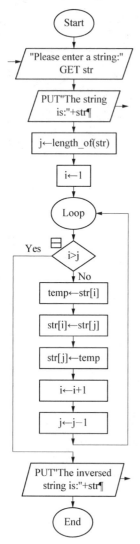

图 2-4-11　逆序输出姓名流程图　　图 2-4-12　逆序输出姓名流程效果图

7. 择优选拔

为丰富业余生活某社区组织趣味体育活动,共组成 A、B、C 三个球队参赛各类比赛,每个球队各参加了不同类型的四次比赛。为了择优推荐参加更高级别的比赛,请你协助找出在各类比赛中得分最高的那个队伍。要求成绩保存在二维数组中,成绩可以通过随机函数产生,规定每类比赛的成绩范围在 0 分~100 分之间。(流程图保存为"择优选拔.rap")

【问题分析】

本题主要通过二维数组求得二维数组中最大值及最大值下标并输出。二维数组可以通过"数组名[下标1,下标2]"的形式引用数组中的各个元素,如 array[3,4]表示二维数组中的第 3 行第 4 列的数组元素。

算法思路如下:

(1) 定义三行四列的二维数组 array[3,4]存储得分;

(2) 赋值过程采用两重循环结构,通过随机函数 random 对二维数组给球队打分;外循环处理二维数组的各行,内循环处理一行中的各列元素。

(3) 循环结构重复比较,找出最大值并记录下标;变量 m 记录最大值,mi,mj 记录最大值下标。

Raptor 程序实现的流程图如图 2-4-13 所示,其效果如图 2-4-14 所示。

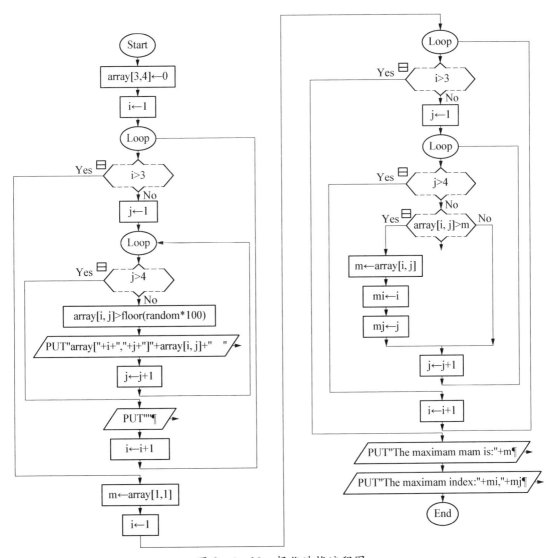

图 2-4-13 择优选拔流程图

图 2-4-14 择优选拔流程效果图

8. 画圆

绘制 4 个圆，每个圆是由 5 个同心圆组成。（流程图保存为"画圆.rap"）

【问题分析】

由于要求绘制的 4 个圆是相同的，所以，利用子图 draw 来绘制圆，每次调用子图前调整圆心位置（变量 x 和 y 的值）即可，而针对每个圆中的同心圆可使用函数 Draw_Circle() 来绘制。

Raptor 程序实现的流程图如图 2-4-15、图 2-4-16 所示，其效果如图 2-4-17 所示。

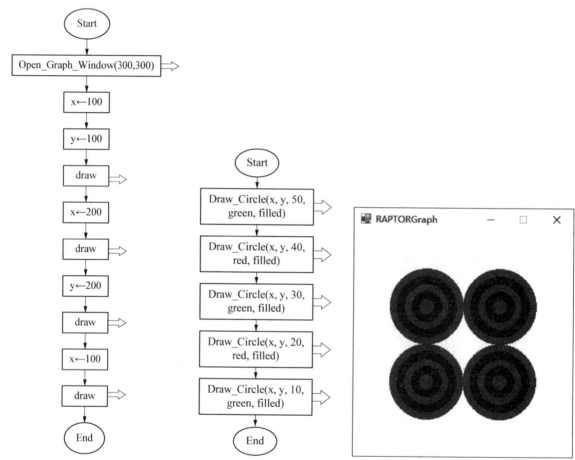

图 2-4-15　画圆主程序流程图　　图 2-4-16　画圆子图流程图　　图 2-4-17　画圆流程效果图

9. 阶乘求和

计算并输出 s=10!＋9!＋…＋1! 的和。（流程图保存为"阶乘求和.rap"）

【问题分析】

求和需要多次求阶乘，这会造成许多重复的代码，可以将求阶乘的代码独立出主程序，定义为一个子程序。先设计一个算法计算 n! 的值 s，然后将这个算法作为子程序进行调用，循环次数 i 最多 10，在循环体中调用子程序，分别计算 1! 到 10! 的值。

Raptor 程序实现的流程图如图 2-4-18、图 2-4-19 所示，其效果如图 2-4-20 所示。

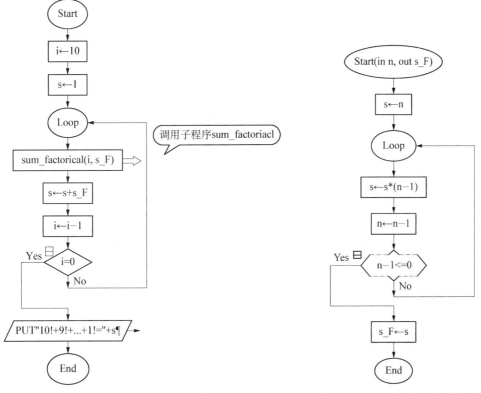

图 2-4-18 阶乘求和主程序流程图　　图 2-4-19 阶乘子程序流程图

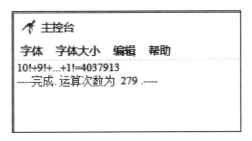

图 2-4-20 阶乘求和结果输出

10. 冒泡排序

要求将输入的 10 个数字按照从高到低的顺序排序并输出。（流程图保存为"冒泡排序.rap"）

【问题分析】

所谓排序就是将一组数据按照从小到大（或从大到小）的顺序排列。在日常生活中，排序问题无处不在，如学生成绩排序、比赛成绩排序、销售量排序等等，这样的问题举不胜举，因此，在程序设计中，排序问题是必须掌握的基本算法。

排序过程中一般都要进行元素之值的比较和元素的交换。基本排序方法有很多，如冒泡排序、插入排序、选择排序、交换排序等，每种排序方法都有各自的特点，这里借助冒泡排序，并通过数组的方式实现。

算法思路：冒泡排序的基本思想是从数组的第一个元素开始，依次比较相邻的两个数组元素的大小，如果发现两数组元素的次序相反时就进行交换，如此重复地进行，直到没有反序的数组元素为止。如图 2-4-21 所示。

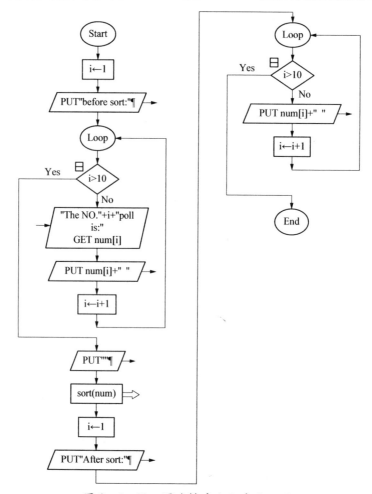

图 2-4-21 冒泡排序算法示意图

本题为了使结构更加清晰,采用子过程方式完成。

主图 main 用于输入数据、调用子过程和输出排序后的数据。

子过程 sort 用于对数据排序。

Raptor 程序实现的流程图如图 2-4-22、图 2-4-23 所示,其效果如图 2-4-24 所示。

图 2-4-22 冒泡排序主程序流程图

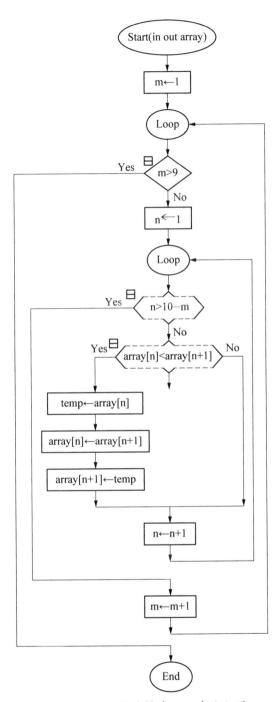

图 2-4-23 冒泡排序子程序流程图

主控台
字体　字体大小　编辑　帮助
before sort:
78 9 57 58 96 45 36 89 36 12
After sort:
96 89 78 58 57 45 36 36 12 9
——完成.运算次数为 392.——

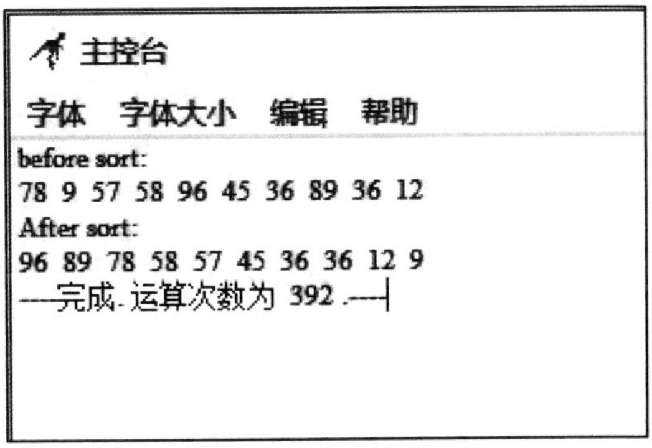

图 2-4-24 冒泡排序流程效果图

2.5 综合练习

一、选择题

1. 变量的命名必须遵循一定的规则,只能由字母、数字和下划线三种字符组成,且第一个字符_____。
   A. 必须为下划线
   B. 可以是这三种字符中的任一种
   C. 必须为字母或下划线
   D. 必须为字母

2. 在 C 语言中,最基本的数据类型包括_____。
   A. 整型、实型、字符型
   B. 整型、实型、逻辑型
   C. 整型、字符型、逻辑型
   D. 实型、字符型、逻辑型

3. 在 Raptor 中,以下选项中合法的变量名是_____。
   A. pi
   B. _2Test
   C. e
   D. A. dat

4. 下列各项中可以正确表示字符型常量的是_____。
   A. '\t'
   B. "a"
   C. "\n"
   D. 297

5. 如果程序有 10 条基本命令,它会依次按照顺序执行这 10 条语句,然后退出。这种结构是_____。
   A. 顺序结构
   B. 选择结构
   C. 循环结构
   D. 嵌套结构

6. 算法的流程根据条件是否成立有不同的流向,处理这种过程的结构就是_____。
   A. 顺序结构
   B. 选择结构
   C. 循环结构
   D. 嵌套结构

7. _____是指在程序中需要反复执行某个功能而设置的一种程序结构。
   A. 顺序结构
   B. 选择结构
   C. 循环结构
   D. 嵌套结构

8. 在 Raptor 中,变量的设置与赋值可通过以下哪种方式完成?_____。
   A. 通过输入符号对变量进行赋值
   B. 通过赋值符号对变量进行赋值
   C. 通过过程调用的参数传递或返回值对变量进行赋值
   D. 以上答案都对。

9. 以下各项中哪个不是 Raptor 的保留字?_____。
   A. sum
   B. pi
   C. e
   D. ture

10. 把这种可以多次反复调用的,能完成操作功能的特殊程序段称为_____。它是一个大型程序中的某部分代码,由一个或多个语句块组成。它负责完成某项特定任务,而且相较于其他代码,具备相对的独立性。
    A. 流程图
    B. 子程序
    C. 循环结构
    D. 嵌套结构

11. 下列各项中不属于数据的物理存储结构的是_____。
    A. 索引结构
    B. 链式结构
    C. 顺序结构
    D. 栈

12. 数据结构在计算机中的存储器内表示时,如果物理地址和逻辑地址是相同且连续的,称之为_____。
    A. 逻辑结构　　　　　B. 顺序存储结构　　　C. 链式存储结构　　　D. 以上都对
13. 线性表属于_____。
    A. 物理存储结构　　　B. 线性结构　　　　　C. 非线性结构　　　　D. 链式结构
14. 队列结构的特点是_____。
    A. 先进先出　　　　　B. 先进后出　　　　　C. 非线性　　　　　　D. 有层次
15. 下列关于数组的描述中正确的是_____。
    A. 数组大小是固定的,但可以有不同类型的数组元素
    B. 数组大小是固定的,所有数组元素的类型必须相同
    C. 数组大小是可变的,但所有数组的类型必须相同
    D. 数组大小是可变的,可以有不同类型的数组元素

二、填空题

1. 算法应该具有以下特征:_____、确切性、输入项、输出项和可行性。
2. 一个算法的评价主要从_____和空间复杂度来考虑。
3. 算法设计方法主要由以下三种结构组成:顺序结构、_____和循环结构。
4. 常用的数据类型有数值型和_____。
5. 根据变量的不同作用域,可以把变量分为不同的级别,即局部变量和_____。

三、算法填空题

1. 打开素材"和.rap",在已有的流程图中填入相应的表达式,求1+2+3+4+5的和。
2. 打开素材"积.rap",在已有的流程图中填入相应的表达式,求1*2*3*4*5的积。
3. 打开素材"乘法表.rap",在已有的流程图中填入相应的表达式,实现打印九九乘法表的效果,如图2-5-1所示。

```
1*1=1
2*1=2   2*2=4
3*1=3   3*2=6   3*3=9
4*1=4   4*2=8   4*3=12  4*4=16
5*1=5   5*2=10  5*3=15  5*4=20  5*5=25
6*1=6   6*2=12  6*3=18  6*4=24  6*5=30  6*6=36
7*1=7   7*2=14  7*3=21  7*4=28  7*5=35  7*6=42  7*7=49
8*1=8   8*2=16  8*3=24  8*4=32  8*5=40  8*6=48  8*7=56  8*8=64
9*1=9   9*2=18  9*3=27  9*4=36  9*5=45  9*6=54  9*7=63  9*8=72  9*9=81
```

图2-5-1 乘法表

4. 打开素材"单据.rap",在已有的流程图中填入相应的表达式,实现以下效果,一张单据上有一个5位数组成的编号,万位数是1,百位数是8,个位数9,千位数和十位数已经变得模

糊,但是知道这个 5 位数是 67 和 59 的倍数,请问这个 5 位数是多少?
5. 打开素材"实付金额.rap",在已有的流程图中填入相应的表达式。某电商平台给出的购物折扣率如下:购物金额<100 元,不打折;100 元≤购物金额<300 元,打 9 折;300 元≤购物金额<500 元,打 8 折;购物金额≥500 元,打 7.5 折。请输入购物金额,输出折扣率和购物实际付款额。
6. 打开素材"级数问题.rap",在已有的流程图中填入相应的表达式。程序要求:求下列数列之和,其中 n 值(n>=1)从键盘上输入。数列:s=1+1/(1+2)+1/(1+2+3)+…+1/(1+2+3+…+n)

四、算法改错题

1. 打开素材"合并.rap",在已有的流程图中修改相应的表达式,实现将两串数字进行合并的效果。
2. 打开素材"除法余数.rap",在已有的流程图中修改相应的表达式,求 10 除以 3 以及 10 对 3 取余数的结果。
3. 打开素材"鸡兔同笼.rap",在已有的流程图中修改相应的表达式,实现以下效果,大约在 1500 年前,《孙子算经》中就有记载,书中是这样叙述的:今有雉兔同笼,上有三十五头,下有九十四足,问雉兔各几何? 这四句话的意思是:有若干只鸡和兔同在一个笼子里,从上面数,有 35 个头,从下面数,有 94 只脚,问笼中各有多少只鸡,多少只兔?
4. 打开素材"读书.rap",在已有的流程图中修改相应的表达式,实现以下效果,小明每天都读书,第一天读了全书的一半,第二天读了剩下页数的一半,以后天天如此,第六天读完了最后的 3 页,问全书有多少页?
5. 打开素材"奇偶和.rap",在已有的流程图中修改相应的表达式。求解 100 以内所有奇数之和、偶数之和,并输出结果。
6. 打开素材"数据矩阵.rap",在已有的流程图中修改相应的表达式。打印一个三行四列的数据矩阵,输出格式如下所示。

```
i=1:j=1 j=2 j=3 j=4
i=2:j=1 j=2 j=3 j=4
i=3:j=1 j=2 j=3 j=4
i=4:j=1 j=2 j=3 j=4
```

五、算法编写题

利用 Raptor,完成以下问题:

1. 在马克思手稿中有个趣味数学问题:有 30 个人在一家饭馆吃饭花了 50 先令,每个男人花 3 先令,每个女人花 2 先令,每个小孩花 1 先令,问男人、女人和小孩各有几人? (流程图保存为"手稿.rap")
2. 一辆公交车沿途经停了 6 站,从第一站发车时车上已经有 n 位乘客,到第二站先下了一半乘客,然后又上来 4 位乘客,到第三站也先下了一半乘客,又上来 3 位乘客,以后每到一站都先下去车上一半的乘客,然后又上来比前一站所上乘客少一个的乘客,……,到了终点站车上还有4位乘客,问发车时车上的乘客有多少?(流程图保存为"公交车.rap")

3. 输出100~200之间的所有素数。素数是指除了1和它自身外,不能整除其他自然数的数。(流程图保存为"素数.rap")

4. 求 s＝a＋aa＋aaa＋aaaa＋aa...a 的 s 值,其中 a 是一个数字,n 是几个值相加。例如 2＋22＋222＋2222＋22222(此时 a＝2,n＝5,共有5个数相加),变量 a 和 n 的值由键盘输入。程序分析:关键是计算出每一项的值。(流程图保存为"数列求和.rap")

本章小结

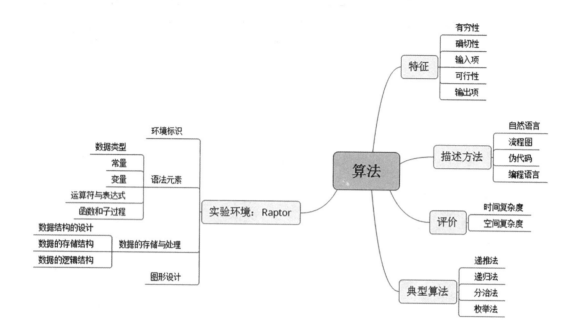

PART 03

第 3 章　Python 与人工智能

＜本章概要＞

　　人工智能技术开启智能生活,人们足不出户便能了解社区附近生活信息,享受各类智能化服务:智能健康终端产品自动检测收集身体健康数据,通过云平台得到专家及时会诊;定时智能门锁汇报当天的访客情况,甚至智能管家代为签收快递;您的冰箱将随时提醒您的采购项目和对应的健康指数,指导您实现合理饮食。

　　本世纪,人工智能掀起了世界的新一波科技浪潮,越来越多的个人和企业投身到了人工智能的开发与应用中,Python 就是其中最为热门的语言之一。

　　现阶段,常规的人工智能包含常用机器学习和深度学习两个很重要的模块,而 Python 拥有 Matplotlib、Numpy、sklearn、Keras 等大量的库,像 Pandas、Sklearn、Matplotlib 库都是做数据处理、数据分析、数据建模和绘图的库,基本上机器学习中对数据的爬取(scrapy)、对数据的处理和分析(pandas)、对数据的绘图(matplotlib)和对数据的建模(sklearn)在 Python 中全都能找到对应的库来进行处理。

　　Python 非常适合作为入门级程序设计语言。Python 的这种伪代码本质是它最大的优点之一,它使你能够专注于解决问题而不用去搞明白语言本身。总之,Python 是人工智能常用的首选开发语言。阅读 Python 程序与读英语短文一样,这就是它的伪代码本质,该本质已经成为其优点之一,因此,它是人工智能常用的开发语言。

＜学习目标＞

通过本章学习,要求达到以下目标:
1. 理解 Python 语言基本语法要素。
2. 掌握 Python 程序设计的基本控制结构。
3. 能够运行计算思维调用 Python 语言的第三方库。
4. 了解 Python 的搜索策略。
5. 能够运用 Python 语言解决实际生活问题。

3.1　Python 概述

Python 语言诞生于 1990 年，是由荷兰 Guido van Rossum 研发的。1989 年 12 月，van Rossum 利用圣诞假期开发一个新的脚本解释程序，作为 ABC 语言的一种继承，因此在次年诞生了 Python 语言。

Python 语言的诞生是个偶然事件。2000 年 10 月，Python 2.0 正式发布，标志着 Python 语言完成了自身的更高飞跃，解决了其解释器和运行环境中的诸多问题，开启了 Python 广泛应用的新时代。2008 年 12 月，Python 3.0 正式发布，这个版本在语法层面和解释器内部做了更多重大改进，解释器内部采用完全面向对象的方式实现。这些重要修改所付出的代价是 3.x 系列版本代码无法向下兼容 Python 2.0 系列版本的既有语法，因此，所有基于 Python 2.0 系列版本编写的库函数都必须修改后才能被 Python 3.0 系列版本解释器运行。

Python 语言是开源项目的优秀代表，是 FLOSS（自由/开放源码软件）之一。简单地说，人们可以自由地发布这个软件的拷贝、阅读它的源代码、对它做改动、把它的一部分用于新的自由软件中。Python 希望看到更多优秀的人创造并改进它。

由于它的开源本质，它可以在 Python 语言的主网站（http://www.python.org/）自由下载。Python 已经被移植在许多平台上（经过改动使它能够工作在不同平台上）。如果小心地避免使用依赖于系统的特性，那么所有 Python 程序无需修改就可以在下述任何平台上面运行。这些平台包括 Linux、Windows、FreeBSD、Macintosh、Solaris、OS/2、Amiga、AROS、AS/400、BeOS、OS/390、z/OS、Palm OS、QNX、VMS、Psion、Acom RISC OS、VxWorks、PlayStation、Sharp Zaurus、Windows CE 甚至还有 PocketPC、Symbian 以及 Google 基于 Linux 开发的 Android 平台！

Python 代码的可移植性强。它的解释器把源代码转换成为字节码的中间形式，然后再把它翻译成计算机使用的机器语言并运行。事实上，由于不再需要担心如何编译程序，如何确保连接转载正确的库等等，所有这一切使得使用 Python 更加简单。由于只需要把 Python 程序拷贝到另外一台计算机上，它就可以工作了，Python 程序的移植就是这样便捷。

Python 既支持面向过程的函数编程，也支持面向对象的抽象编程。在面向过程的语言中，程序是由过程或仅仅是可重用代码的函数构建起来的。在面向对象的语言中，程序是由数据和功能组合而成的对象构建起来的。与其他主要的语言如 C++ 和 Java 相比，Python 以一种非常强大又简单的方式实现面向对象编程。

Python 的可扩展性和嵌入性强。如果需要对一段关键代码运行得更快或者希望某些算法不公开，可以把这部分程序用 C 或 C++ 编写，然后在 Python 程序中使用它们。也可以把 Python 嵌入 C/C++ 程序，从而向程序用户提供脚本功能。

3.1.1　语言开发环境配置

Python 可在多平台开发运行，本书以 Windows 系统开发平台的 Python 3.6 以上版本为开发环境展开。

Python 语言解释器是一款小软件,可以在 Python 主网站上下载,网址如下:https://www.python.org/downloads/。Python 的系统内置 IDLE 编辑器可编写及运行,解释器是下载 3.0 以上版本。

其中,Python 解释器主网站下载页面如图 3-1-1 所示。

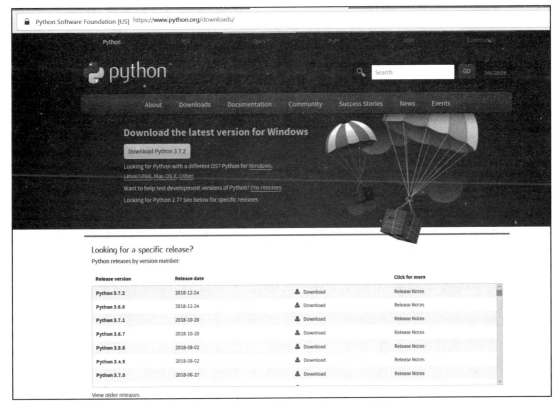

图 3-1-1　Python 解释器主网站下载界面

首先根据所用操作系统版本选择相应的 Python 3.x 系列安装程序,如图 3-1-1 所示。

单击图中"Download Python 3.7.2"按钮下载 Python 3.7.2 版本程序。这个位置是 Python 最新的稳定版本,随着 Python 语言发展,此处会有更新的版本出现,本书内容统一以 3.7.2 版本为代表。以 Windows 操作系统为例。

其他操作系统请选择图中下方相应链接,并找到对应文件进行下载。

Python 最新的 3.x 系列解释器会逐步发展,对于初学 Python 的读者,建议采用 3.6 以上版本。

双击所下载的程序安装 Python 解释器,然后将启动一个如图 3-1-2 所示的引导安装过程。在安装过程中,勾选"Add Python3.7 to Path"复选框,安装时候配置环境变量勾选,不用手动再配置环境变量。然后选择"Install Now"开始安装即可。

图 3-1-2　安装过程首页中勾选添加环境变量

安装成功后,可在"开始"按钮的程序中找到 Python 文件夹,其中包含最重要的两个是 Python 命令行和 Python 集成开发环境 IDLE(Python Integrated Development Environment 的简称)。

打开 IDLE 编译环境,如图 3-1-3 所示,在>>>状态下可以输入命令,回车后显示输出结果。例如输入打印 hello world 的代码 print('hello world!'),回车后显示结果。

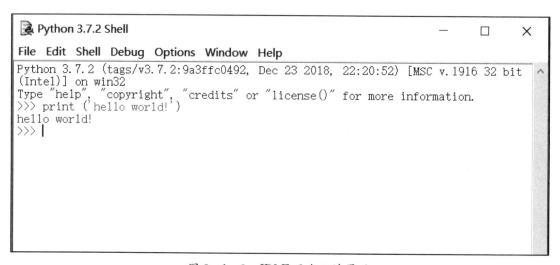

图 3-1-3　IDLE 开发环境界面

另外，可以在 IDLE 环境下，新建 Python 文件，以源文件形式单独保存并运行。按照图 3-1-4 所示文件菜单新建文件，输入代码完成后按要求保存为.py 文件，并通过 run 菜单中的 run module(或 F5)运行 Python 文件。

图 3-1-4　在 IDLE 中新建 Python 文件

3.1.2　模块化程序设计

1. 程序编写方法

计算机程序是用来解决生活中的特定计算问题的。每个程序都有统一的运算模式输入数据、处理数据和输出数据。

程序编写方法中最基本的操作是输入，然而，输入的数据可以有多种来源，因此形成多种输入方式，包括文件输入、控制台输入、网络输入、内部参数输入等。

输出是程序运算结果的显示方式。包括控制台输出、图形输出、文件输出、网络输出等。

处理数据是程序对输入的数据进行处理并计算产生输出结果的过程。计算问题的处理方法称为"算法"，它是程序最重要的组成部分，算法是程序的灵魂。

如果所有程序代码都写在同一个源文件里面，随着程序功能复杂性的增加，代码量变得越来越大，假设一个程序有 10 万行代码，如果出现一个小错误将使全部运行受影响。那么，显然将所有的代码都写在一个源文件中不是最佳方法。

为了让代码逻辑更加清晰，更加便于维护，可以把不同功能的函数进行分组，分别存放在不同的源文件里面。这样，每个源文件的代码量就比较少，便于理解和维护。每一个源文件为后缀.py 的文件，在 Python 中该文件就被称为模块。Python 模块分为三种：第三方模块、内置模块和自定义模块。

模块化设计是指通过函数或对象的封装功能将程序划分成主程序、子程序间关系的表达。模块化设计是采用函数和对象设计程序的思考方法,以功能块为基本单位,一般有以下两个基本要求。

(1) 紧耦合:尽可能合理划分功能块,功能块的内部耦合紧密。

(2) 松耦合:模块间关系尽可能简单,功能块之间耦合度低。

使用函数只是模块化设计的必要而非充分条件,根据计算需求合理划分函数。一般来说,完成特定功能或被经常反复使用的一组语句应该采用函数来封装,尽可能减少函数间参数和返回值的数量。

2. 使用模块

使用模块的最大好处是让程序逻辑更加清晰且便于维护。此外,模块可以反复被其他模块引用,可减少总的代码量。再者,使用模块可以避免函数和变量名的冲突,相同名字的函数和变量名可以分别在不同的模块中定义和使用。

(1) 输出 hello 程序

可以尝试定义一个新的模块,在模块中构建一个新的打印函数,使输出打印信息时能加上个人标签,模块名为 module1,源文件为 module1.py,即

def printinfo(input):
  print('[Python]',input)

想要使用构建的 moudle1 模块,需要在另一个源文件中使用 import 语句将 module1 模块导入,编写测试程序 hello.py 的代码为

import module1
module1.printinfo('hello')

将 module.py 和 hello.py 保存并放置在同一目录下,执行并测试程序。在 hello.py 文件中通过 run 菜单中的 run module(或 F5)运行 Python 文件,运行结果如图 3-1-5 所示。

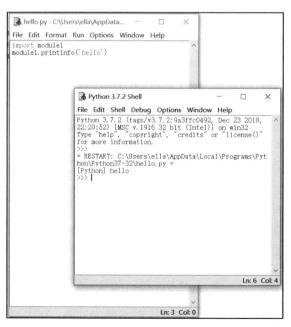

图 3-1-5 hello.py 调用模块文件完成"hello"的输出

(2) 日期和时间模块

使用 import time 来导入日期和时间模块,处理常见的日期格式问题。时间间隔是按照秒为单位的浮点小数。可以在 Python IDLE 里面运行并得到如图 3-1-6 所示运行结果。

♯导入 time 命名空间
import time
♯time()获取当前计算机内部时间,返回浮点数
time.time()
♯ctime():以易读方式获得当前时间,返回字符串
time.ctime()
♯ localtime():获取计算机当前时间,以当地时间计
♯ strftime(tpl,ts):tpl 是格式化模板字符串,用来定义输出效果,ts 是时间变量
time.strftime("%Y-%m-%d %H:%M:%S",time.localtime())

```
>>> import time
>>> time.time()
1547882319.834903
>>> time.ctime()
'Sat Jan 19 15:18:43 2019'
>>> time.strftime("%Y-%m-%d %H:%M:%S",time.localtime())
'2019-01-19 15:18:53'
>>>
```

图 3-1-6　time 模块的调用

3.1.3　程序语法元素分析

1. 缩进格式

Python 语言采用"缩进"来表明程序的框架结构。Python 中缩进标明每个模块,语句作用范围,也就是所谓的包含关系也是通过缩进来体现的。在程序中缩进的表示保持一致,不能有些引用 Tab 缩进,有些引用空格缩进。每行开头的空格就是缩进。

永远不要混用空格和制表符号,最流行的 Python 缩进方式是仅使用空格,建议采用 4 个空格方式规范书写代码。

2. 注释语句

Python 中的注释有单行注释和多行注释。
Python 中单行注释以♯开头,注释格式是:♯注释内容。
在行首如果是以♯开头,则表示这一行代码是注释,将不会被程序执行,即使♯后面跟着的是代码。例如:

#这是一个注释输出函数 print()

多行注释用三个单引号'''或者三个双引号"""将注释括起来,例如:

'''这是多行注释,用三个单引号这是多行注释,用三个单引号 这是多行注释,用三个单引号'''

"""这是多行注释,用三个双引号这是括起来也是多行注释,用三个双引号 这是多行注释,用三个双引号"""

注释语句一般用来说明代码行和模块的功能,或者中文编码标准等,提高程序的可读性。

3. 命名与保留字

Python 中的标识符是用于识别变量、函数、类、模块以及其他对象的名字,标识符可以包含字母、数字及下划线(_),但是必须以一个非数字字符开始。

标识符对大小写敏感,严格区分,例如 FOO 和 foo 是两个不同的对象。特殊符号,如 $、%、@等,不能用在标识符中。

另外,如 if,else,for 等单词是保留字,也不能将其用作标识符。在 Python 命令中可以查询内建的保留字。图 3-1-7 中列出了所有的保留字符。

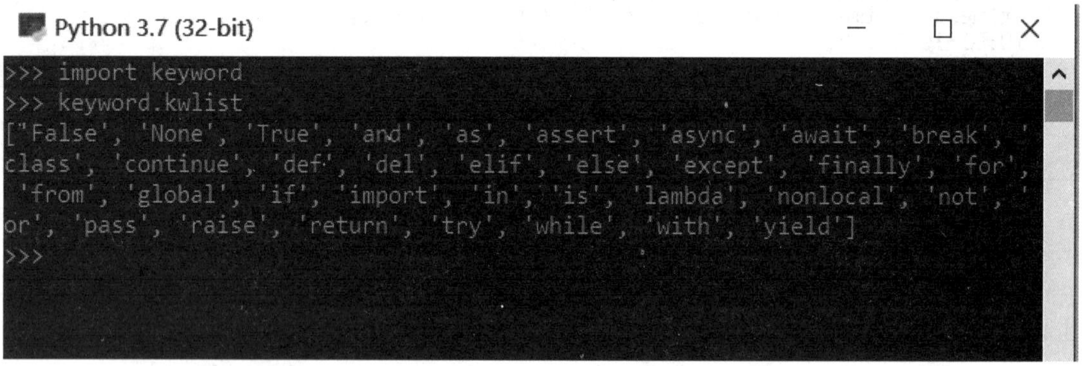

```
Python 3.7 (32-bit)
>>> import keyword
>>> keyword.kwlist
['False', 'None', 'True', 'and', 'as', 'assert', 'async', 'await', 'break', 'class', 'continue', 'def', 'del', 'elif', 'else', 'except', 'finally', 'for', 'from', 'global', 'if', 'import', 'in', 'is', 'lambda', 'nonlocal', 'not', 'or', 'pass', 'raise', 'return', 'try', 'while', 'with', 'yield']
>>>
```

图 3-1-7　Python 内的保留字

虽然 Python 3.x 的标识符支持中文命名,但建议最好不要使用中文作为变量名,使用中文变量名可能降低程序的可移植性。

以下几个是常见的命名错误:

7seleven 是错误的(第一个字符不能是数字)。

M&G 是错误的(不能包含特殊字符 &)。

if 是错误的(if 是 Python 的保留字)。

4. print()函数

Python 3.0 以上版本已经把 print 作为一个内置函数。print 输出函数用来输出指定对象的内容,语法格式为:

print(对象1[,对象2,……,sep=分隔字符,end=终止符])

- 对象1,对象2,……:print 函数可以一次打印多个对象数据,对象之间以逗号分开。

- 如果要输出的多个对象间需要用指定的符号进行分隔,默认值为一个空格符。
- end:终止符,输出完毕后自动添加的字符,默认值为换行字符("\n"),所以下一次执行 print 函数会输出在下一行。

例如:

print ("Lucy")   ♯Lucy
print (100," Lucy",60)   ♯ 100   Lucy   60
print (100,60,sep="&",end=" ")   ♯ 100&60,下次输出在同一行

print 命令支持参数格式化功能,即使用"%s"代表字符串,"%d"代表整数,"%f"代表浮点数,其语法格式为

print(对象%(参数行))

例如,用参数格式化方式输出字符串及整数:

Name=" Lucy"   ♯姓名变量
Score=80   ♯成绩变量
Height=165.5   ♯身高变量
print("%s 的成绩为%d,%s 的身高为%f 厘米。"%(Name,Score,Name,Height))
♯   Lucy 的成绩为 80,Lucy 的身高为 165.5 厘米。

5. input( )函数

print 函数用于输出数据,而 input 函数与 print 函数相反,它是让用户由标准输入设备输入数据,一般标准输入设备是指键盘。Input 函数是常用的命令。

input 函数的语法格式为:

变量=input([提示字符串])

用户输入的数据存储在指定的变量中,"提示字符串"表示输出一段信息提示,告知用户如何输入。输入数据时,当用户按下 Enter 键后就被认为是输入结束,input 函数会把用户输入的数据存入变量中。

例如,医生若要用电脑打开医院病例系统,则首先要从键盘输入自己的姓名,登记后才可继续操作。

name=input("请输入医生姓名")
print(name)

以上代码的功能是:通过 input 函数输入医生姓名,在输入时显示提示信息给用户"请输入医生姓名",用户看到提示信息后,输入李丽,按 Enter 表示输入结束,然后执行 print 函数,输出医生的姓名。

另外,如果不确定变量的数据类型,可以用 type 函数确认。语法为:type(对象)。例如:

print(type(40))   ♯〈class 'int'〉

3.1.4 基本数据类型

程序中用来存放临时数据的通常称为变量。例如在一个水果店销售系统中,会存放水果

的名字、价钱、存货量等信息。程序中可能会处理不同类型的数据,例如水果名字是字符串,价格就是数值信息。所以有必要将数据加以分类,给不同类别的数据分配不同大小的内存,提高内存的运行效率。

因此,要想通过程序处理输入的用户数据,就要从变量和数据类型入手。

1. 变量

当开发人员使用一个变量时,应用程序就会配置一块内存给此变量使用,以变量名称作为这块内存的标识,系统会根据数据类型来决定所分配的内存的大小,然后开发人员就可以在程序中把各种值存入该变量中。

Python 中变量不需要声明就可以使用,语法为:变量名称=变量值。例如,变量 price 的值为 3.5 程序代码写为:price=3.5。

使用变量时不必指定数据类型,Python 会根据变量值设定数据类型,例如 price 的 3.5 的数据类型就是浮点型(float)。

2. 数值、字符串与布尔数据类型

Python 的数值数据类型主要有整型(int)及浮点型(float)。整型是指不含小数点的数值,浮点型则指包含小数点的数值,例如 14 是整型,3.1415 是浮点型。

若整型数值要改为浮点型,可在赋值时为其加上小数点,例如 s=5.0   #浮点型。

Python 中内置的数值运算操作符,如表 3-1-1 所示。这些操作符由 Python 解释器直接提供,不需要引用第三方库,叫做内置操作符。

表 3-1-1 数值运算操作符

运算符	示例	描述
+	a+b	a 和 b 的和
-	a-b	a 和 b 的差
*	a*b	a 和 b 的积
/	a/b	a 除以 b 所得到的商
//	a//b	a 除以 b 的商的整数部分
%	a%b	a 除以 b 所得到的余数,(a 和 b 都必须是整数)
**	a**b	a 的 b 次幂

表 3-1-1 中运算符与数学习惯一致,运算结果符合数学意义。注意与除法相关的运算符,其第二个操作数不能为零。

Python 的字符串数据类型是变量值用一对双引号("")或单引号('')括起来的变量,例如 str1=" hello world "或者 str1=' hello world '。在 Python 中,引号、双引号、三引号都是表示字符串正确的用法。例如,s=' string'和 s1=" string"效果是一样的。

Python 中字符串可以直接对其进行相加操作,有关的字符串操作符实例如下:

```
s='string'
a='ing'
s1='Python'
s+s1      #返回一个新的字符串'stringPython'。
s*4       #复制4次字符串s
a in s    #如果a是s的子串,返回True,否则返回False
```

Python的布尔数据类型(bool)只有两个值:True和False(注意T和F都是大写),这种变量一般用在条件运算中,程序根据布尔变量的值来判断进行何种操作。

3. 列表和元组

序列是Python中最基本的数据结构类型。序列中的每个元素都分配一个数字,代表它的位置或索引,第一个索引是0,第二个索引是1,依此类推。Python有多个序列的内置类型,但最基本的是列表和元组。序列都可以进行的操作包括索引、切片、加、乘等操作。

列表是较常用的Python数据类型,它可以作为一个方括号内的逗号分隔值出现。如下面所示:

```
list1=['physics','chemistry',1997,2000]
list2=[1,2,3,4,5]
list3=["a","b","c","d"]
```

与字符串的索引一样,列表索引从0开始,对列表可以进行截取、组合等操作。

```
print"list1[0]:",list1[0]      #输出结果:list1[0]:physics
print"list2[1:5]:",list2[1:5]  #输出结果:list2[1:5]:[2,3,4,5]
```

列表对"+"和"*"的操作符与字符串相似。+号用于组合列表,*号用于重复列表。

列表中的切片操作相当于对一个长条面包,切下不一样的一片一样。例如在s[start:stop:step]中,start表示切片位置开始的地方,为0或正值时从左往右索引(默认从0开始),为负值从右往左索引(默认从-1开始)。stop表示切片结束位置,但不包括结束的那个位置,缺省时默认直到索引结束。step表示步长,默认为1,为负数从右往左截取,没有冒号的时候就是正常的索引操作。比如取list3中的第2到第4个序列,在Python中操作就比较简单,写为:list2[1:3]   #输出结果:["b","c"]。请利用names=['a','b','c','d']按表3-1-2中的示例体验列表的常用方法。

表3-1-2 列表的常用方法

方法	含义	示例
names.append()	追加	>>> names.append('e') >>> names['a','b','c','d','e']
names.remove('e')	如有指定下标,则会删除下标对应的元素	>>> names.remove('e') >>> names['a','b','c','d']
names.index()	查找元素所在位置	>>> names.index('c') 2

续表

方法	含义	示例

names.count()	统计元素次数	>>> names.append('d')
		>>> names.count('d')
		2

names.reverse()	反转	>>> names.reverse() >>> names['d','c','b','a']
names.clear()	清空	>>> names.clear() >>> names[ ]

names.insert()	插入	>>> names.insert(2,'devilf')
		>>> names
		['a','b','devilf','c','d']

names.sort()	排序	>>> names.insert(4,'&&')
		>>> names['a','b','d','devilf','&&','lebron']
		>>> names.sort()
		>>> names['&&','a','b','d','devilf','lebron']

names[:]	列出所有元素	>>> names[:]['&&','a','b','d','devilf','lebron','beijing','shandong','usa']
names[-1]	列出最后一个元素	>>> names[-1] 'usa'
names[a:]	从中间位置 a 开始,列出后面所有的元素	>>> a=int(len(names)/2) >>> names[a:]['devilf','lebron','beijing','shandong','usa']

例如,小明是一位教师,请为他设计一个输入成绩的程序,学生成绩需要存入列表作为列表元素。如果输入"-1"表示成绩输入结束。最后显示班上总成绩及平均成绩。

通过以上问题的描述,需要多次输入成绩,用到循环结构来实现数据的多次输入。提供列表来保存输入的数据,并统计输出总分及平均分。

参考代码如下:

```
score =[]                    #创建空列表
    total = inscore = 0
    while inscore != -1:
        inscore= int(input("请输入学生成绩(-1 代表结束):"))   #用户输入成绩
        score.append(inscore)        #将成绩存入列表
```

```
print ("共有%d 位学生" % (len(score)))
for i in range(0,(len(score)-1)):
    total +=score[i]
average = total /(len(score))
print("本班总成绩：%d 分，平均成绩：%5.2f" %(total,average))
```

Python 的元组与列表类似，不同之处在于元组的元素不能修改。元组使用小括号，列表使用方括号。示例：

```
tup1=('physics','chemistry',1997,2000)
tup2=(1,2,3,4,5)
print " tup1[0]:",tup1[0]        #输出结果：tup1[0]：physics
print " tup2[1:5]:",tup2[1:5]    #输出结果：tup2[1:5]：(2,3,4,5)
```

元组与字符串类似，下标索引从 0 开始，可以进行截取，组合等操作。元组之间可以使用"＋"号和"＊"号进行运算，运算后会生成一个新的元组。

列表的功能远远强于元组，为何还要使用元组呢？因为元组具有以下优点：

➢ 执行速度远比列表块：因为其内容不会改变，因此元组的内部结构比列表简单，执行速度较快。

➢ 存于元组的数据较为安全：因为其内容无法改变，不会因程序设计的疏忽而改变数据内容。

列表和元组结构相似，区别只是元素是否可以改变。程序执行的过程中可以根据需要实现数据的互相转换。Python 的 list 命令可将元组转换为列表，tuple 命令可将列表转化为元组。

```
tuple1=(1,2,3,4,5)
list1=list(tuple1)       #元组转换为列表
list1.append(9)          #正确，在列表中新增元素
list2=[1,2,3,4,5]
tuple2=tuple(list2)      #列表转化为元组
tuple2.append(8)         #错误，元组不能增加元素
```

4. 字典

字典(dictionary)是另一种可变容器模型，且可存储任意类型对象。字典的每个键值对用冒号分隔，每个键值对之间用逗号分隔，整个字典包括在花括号{}中，格式如下所示：

```
d={key1:value1,key2:value2}
```

键一般是唯一的，如果重复最后的一个键值对会替换前面的，值不需要唯一。

```
>>> dict={'a':1,'b':2,'b':3}
>>> dict['b']
'3'
>>> dict
{'a':1,'b':3}
```

值可以取任何数据类型,但键必须是不可变的,如字符串,数字或元组。

一个简单的字典实例:

dict={'Alice':'2341','Beth':'9102','Cecil':'3258'}

也可如此创建字典:

dict1={'abc':456}

dict2={'abc':123,98.6:37}

访问字典里的值,需要把相应的键放入熟悉的方括弧,如下实例:

#!/usr/bin/python

dict={'Name':'Zara','Age':7,'Class':'First'}

print " dict['Name']:",dict['Name']

print " dict['Age']:",dict['Age']

以上实例输出结果:

dict['Name']:Zara

dict['Age']:7

如果用字典里没有的键访问数据,会输出如下错误信息:

#!/usr/bin/python

dict={'Name':'Zara','Age':7,'Class':'First'}

print (" dict['Alice']:",dict['Alice'])

以上实例输出结果:

dict['Alice']:

Traceback(most recent call last):

  File " test.py",line 5,in <module>

    print (" dict['Alice']:",dict['Alice'])

KeyError:'Alice'

表3-1-3 字典的常用函数描述

函数	描述
cmp(dict1,dict2)	比较两个字典元素。
len(dict)	计算字典元素个数,即键的总数。
str(dict)=	输出字典可打印的字符串表示。
type(variable)	返回输入的变量类型,如果变量是字典就返回字典类型。
radiansdict.get(key,default=None)	返回指定键的值,如果值不在字典中返回default值。
radiansdict.items()	以列表返回可遍历的(键,值)元组数组。
radiansdict.keys()	以列表返回一个字典所有的键。
radiansdict.setdefault(key,default=None)	和get()类似,但如果键不存在于字典中,将会添加键并将值设为default。

续表

函数	描述
radiansdict.update(dict2)	把字典 dict2 的键/值对更新到 dict 里。
radiansdict.values()	以列表返回字典中的所有值。

3.1.5 程序控制结构

1. 分支结构

Python 分支结构是通过一条或多条语句的执行结果(True 或者 False)来决定执行的代码块。Python 程序语言指定任何非 0 和非空(null)值为 true,0 或者 null 为 false。

Python 编程中 if 语句用于控制程序的执行,基本形式为:

if 判断条件:
  执行语句……
else:
  执行语句……

其中"判断条件"成立时(非零),则执行后面的语句,而执行内容可以多行,以缩进来区分表示同一范围。else 为可选语句,当需要在条件不成立时执行内容则可以执行相关语句,具体例子如下:

实例

```
#!/usr/bin/python

# -*- coding: UTF-8 -*-

# 例：if 基本用法

flag = False

name = 'zhangsan'

if name == 'python':        # 判断变量否为'python'
    flag = True             # 条件成立时设置标志为真
    print ('welcome boss')  # 并输出欢迎信息
else:
    print (name )           # 条件不成立时输出变量名称
```

输出结果为:

zhangsan   # 输出结果

if 语句的判断条件可以用>(大于)、<(小于)、=(等于)、>=(大于等于)、<=(小于等于)来表示其关系。当判断条件为多个值时,可以使用以下形式:

if 判断条件 1:
    执行语句 1……
elif 判断条件 2:
    执行语句 2……
elif 判断条件 3:
    执行语句 3……
else:
    执行语句 4……

实例如下:

```
#!/usr/bin/python
# -*- coding: UTF-8 -*-
# 例:elif 用法
num = 7
if num == 3:              # 判断 num 的值
    print ('vip')
elif num == 2:
    print ('user')
elif num == 1:
    print ('administrator')
elif num < 0:             # 值小于零时输出
    print ('error')
else:
    print ('noman')       # 条件均不成立时输出
```

输出结果为:

noman　　　　　# 输出结果

Python 不支持 switch 语句,多个条件判断用 elif 来实现,如果判断需要多个条件同时判断时,可以使用 or(或),表示两个条件有一个成立时判断条件成功;使用 and(与)时,表示只有在两个条件同时成立的情况下,判断条件才成功。

实例:

```
#!/usr/bin/python
# -*- coding: UTF-8 -*-
# 例：if 语句多个条件

num = 9
if num >= 0 and num <= 10:    # 判断值是否在 0~10 之间
    print ('hello')
# 输出结果：hello
num = 10
if num < 0 or num > 10:    # 判断值是否在小于 0 或大于 10
    print ('hello')
else:
    print ('undefine')
# 输出结果：undefine
 num = 8
# 判断值是否在 0~5 或者 10~15 之间
if (num >= 0 and num <= 5) or (num >= 10 and num <= 15):
    print ('hello')
else:
    print ('undefine')
# 输出结果：undefine
```

当 if 有多个条件时可使用括号来区分判断的先后顺序,括号中的判断优先执行,此外 and 和 or 的优先级低于>(大于)、<(小于)等于(=)判断符号。

2. 循环结构

Python 提供了 for 循环和 while 循环,并支持嵌套循环等多种方式迭代,如表 3-1-4 所示。在 Python 中没有 do…while 循环,提供了循环控制语句 break 和 continue。

表 3-1-4 循环类型描述

循环类型	描述
while 循环	在给定的判断条件为 true 时执行循环体,否则退出循环体。

续表

循环类型	描述
for 循环	重复执行语句。
嵌套循环	可以在 while 循环体中嵌套 for 循环。

循环控制语句可以更改语句执行的顺序。Python 支持以下循环控制语句,如表 3-1-5 所示。

表 3-1-5 循环常用控制语句

控制语句	描述
break 语句	在语句块执行过程中终止循环,并且跳出整个循环。
continue 语句	在语句块执行过程中终止当前循环,跳出该次循环,执行下一次循环。

Python 编程中 while 语句用于循环执行程序,即在某条件下,循环执行某段程序,以处理需要重复处理的相同任务。其基本形式为:

while 判断条件:

执行语句……

执行语句可以是单个语句或语句块。判断条件可以是任何表达式,任何非零、或非空(null)的值均为 true。当判断条件假 false 时,循环结束。

如果条件判断语句永远为 true,循环将会无限地执行下去,无限循环可以使用 CTRL+C 来中断循环。

实例:

#!/usr/bin/python

count = 0

while (count < 5):

    print ('The count is:', count)

    count = count + 1

print ("Good bye!")

以上代码执行输出结果:

The count is:0
The count is:1
The count is:2
The count is:3
The count is:4
Good bye!

while 语句时还有另外两个重要的命令 continue,break 来跳过循环,continue 用于跳过该次循环,break 则是用于退出循环,此外"判断条件"还可以是个常值,表示循环必定成立,具体用法如下:

\# continue 和 break 用法对比

i = 1

while i < 10:

　　i += 1

　　if i%2 > 0:　　　# 非双数时跳过输出

　　　　continue

　　print (i)　　　　# 输出双数 2、4、6、8、10

j = 1

while 1:　　　　　# 循环条件为 1 必定成立

　　print (j)　　　　# 输出 1~10

　　j += 1

if j > 10:　　　　# 当 j 大于 10 时跳出循环

　　break

如果条件判断语句永远为 true,循环将会无限地执行下去,无限循环可以使用 CTRL＋C statements(s)来中断循环。

for 循环可以遍历任何序列的项目,如一个列表或者一个字符串。for 循环的语法格式如下:

for iterating_var in sequence：

实例如下:

\#!/usr/bin/python

\# -*- coding: UTF 8 -*-

for letter in 'Python':　　　# 第一个实例

　　print ('当前字母 :', letter)

　fruits = ['banana', 'apple', 'mango']

for fruit in fruits:　　　　# 第二个实例

　　print ('当前水果 :', fruit)

　print ("Good bye!")

以上实例输出结果：

当前字母：P
当前字母：y
当前字母：t
当前字母：h
当前字母：o
当前字母：n
当前水果：banana
当前水果：apple
当前水果：mango
Good bye!

另外一种执行循环的遍历方式是通过序列索引迭代，实例如下：

＃!/usr/bin/python
＃-*- coding：UTF-8-*-
fruits=['banana','apple', 'mango']
for index in range(len(fruits))：
    print('当前水果：',fruits[index])
print(" Good bye! ")

以上实例输出结果：

当前水果：banana
当前水果：apple
当前水果：mango
Good bye!

以上实例我们使用了内置函数 len()和 range()，函数，len()返回序列的长度，即元素的个数。range()函数返回一个序列里的数。

Python 语言允许在一个循环体里面嵌入另一个循环。如在 while 循环中可以嵌入 for 循环，反之，也可以在 for 循环中嵌入 while 循环，并注意用缩进格式表格相应的循环体。以下实例使用了嵌套循环输出 50～100 之间的素数：

#!/usr/bin/python

-*- coding: UTF-8 -*-

i = 50

while(i < 100):   #外循环

    j = 2

    while(j <= (i/j)):   #嵌套内循环

        if not(i%j): break

```
        j = j + 1
    if (j > i/j) : print (i, " 是素数")
    i = i + 1
print ("Good bye!")
```

以上实例输出结果：

53 是素数
59 是素数
61 是素数
67 是素数
71 是素数
73 是素数
79 是素数
83 是素数
89 是素数
97 是素数
Good bye!

3.1.6 函数和代码复用

函数是有特定功能的、可重复使用的、用来实现单一或相关联功能的代码段，可以提高应用的模块性和代码的重复利用率。Python 提供了许多内建函数，比如 print()。但你也可以自己创建函数，称为用户自定义函数。

1. 函数的定义

定义一个函数，最简单的语法规则是：

（1）函数代码块以 def 关键词开头，后接函数标识符名称和圆括号()；任何传入参数和自变量必须放在圆括号内。

（2）函数的第一行语句可以选择性地使用文档字符串—用于存放函数说明。

（3）函数内容以冒号起始，并且缩进。

（4）return[表达式]结束函数，并将返回值给主调函数。不带表达式的 return 相当于返回 None。

语法格式要求如下：

def 函数名称(参数)：

"函数_文档字符串"
function_suite
return[表达式]

默认情况下，参数值和参数名称是按函数声明中定义的顺序匹配起来的。

以下为一个简单的 Python 函数,它将一个字符串作为传入参数,再输出显示。

def printme(str):

"打印传入的字符串到标准显示设备上"

print (str)

return

2. 函数调用

定义一个函数只给了函数一个名称,指定了函数里包含的参数和代码块结构。自定义函数的基本结构完成以后,可以通过另一个函数调用执行,也可以直接从 Python 提示符执行。

如下实例调用了 printme() 函数:

#!/usr/bin/python

-*- coding: UTF-8 -*-

定义函数

def printme(str):

"打印任何传入的字符串"

print (str);

return;

调用函数

printme("我要调用用户自定义函数!");

printme("再次调用同一函数");

以上实例输出结果:

我要调用用户自定义函数!
再次调用同一函数!

3. 参数传递

在 Python 中,类型属于对象,变量是没有类型的:

a=[1,2,3]
a=" Hello

以上代码中,[1,2,3]是 List 类型,"Hello"是 String 类型,而变量 a 没有类型,它仅仅是一个对象的引用(一个指针),可以是 List 类型对象,也可以指向 String 类型对象。

在 Python 中,字符串 string、元组 tuples 和数值 numbers 是不可更改的对象,而列表 list、字典 dict 等则是可以修改的对象。

不可变类型：变量赋值 a＝5 后再赋值 a＝10，这里实际是新生成一个 int 值对象 10，再让 a 指向它，而 5 被丢弃，不是改变 a 的值，相当于新生成了 a。

可变类型：变量赋值 la＝[1,2,3,4]后再赋值 la[2]＝5 则是将 list la 的第三个元素值更改，本身 la 没有动，只是其内部的一部分值被修改了。

不可变类型：如整数、字符串、元组。如 fun(a)，传递的只是 a 的值，没有影响 a 对象本身。比如在 fun(a)内部修改 a 的值，只是修改另一个复制的对象，不会影响 a 本身。

可变类型：如列表，字典。如 fun(la)，则是将 la 真正的传过去，修改后 fun 外部的 la 也会受影响。

Python 中一切都是对象，严格意义上不能称为值传递或引用传递，而是理解为传不可变对象和传可变对象。

♯python 传不可变对象实例如下：

#!/usr/bin/python

-*- coding: UTF-8 -*-

def ChangeInt(a):

    a = 10

 b = 2

ChangeInt(b)

print (b)　　　　　　　# 结果是 2

实例中有 int 对象 2，指向它的变量是 b，在传递给 ChangeInt 函数时，按传值的方式复制了变量 b，a 和 b 都指向了同一个 Int 对象，在 a＝10 时，则新生成一个 int 值对象 10，并让 a 指向它。

#Python 传可变对象实例

#!/usr/bin/python

-*- coding: UTF-8 -*-

可写函数说明

def changeme(mylist):

   "修改传入的列表"

   mylist.append([1,2,3,4]);　　#列表内追加

   print "函数内取值: ", mylist

   return

调用 changeme 函数

mylist=[10,20,30];

changeme(mylist);

print ("函数外取值:",mylist)

实例中传入函数的和在末尾添加新内容的对象用的是同一个引用,故输出结果如下:

函数内取值:[10,20,30,[1,2,3,4]]

函数外取值:[10,20,30,[1,2,3,4]]

必备参数须以正确的顺序传入函数。调用时的数量必须和声明时的一样。

一个函数能处理比当初声明时更多的参数,这些参数叫做不定长参数,声明时不会命名。

基本语法如下:

  def functionname([formal_args,] * var_args_tuple):

    "函数_文档字符串"

    function_suite

    return [expression]

加了星号(*)的变量名会存放所有未命名的变量参数。不定长参数实例如下:

#!/usr/bin/python

-*- coding: UTF-8 -*-

#不定长参数的函数的定义

def printinfo(arg1, *vartuple):

  "打印任何传入的参数"

  print ("输出: ")

  print (arg1)

  for var in vartuple:

    print (var)

  return;

调用 printinfo 函数

printinfo(5);

printinfo(30,20, 10);

以上实例输出结果:

输出:

5

输出:

30
20
10

4. 匿名函数

lambda 是 Python 中的保留字,用来创建一种特殊的函数——匿名函数。lambda 只是一个表达式,函数体比 def 简单。

lambda 函数的语法只包含一个语句,格式如下:

lambda [arg1 [,arg2,.....argn]]:expression

实例如下:

```
# usr/bin/python
# -*- coding:UTF-8-*-
# 匿名函数
sum=lambda arg1,arg2:arg1+arg2;
# 调用 sum 函数
print("相加后的值为:",sum(10,20))
print("相加后的值为:",sum(20,20))
```

以上实例输出结果:

相加后的值为:30
相加后的值为:40

5. return 语句

return 语句,向调用方返回一个表达式或值,并退出函数。不带参数值的 return 语句返回 None。实例如下:

```
#!/usr/bin/python
# -*- coding: UTF-8 -*-
# 可写函数说明
def sum( arg1, arg2 ):
    # 返回 2 个参数的和."
    total = arg1 + arg2
    print ("函数内 : ", total)
    return (total)
# 调用 sum 函数
total = sum( 10, 20 );
```

以上实例输出结果：

函数内：30

6. 变量作用域

一个程序的所有的变量并不是在任何位置都可以访问的，访问权限决定于这个变量赋值的位置，这就是变量的作用域。两种最基本的变量作用域如下：全局变量和局部变量。

定义在函数内部的变量拥有一个局部作用域，定义在函数外的拥有全局作用域。局部变量只能在其被声明的函数内部访问，而全局变量可以在整个程序范围内访问。调用函数时，所有在函数内声明的变量名称都将被加入到作用域中。实例如下：

```
#!/usr/bin/python
# -*- coding: UTF-8 -*-
total = 0;  # 这是一个全局变量
# 可写函数说明
def sum( arg1, arg2 ):
    #返回 2 个参数的和，arg1 和 arg2 是局部变量
    total = arg1 + arg2;  # total 在这里是局部变量.
    print ("函数内是局部变量 : ", total)
    return (total);

#调用 sum 函数
sum( 10, 20 );
print ("函数外是全局变量 : ", total)
```

以上实例输出结果：
函数内是局部变量：30
函数外是全局变量：0

3.1.7 习题

1. 思考什么是解释型编程语言。
2. 简述 input() 函数的功能。
3. 简述程序设计的最基本控制结构。
4. 思考模块化程序设计的优势。
5. 简答自定义函数的参数定义的注意事项。
6. 简述变量的作用域。

3.2　运用 Python

3.2.1　计算思维

2006年3月,美国卡内基·梅隆大学周以真教授在美国计算机权威期刊《Communications of the ACM》上给出并定义了计算思维。她提出:计算思维是运用计算机科学的基础概念进行问题求解、系统设计,以及人类行为理解等涵盖计算机科学之广度的一系列思维活动。

计算思维可以定义为通过嵌入、转化和仿真等方法,把一个看来困难的问题重新阐释成一个问题怎样解决的方法;计算思维可以是一种递归思维,是一种并行处理,是一种把代码译成数据又能把数据译成代码,是一种多维分析推广的类型检查方法;计算思维可以是一种采用抽象和分解来控制庞杂的任务或进行巨大复杂系统设计的方法;是一种选择合适的方式去陈述一个问题,或对一个问题的相关方面建模使其易于处理的思维方法;计算思维可以是按照预防、保护及通过冗余、容错、纠错的方式,并从最坏情况进行系统恢复的一种思维方法;计算思维可以是利用启发式推理寻求解答,也即在不确定情况下的规划、学习和调度的思维方法;是利用海量数据来加快计算,在时间和空间之间,在处理能力和存储容量之间进行折衷的思维方法。

计算机技术的快速发展改变了人类的认知,对计算思维的认识也更加深刻,人类逐渐认识到计算机的强大力量,计算思维将渗透到我们每个人的生活之中。计算思维是从不同的科学领域发育和成长的,并不只是从计算机科学中输入的。事实上,计算机科学是逐步地参加到这个思维的变革中,一场安静但是深刻的已经在所有的科学域发生计算赋能的革命通过信息技术带来了各种类型的新发现。

例如,机器学习已经改变了统计学。就数学尺度和维数而言,统计学习用于各类问题的规模仅在几年前还是不可想象的。计算生物学正在改变着生物学家的思考方式,最终希望是数据结构和算法(我们自身的计算抽象和方法)能够以其体现自身功能的方式来表示蛋白质的结构。类似地,计算博弈理论正改变着经济学家的思考方式,纳米计算改变着化学家的思考方式。

总之,计算思维将成为每一个人的技能组合成分,而不仅仅限于科学家。在程序设计范畴,计算思维主要反映在理解问题的计算特性、将计算特性抽象为计算问题、通过程序设计语言实现问题的自动求解等几个方面。

1. 自顶向下

一个解决复杂问题行之有效的方法称为自顶向下的设计方法,其基本思想是从一个大问题开始,把它分解为很多小问题组成的解决方法。再用同样的技术破解每个小问题,最终问题变得非常小,可以很容易解决。然后把所有小模块组合起来,就可以得到一个程序。

现有某高校竞技类比赛,要求 n 个评委对最后两位选手投票决出冠亚军。下面是一个基础设计的4个步骤。

(1) 打印程序的介绍性信息。

（2）通过输入获得程序运行所需的数据参数。

（3）投票并统计。

（4）输出票数较高的选手编号。

上述分析过程可以作为自顶向下的顶层设计。第一步，介绍性信息对于提升用户体验十分有益。下面是这个步骤的 Python 代码，顶层设计一般不写出具体代码，仅给出函数定义，其中，printinfo()函数打印说明。

```
def main():
    printinfo()
```

第二步获得用户输入，通过函数将输入语句及格式等细节封装，假设调用 getinput() 就可获得变量 num 的多个信息。这些函数必须为主程序返回这些值，全部代码如下：

```
def main():
    printinfo()
    a,b,n=getinputs()
```

第三步通过函数 count() 实现计算和统计，并返回较高票数选手的编号，全部代码如下：

```
def main():
    printinfo()
    a,b,n=getinputs()
    winner=count(a,b,n)
```

第四步输出结果，通过函数 main() 全部调用并输出显示，全部代码如下：

```
def main():
    printinfo()
    a,b,n=getinputs()
    winner=count(a,b,n)
    print("冠军选手编号是："+str(winner))
```

以上四步骤完成后，问题分析的程序框架已经清晰，这个问题被划分为五个函数模块。这些函数的名称、输入参数和预期返回值都已经确定。

后续每层设计中，参数和返回值如何设计是重点，确定事件的重要特征而忽略其他细节过程称为抽象。抽象是一种基本设计方法，自顶向下的设计过程可以看作是发现功能并抽象功能的过程。

综上所需实例详细代码如下：

```
#competiton
import random
#------以下是介绍信息-------------
def printinfo():
    print("这个序是冠亚军投票比赛")
    print("程序需要两个选手的编号")
#-----以下是输入信息----------------
def getinputs():
    a=eval(input("第一个选手的编号(整数)"))
    b=eval(input("第二个选手的编号(整数"))
    n=eval(input("评委人数"))
    print("选手编号分别是：",a,b)
    return a,b,n
#--------以下是统计并比较信息-------------
def count(aa,bb,nn):
    ax = 0
    bx = 0
    for i in range(nn):
        x= eval(input("请"+str(i+1)+"位评委输入支持的选手编号"))
        if x == aa:
            ax += 1
        else:
            bx += 1
    if ax > bx:
        return aa
    else:
```

```
        return bb
```

#--------以下是主函数模块调用自定义函数并显示输出结果----------

```
def main():
    printinfo()
    a,b,n=getinputs()
    winner=count(a,b,n)
    print("冠军选手编号是："+str(winner))
#------以下是调用主函数----------
main()
```

2. 自底向上

对于复杂问题的处理可以采用自顶向下方法，逐步分解，逐个功能模块测试并完成。对于上述案例中，也可以从每个函数模块测试入手，逐个测试完成后再整体拼合使用。可以单独测试count()函数，通过设置参数值实现，例如count(101,103,5)分别假设编号为101和103两位选手，评委人数是5，count测试成功后可以继续这样的单元测试。独立检验每个函数更容易发现问题。

通过模块化程序设计可以分解问题使编写复杂程序成为可能，自顶向下和自底向上贯穿程序设计和执行的整个过程。

3.2.2 Python 第三方库

Python 语言拥有标准库和第三方库两类库。标准库的核心只包含数字、字符串、列表、字典、文件等常见类型和函数，而由标准库提供了系统管理、网络通信、文本处理、数据库接口、图形系统、XML 处理等额外的功能，如表 3-2-1 所示。

表 3-2-1 第三方 Python 库

库名	用途
Django	开源 Web 开发框架，它鼓励快速开发，并遵循 MVC 设计，比较庞大，开发周期短。Django 的文档最完善、市场占有率最高、招聘职位最多。全套的解决方案，Django 象 Rails 一样，提供全套的解决方案(full-stack framework + batteries included)。
Numpy	科学计算第三方库，提供了许多高级的数值编程工具，如：矩阵数据类型、矢量处理，线性代数，傅立叶变换，以及精密的运算库。
Matplotlib	用 Python 实现的类 matlab 的第三方库，用以绘制一些高质量的数学二维图形。
Scrapy	高层次的屏幕抓取和 Web 抓取框架，用于抓取 Web 站点并从页面中提取结构化的数据。用于数据挖掘、监测和自动化测试。

续表

库名	用途
Tkinter	Python 下标准的界面编程包。
Requests	HTTP 协议访问，网页信息爬取。
Jieba	中文分词。
Wheel	Python 文件打包。
Pandas	高效数据分析。
Pygame	基于 Python 的多媒体开发和游戏软件开发模块。跨平台 Python 模块，专为电子游戏设计。包含图像、声音。建立在 SDL 基础上，允许实时电子游戏研发而无需被低级语言（如机器语言和汇编语言）束缚。

Python 语言从诞生之初就致力于开源开放，建立了全球最大的编程计算生态。于是，Python 提供了大量的第三方模块，使用方式与标准库类似。它们的功能覆盖科学计算、Web 开发、数据库接口、图形系统等多个领域。第三方模块可以使用 Python 或者 C 语言编写。SWIG，SIP 常用于将 C 语言编写的程序库转化为 Python 模块。Boost C++ Libraries 包含了一组函式库（Boost.Python），使得以 Python 或 C++ 编写的程式能互相调用。因此，Python 常被用做其他语言与工具之间的"胶水"语言。

1. 安装方式

Python 第三方库安装方法有多种途径，借助自带的 pip 工具安装，或者用户自定义或文件安装。

最常用且高效的 Python 第三方库安装方式是采用 pip 工具安装。pip 是 Python 官方提供并维护的在线第三方库安装工具。pip 是内置命令，如图 3－2－1 所示，可通过执行 pip -h

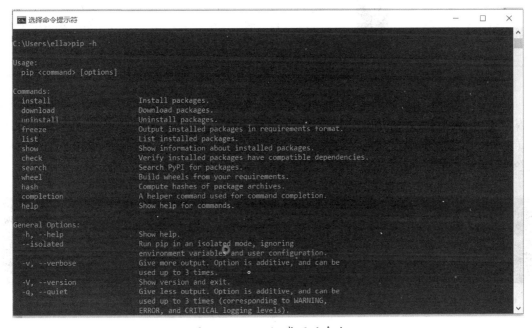

图 3－2－1　pip 常用子命令

命令列出 pip 常用的子命令，注意，不要在 IDLE 环境下运行 pip 程序。

pip 支持安装（install）、下载（download）、卸载（uninstall）、列表（list）、查看（show）、查找（search）等一系列安装和维护子命令。

例如查看当前已安装的库步骤如下：

第 1 步　可在搜索中输入"cmd"，出现"命令提示符"应用，右键以管理员身份打开。

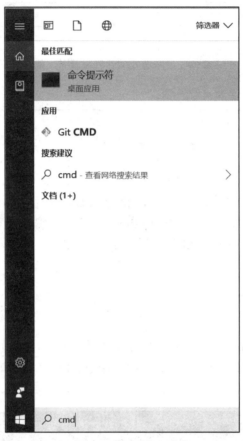

图 3-2-2　命令提示符窗口

第 2 步　在命令提示符窗口输入"pip install 库名"，进行 Python 第三方库的安装，以安装开发游戏用的"pygame"库为例，则在窗口输入"pip install pygame"进行安装，出现"Successfully installed pygame"，则表示安装成功。这时，再输入"pip list"，会看到"pygame"已经在 Python 库的列表中。运行实例如图 3-2-3 所示。

图 3-2-3　pip 工具安装第三方库 pygame

如果安装失败,可能是由于网络原因下载失败导致。可以在命令中输入资源镜像源地址,命令行格式如下:pip install numpy -i http://pypi.douban.com/simple--trusted-host pypi.douban.com。

第3步　在命令提示符窗口中输入"pip list"命令,查看已安装库。如图3-2-4所示。

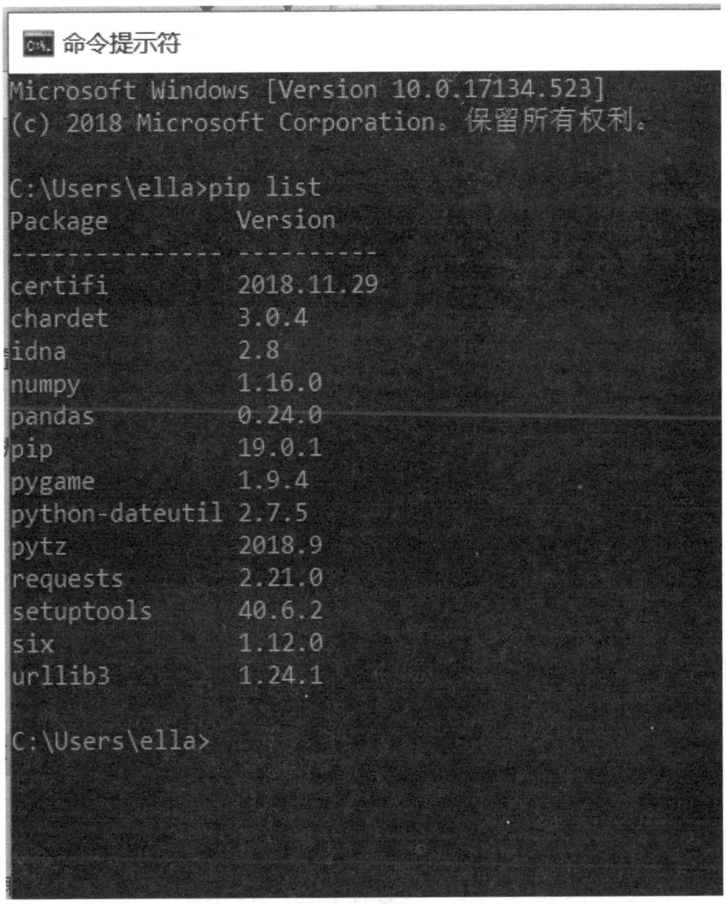

图 3-2-4　查看已安装的库

后续也可通过"pip uninstall 库名"命令卸载已安装库。

由于某些第三方库仅提供源代码,通过 pip 下载文件后无法在 Windows 系统中编译安装,导致第三方库安装失败。为了解决这类第三方库安装问题,可以在 https://pypi.org/ 上找到下载文件,然后再采用 pip 命令指定安装目录后安装文件。

在下载页面一般会提供下几种格式的文件:msi,egg,whl。
- msi 文件:Windows 系统的安装包,在 Windows 系统下可以直接双击打开,并按提示进行安装
- egg 文件:setuptools 使用的文件格式,可以用 setuptools 进行安装
- whl 文件:wheel 本质上是 zip 文件,它使用 .whl 作为拓展名,用于 Python 模块的安装,它的出现是为了替代 eggs,可以用 pip 的相关命令进行安装

2. jieba 库的使用

Python 中对于一段英文文本，例如"Have a nice day"，如果希望提取其中的单词，只需要使用字符串的 split() 方法即可，例如：

>>>'Have a nice day'.split()
['Have','a','nice','day']

jieba 是一个重要的第三方中文分词函数库。jieba 分词的原理是利用一个中文词库，确定汉字之间的关联概率，汉字间概率大的组成词组，形成分词结果。除了分词，用户还可以添加自定义的词组。

jieba 是优秀的中文分词第三方库，需要额外安装，它提供三种分词模式：精确模式、全模式、搜索引擎模式。

➢ 精确模式：把文本精确地切分开，不存在冗余单词。
➢ 全模式：把文本中所有可能的词语都扫描出来，有冗余。
➢ 搜索引擎模式：在精确模式基础上，对长词再次切分。

最简单只需掌握函数主要提供分词功能，可以辅助自定义分词词典。Jieba 库中包含的主要函数使用示例如下：

>>> import jieba
>>> jieba.lcut("人工智能与程序设计的关系")
['人工智能','与','程序设计','的','关系']

jieba 常用的分词函数功能及使用方法见表 3-2-2 所示，掌握 jieba 的分词函数便能够处理绝大部分与中文文本相关的分词问题。

表 3-2-2 jieba 常用分词函数及描述

函数	描述
jieba.lcut(s)	精确模式，返回一个列表类型的分词结果 >>> jieba.lcut("中国是一个伟大的国家") ['中国','是','一个','伟大','的','国家']
jieba.lcut(s,cut_all=True)	全模式，返回一个列表类型的分词结果，存在冗余 >>> jieba.lcut("中国是一个伟大的国家",cut_all=True) ['中国','国是','一个','伟大','的','国家']
jieba.lcut_for_search(s)	搜索引擎模式，返回一个列表类型的分词结果，存在冗余 >>> jieba.lcut_for_search("中华人民共和国是伟大的") ['中华','华人','人民','共和','共和国','中华人民共和国','是','伟大','的']
jieba.add_word(w)	向分词词典增加新词 >>> jieba.add_word("蟒蛇语言")

3. requests 库的使用

requests 用于抓取网页源代码，由于它比内置的 urllib 模块好用，因此已经逐渐取代了

urllib 模块。抓取源代码后可以用 in 或正则表达式搜索获取所需的数据。

用 pip 工具安装 requests 第三方库后，可以用 requests.get() 函数模拟 HTTP GET 方法发出请求（request）到远程服务器，当服务器接受请求后，就会响应（response）并返回网页内容（源代码），设置正确的编码格式，即可通过 text 属性取得网址中的源代码。

```
>>> import requests                                    #导入第三方库
>>> response=requests.get('http://www.baidu.com')      #发出请求
>>> response.encoding="UTF-8"                          #编码格式
>>> print(response.text)                               #输出网页源代码
```

表 3-2-3　requests 库常用方法及描述

方法	说明
requests.request()	构造一个请求，支撑以下各方法的基础方法
requests.get()	获取 HTML 网页的主要方法，对应于 HTTP 的 GET
requests.head()	获取 HTML 网页头信息的方法，对应于 HTTP 的 HEAD
requests.post()	向 HTML 网页提交 POST 请求的方法，对应于 HTTP 的 POST
requests.put()	向 HTML 网页提交 PUT 请求的方法，对应于 HTTP 的 PUT
requests.patch()	向 HTML 网页提交局部修改请求，对应于 HTTP 的 PATCH
requests.delete()	向 HTML 页面提交删除请求，对应于 HTTP 的 DELETE
r.encoding	从 HTTP header 中猜测的响应内容编码方式
r.apparent_encoding	从内容中分析出的响应内容编码方式（备选编码方式）
r.apparent_encoding	从内容中分析出的响应内容编码方式（备选编码方式）

（1）搜索指定字符串

用 text 属性取得的源代码是一大串字符串，如果想搜索其中指定的字符或字符串，可使用 in 来完成。例如查询是否含有"电影"字符串。

If "电影" in response.text:

　　print("找到！")

也可以利用一行行依次搜索，并统计该字符串出现次数。例如，搜索新浪网网站的首页出现"电影"字符串的次数。实例代码如下：

import requests   #导入第三方库

url='https://www.sina.com.cn/'

response=requests.get(url)   #发出请求

```
response.encoding="utf-8"                    #编码格式
relist=response.text.splitlines()
n=0
for row in relist:
    if '电影' in row : n += 1
print('找到',format(n),'次')                   #输出
```

(2) 正则表达式抓取网页内容

实际生活中，需要搜索的字符串较复杂，有时用 in 根本无法完成。例如要搜索网站中的超链接、电话号码等，对于复杂搜索，就要用到正则表达式了。

正则表达式的英文是 regular expression(简称 regex)。正则表达式就是有类似 Windows 中搜索文件时用到的通配符符号所组成的公式，用于实现字符串的复杂搜索。

网站 https://pythex.org/可以测试正则表达式的结果是否正确。例如："[0～9]＋"这样的缩写，其中[]表示其中一组合法的数字字符，后面的"＋"其实重复1次或无数次，因此表示了 0123456789 任意一个数字组成的无数次重复的是有效字符串。

要使用正则表达式，需要先导入 re 包，再用 re 包提供的 compile 方法创建一个正则表达式对象，例子：匹配'cat'在行开头的语法如下：

```
import re
patt＝re. compile(r'∧cat')
```

♯注释：re. compile 返回一个正则表达式对象，表示匹配以 c 作为一行的第一个字符，后面跟着 a,后面跟着 t,所以 vocative 就不会被匹配到，原因是因为 cat 在字符的里面。

例如,查找 sentence 中是否以"BR 或 Bestregards"结尾：

```
patt＝re. compile(r'(BR|Bestregards) $')
```

例如,可以用正则的[]来表示字符组,gr[ea]y,表示先找到 g,然后找到 r,然后找到 e 或者 a,最后是一个 y,表达式写为：

```
patt＝re. compile(r'gr[ea]y')   ♯就是 grey 或者 gray 都是可以匹配上的。
```

4. beautifulSoup 库的使用

如果需要抓取的数据较复杂,可以用过一个功能更强的网页解析工具 beautifulSoup 来对特定的目标网页进行抓取和分析。

导入 beautifulSoup 后,先用 request 包中的 get 方法取得网页源码,然后就可以用 Python 内建的 html. parser 解析器对源代码进行解析,解析的结果返回到 beautifulSoup 类对象 sp 中。sp 对象提供了众多方法可供使用。此处重点强调 select()方法,是通过 css 样式表的方式抓取指定数据的。

以抓取上海市 PM2.5 实时数据为例,很多情况下,要抓取的数据并不在网站一级页面之

中，从而不能直接抓取，要采用分步方式抓取。打开 http://www.pm25x.com 网站首页的源代码，通过搜索关键词"上海"，发现这个关键字位于 title 值为"上海 PM2.5"的〈a〉标签中。通过下面的语句就能很容易地把这个标签的内容抓取下来：

city＝sp1.find("a",{"title"："上海 PM2.5"})

上述语句返回结果为：〈a href＝"city/shanghai.html"target＝"_blank"title="上海 PM2.5"〉上海〈/a〉

这样，目标就缩小了，因为包含上海市 PM2.5 的数据页面链接就位于这个标签之中。下面的关键代码可以把链接抓取出来：

citylink＝city.get("href")　＃从找到的标签中取 href 属性值
url2＝url1＋citylink　　＃生成二级页面完整的链接地址

实例代码如下：

Import requests
Import BeautifulSoup
url1＝'http://www.pm25x.com/'
html＝requests.get(url1)
sp1＝BeautifulSoup(html.text,'html.parser')　＃把抓取的数据进行解析
city＝sp1.find("a",{"title"："上海 PM2.5"})
＃从解析代码中找出 title 属性值为上海 PM2.5 的标签
citylink＝city.get("href")　＃从找到的标签中取 href 属性值
＃print(citylink)
url2＝url1＋citylink　　＃生成二级页面完整的链接地址
＃print(url2)
data1＝sp1.select(".aqivalue")
pm25＝data1[0].text　　＃获取标签中的 PM2.5 数据
print('上海此时 PM2.5 的值为'＋PM25)　　＃输出显示结果

3.2.3　习题

1. 通过计算思维解决问题的基本过程是什么？
2. 自顶向下设计方法的本质是什么？
3. 请描述模块化设计中的单元测试法。
4. 简述第三方库的安装方式及遇到的困难。
5. jieba 库主要功能是什么？如何加载和使用？

3.3 Python 的搜索策略

搜索是人工智能领域的一个重要问题。它类似于传统计算机程序中的查找,但其复杂程度比查找大得多。

传统程序一般解决的问题都是结构化的,结构良好的问题算法简单而容易实现。但人工智能所要解决的问题大部分是非结构化或结构不良的问题,对这样的问题很难找到成熟的求解算法,而只能是一步步地摸索前进。

人工智能领域已有的搜索策略,按照不同求解方式分为:求任一解路的搜索策略:回溯法、爬山法、宽度优先法、深度优先法、限定范围搜索法、好的优先法。

求最佳解路的搜索策略:大英博物馆法、分枝界定法、动态规划法、最佳图搜索法。

3.3.1 状态空间的搜索策略

问题的状态空间可用有向图来表达,又常称其为状态树(state tree)。图 3-3-1 中,节点 S_k 表示状态,状态之间的连接采用有向弧(arc)表示,弧上标以操作数 O_k 来表示状态之间的转换关系。

图 3-3-1 表示用状态空间法搜索求解问题:

首先要把待求解的问题表示为状态空间图;把问题的解表示为目标节点 S_g。求解就是要找到从根节点 S_0 到达目标节点 S_g 的搜索路径。

状态空间图在计算机中有两种存储方式:一种是图的显式存储,另一种是图的隐式存储。

利用状态空间图求解的具体思路和步骤:

(1) 设定状态变量及确定值域;

(2) 确定状态组,分别列出初始状态集和目标状态集;

(3) 定义并确定操作集;

(4) 估计全部状态空间数,并尽可能列出全部状态空间或予以描述之;

(5) 当状态数量不是很大时,按问题的有序元组画出状态空间图,依照状态空间图搜索求解。

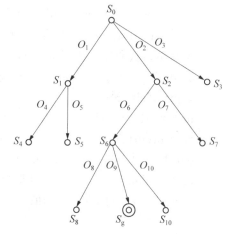

图 3-3-1 问题求解的状态树表示

实例:旅行者和野人问题

在河的左岸有三个旅行者、一条船和三个野人,旅行者们想用这条船将所有的成员都运过河去,但是受到以下条件的限制:

① 旅行者和野人都会划船,但船一次最多只能装运两个;

② 在任何岸边野人数目都不得超过旅行者,否则旅行者就会遭遇危险:被野人攻击甚至被杀掉。

此外,假定野人会服从任何一种过河安排,请尝试规划出一个确保全部成员安全过河的计划。

(1) 设定状态变量及确定值域。

为了建立这个问题的状态空间,设左岸旅行者数为 m,则

m={0,1,2,3};

对应右岸的旅行者数为 3－m;左岸的野人数为 c,则有

c={0,1,2,3};

对应右岸野人数为 3－c;左岸船数为 b,故又有 b={0,1},右岸的船数为 1－b。

(2) 确定状态组,分别列出初始状态集和目标状态集。

问题的状态可以用一个三元数组来描述,以左岸的状态来标记,即

Sk=(m,c,b),

右岸的状态可以不必标出。
初始状态一个:S0=(3,3,1),初始状态表示全部成员在河的左岸;
目标状态也只一个:Sg=(0,0,0),表示全部成员从河左岸渡河完毕。

(3) 定义并确定操作集。

仍然以河的左岸为基点来考虑,把船从左岸划向右岸定义为 Pij 操作。其中,第一下标 i 表示船载的旅行者数,第二下标 j 表示船载的野人数;同理,从右岸将船划回左岸称之为 Qij 操作,下标的定义同前。则共有 10 种操作,操作集为

F={P01,P10,P11,P02,P20,Q01,Q10,Q11,Q02,Q20}

(4) 估计全部的状态空间数,并尽可能列出全部的状态空间或予以描述之。

在这个问题世界中,S_0=(3,3,1)为初始状态,S_{31}=Sg=(0,0,0)为目标状态。全部的可能状态共有 32 个,如图 3－3－2 所示。

状态	m,c,b	状态	m,c,b	状态	m,c,b	状态	m,c,b
S_0	3 3 1	S_8	~~1 3 1~~	S_{16}	~~3 3 0~~	S_{24}	~~1 3 0~~
S_1	3 2 1	S_9	~~1 2 1~~	S_{17}	3 2 0	S_{25}	~~1 2 0~~
S_2	3 1 1	S_{10}	1 1 1	S_{18}	3 1 0	S_{26}	1 1 0
~~S_3~~	~~3 0 1~~	~~S_{11}~~	~~1 0 1~~	S_{19}	3 0 0	~~S_{27}~~	~~1 0 0~~
S_4	~~2 3 1~~	S_{12}	0 3 1	S_{20}	~~2 3 0~~	~~S_{28}~~	~~0 3 0~~
S_5	2 2 1	S_{13}	0 2 1	S_{21}	2 2 0	S_{29}	0 2 0
~~S_6~~	~~2 1 1~~	S_{14}	0 1 1	~~S_{22}~~	~~2 1 0~~	S_{30}	0 1 0
~~S_7~~	~~2 0 1~~	~~S_{15}~~	~~0 0 1~~	~~S_{23}~~	~~2 0 0~~	S_{31}	0 0 0

图 3－3－2　旅行者和野人问题的全部可能状态

注意：按题目规定条件，应划去非法状态，从而加快搜索效率。

（1）首先可以划去左岸边野人数目超过旅行者的情况，即 S_4、S_8、S_9、S_{20}、S_{24}、S_{25} 等6种状态是不合法的；

（2）应划去右岸边野人数目超过旅行者的情况，即 S_6、S_7、S_{11}、S_{22}、S_{23}、S_{27} 等情况；

（3）应划去4种不可能出现状态：划去 S_{15} 和 S_{16}——船不可能停靠在无人的岸边；划去 S_3——旅行者不可能在数量占优势的野人眼皮底下把船安全地划回来；划去 S_{28}——旅行者也不可能在数量占优势的野人眼皮底下把船安全地划向对岸。可见，在状态空间中，真正符合题目规定条件的只有16个合理状态。

（4）当状态数量不是很大时，按问题的有序元组画出状态空间图，依照状态空间图搜索求解。

根据上述分析，共有16个合法状态和允许的操作，可以划出旅行者和野人问题的状态空间图，如图 3-3-3 所示。

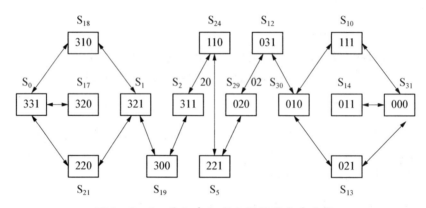

图 3-3-3 旅行者和野人问题的状态空间

任何一条从 S_0 到达 S_{31} 的路径都是该问题的解。

状态空间的搜索策略如图所示。

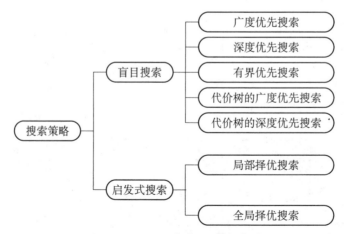

图 3-3-4 状态空间搜索策略

3.3.2 盲目的图搜索策略

盲目搜索是按预定的控制策略进行,在搜索过程中获得的中间信息不用来改进控制策略。因此效率不高,具有盲目性。盲目搜索中最行之有效、应用最广泛的搜索策略就是:回溯搜索、宽度优先搜索和深度优先搜索。这两种搜索方法在很多人工智能的资料中都有介绍。

(1) 广度优先搜索——先进先出,生成的节点插入 OPEN 表的后面。

基本方法:从根节点 S_0 开始,向下逐层逐个地对节点进行扩展与穷尽搜索,并逐层逐个地考察所搜索节点是否满足目标节点 Sg 的条件。若到达目标节点 Sg,则搜索成功,搜索过程可以终止。注意:在广度优先搜索法的过程中,同一层的节点搜索次序可以任意;但在第 n 层的节点没有全部扩展并考察之前,不应对第 n+1 层的节点进行扩展和考察。

特点:显然,宽度优先搜索法是一种遵循规则的盲目性搜索,它遍访了目标节点前的每一层次每一个节点,即检查了目标节点前的全部的状态空间点,只要问题有解,它就能最终找到解,且最先得到的将是最小深度的解。可见,宽度优先搜索法很可靠。但是,当目标节点距离初始节点较远时将会产生许多无用的中间节点。因此,速度慢,效率低,尤其对于庞大的状态空间实用价值差。

(2) 深度优先搜索——后进先出,生成的节点插入 OPEN 表的前面。

基本方法:从根节点 S_0 开始,始终沿着纵深方向搜索,总是在其后继子节点中选择一节点来考察。若到达目标节点 Sg,则搜索成功;若不是目标节点,则再在该节点的后继子节点中选一个考察,一直如此向下搜索,直到搜索找到目标节点才停下来。若到达某个子节点时,发现该节点既不是目标节点又不能继续扩展,就选择其兄弟节点再进行考察。依此类推,直到找到目标节点或全部节点考察完毕,搜索过程才可以终止或结束。

特点:方式灵活,规则易于实现,对于有限状态空间并有解时,必能找到解。例如,当搜索到某个分支时,若目标节点恰好在此分支上,则可较快地得到解。故在一定条件下,可实现较高求解效率。但是,在深度优先搜索中,一旦搜索进入某个分支,就将沿着该分支一直向下搜索。这时,如果目标节点不在此分支上,而该分支又是一个无穷分支,则就不可能得到解。可见,深度优先搜索算法不完备,风险大,易于掉入陷阱。因此,要使深度优先搜索算法可用,必须加以改造。

(3) 有界深度优先——后进先出,设置节点深度 dm。

基本思想:设定一个搜索深度的界限 dm,当搜索深度达到 dm,而尚未出现目标节点时,可回溯换一个分支进行搜索,直到 dm 的深度内所有分支节点搜索完毕。

如果问题有解,且其路径长度<=dm,则搜索过程一定能求得解。

dm 的选择:(dm 自适应)先任意给定一个较小的数作为 dm,进行有界深度的优先搜索,当深度达 dm 时仍未发现目标节点,且 CLOSE 表中仍有待扩展节点时,将这些节点送回 OPEN 表,同时增大深度界限 dm,继续向下搜索。只要有解,一定可以找到。

为找到最优解,可增设一个表(R),每找到一个目标节点 Sg 后,就把它放入到 R 的前面,并令 dm 等于该目标节点所对应的路径长度,然后继续搜索。由于最后求得的解的路径长度不会超过先求得的解的路径长度,所以最后求得的解一定是最优解。

(4) 代价树的广度优先搜索。

边上标有代价(或费用)的称为代价树。

$c(x_1, x_2)$ 表示父节点 x_1 到子节点 x_2 的代价。

初始节点 S_0 到节点 x 的代价用 $g(x)$ 表示,$g(x_2) = g(x_1) + c(x_1, x_2)$。

扩展的 M 集合,添加到 OPEN 表尾部,然后对整个 OPEN 表中的节点计算其代价,由小到大排序。

3.3.3 启发式图搜索策略

所谓启发式搜索(heuristic search)策略,即利用与问题解有关的启发信息来作引导的搜索策略。它是在搜索过程中根据问题的特点,加入一些具有启发性的信息,加速问题的求解过程。显然,启发式搜索的效率比盲目搜索要高,但由于启发式搜索需要与问题本身特性有关的信息,这对非常复杂的网络是比较困难的,因此盲目搜索在目前的应用中仍然占据着统治地位。

启发信息:在智能搜索中,人们常把搜索中出现的诸如问题的状态条件、性质、发展动态、解的过程特性、结构特性等规律,问题求解的技巧性规则等,都称之为搜索的启发信息。

估价函数:$f(x) = g(x) + h(x)$。

$g(x)$:从 S_0 到节点 x 已经实际付出的代价。指出了搜索的横向趋势、完备性好、但效率差。

$h(x)$:是从节点 x 到目标节点 Sg 的最优路径的估计代价,称为启发函数

$f(x)$:从 S_0 经过节点 x 到达目标节点 Sg 的最优路径的代价估计值,作用是估价 OPEN 表中各节点的重要性,决定 OPEN 表的次序。

人工智能问题求解中,往往需要设法找到一个好的启发函数。

局部择优搜索是深度优先搜索方法的一种改进。节点扩展成子节点时,按 $f(x)$ 对子节点进行估算,选择最小者作为下一个考察对象。

全局择优搜索时每次总是从 OPEN 表的全体节点中选择估价值最小的节点。

3.3.4 习题

1. 简述状态空间表示法。
2. 描述深度优先搜索策略。
3. 描述广度优先搜索策略。
4. 如何区分盲目搜索和启发式搜索的不同点?

3.3.5 爬取网页中的所有 E-mail 地址

1. 实验目的

(1) 掌握 Python 数据类型、循环结构使用方法。

(2) 掌握 Python 第三方库 requests 的使用。

(3) 理解并能正确应用 Python 的函数方法。

(4) 正确获取网页中的 E-mail 地址。

2. 实验内容

(1) 背景知识：互联网背景下信息千变万化，如何又快又好地获取并保存有用信息至关重要。

(2) 实验要求：用正则表达式抓取新浪网 https://www.sina.com.cn/网站中的所有 E-mail 账号。

程序代码如下：

```
import requests ,re

regex=re.compile('[a-zA-Z0-9_.+-]+@[a-zA-Z0-9-]+\.[a-zA-Z0-9-.]+')

url='https://www.sina.com.cn/'

response=requests.get(url)                #发出请求

response.encoding="utf-8"                 #编码格式

emails=regex.findall(response.text)       #findall（）方法是返回符合规则的字符串列表

for email in emails:
    print(email)                          #输出符合条件的结果
```

(3) 运行结果如下：

#输出结果是 jubao@vip.sina.com

3.4 综合练习

一、选择题

1. 不属于 Python 特性的是_____。
   A. 简单易学 　　　　　　　　　　B. 开源的免费的
   C. 属于低级语言 　　　　　　　　D. 高可移植性
2. Python 脚本文件的扩展名为_____。
   A. .python 　　B. .py 　　C. .pt 　　D. .pg
3. _____不是有效的变量名。
   A. _demon 　　B. apple 　　C. Number 　　D. my-score
4. 使用_____关键字来创建 python 自定义函数。
   A. functiong 　　B. func 　　C. procedure 　　D. def
5. _____表达式是一种匿名函数,是从数学里得名的。
   A. lambda 　　B. map 　　C. filter 　　D. zip
6. 使用_____函数接收用户输入的数据。
   A. accept() 　　B. input() 　　C. readline() 　　D. login()
7. 以下注释语句中,不正确的是_____。
   A. ♯Python 注释 　　　　　　　　B. ''' Python 注释'''
   C. """ Python 注释""" 　　　　　D. //Python 注释
8. _____是代码的运行结果。
   x=1
   def change(a):
   x+=1
   print x
   change(x)
   A. 1 　　B. 2 　　C. 3 　　D. 报错
9. 一个段代码定义如下,_____是正确的调用结果。
   def bar(multiple):
   def foo(n):
   return multiple ** n
   return foo
   A. bar(2)(3)==8 　　　　　　　　B. bar(2)(3)==6
   C. bar(3)(2)==8 　　　　　　　　D. bar(3)(2)==6
10. 不属于使用函数的优点的是_____。

A. 减少代码重复 B. 使程序更加模块化
C. 使程序便于阅读 D. 为了展现智力优势

二、填空题

1. Python 安装扩展库常用的是_____工具。
2. Python 程序文件扩展名主要有_____和_____两种,其中后者常用于 GUI 程序。
3. 在 IDLE 交互模式中浏览上一条语句的快捷键是_____。
4. 为了提高 Python 代码运行速度和进行适当的保密,可以将 Python 程序文件编译为扩展名为_____的文件。
5. Python 源代码被解释器转换后的格式为_____。
6. Python 是一种面向_____的高级语言。
7. Python 可以在多种平台运行,这体现了 Python 语言的_____特性。
8. Python 3.x 默认使用的编码是_____。
9. 在循环体中使用_____语句可以跳出循环体。
10. _____语句是 else 语句和 if 语句的组合。
11. 在循环体中可以使用_____语句跳过本次循环后面的代码,重新开始下一次循环。
12. 如果希望循环是无限的,我们可以通过设置条件表达式永远为_____来实现无线循环。
13. 在循环语句中,_____语句的作用是提前结束本层循环。
14. 在循环语句中,_____语句的作用是提前进入下一次循环。
15. 在 Python 中,int 表示的是数据类型是_____。
16. 布尔类型的值包括_____和_____。
17. Python 的浮点数占_____个字节。
18. 如果想测试变量的类型,可以使用_____来实现。
19. 列表、元组、字符串是 Python 的_____(选填"有序"或"无序")序列。
20. 查看变量类型的 Python 内置函数是_____。
21. 看变量内存地址的 Python 内置函数是_____。
22. Python 运算符中用来计算整商的是_____。
23. 表达式[1,2,3]*3 的执行结果为_____。
24. list(map(str,[1,2,3]))的执行结果为_____。
25. 语句 x=3==3,5 执行结束后,变量 x 的值为_____。
26. 已知 x=3,那么执行语句 x+=6 之后,x 的值为_____。
27. 已知 x=3,并且 id(x)的返回值为 496103280,那么执行语句 x+=6 之后,表达式 id(x)==496103280 的值为_____。
28. 已知 x=3,那么执行语句 x*=6 之后,x 的值为_____。
29. 表达式"[3] in [1,2,3,4]"的值为_____。
30. 列表对象的 sort()方法用来对列表元素进行原地排序,该函数返回值为_____。
31. 假设列表对象 aList 的值为[3,4,5,6,7,9,11,13,15,17],那么切片 aList[3:7]得到的值是_____。
32. 假设有列表 a=['name','age','sex']和 b=['Dong',38,'Male'],请使用一个语句将这两个

列表的内容转换为字典,并且以列表 a 中的元素为"键",以列表 b 中的元素为"值",这个语句可以写为_____。

33. 任意长度的 Python 列表、元组和字符串中最后一个元素的下标为_____。
34. 转义字符"的含义是_____。
35. Python 语句 list(range(1,10,3))执行结果为_____。
36. 已知 a=[1,2,3]和 b=[1,2,4],那么 id(a[1])==id(b[1])的执行结果为_____。
37. 表达式 int('123',16)的值为_____。
38. 切片操作 list(range(6))[::2]执行结果为_____。
39. 语句 sorted([1,2,3], reverse=True)==reversed([1,2,3])执行结果为_____。
40. 字典中多个元素之间使用_____分隔开,每个元素的"键"与"值"之间使用_____分隔开。

三、操作题

问题描述:统计给定的《三国演义》小说某篇选文中出现频率最高的 15 个词语,全书中哪些人物出场最多呢?

问题分析:

➢ 输入:从文件中读取一篇文章。
➢ 处理:采用字典数据结构统计最常出现的 15 个词语及次数。
➢ 输出:文章中最常出现的 15 个词语及次数。

中文文章需要分词才能进行词频统计,这需要用到 jieba 库。分词后从词频统计与英文词频统计方法类似。《三国演义》的这篇选文保存为 sanguo1.txt 文件。

实验

请用 Python 代码实现上述要求的词频统计,并运行后可得到如下所示结果。

曹操   937
孔明   831
将军   772
却说   656
玄德   570
关公   509
丞相   491
二人   466
不可   441
荆州   421
不能   387
孔明曰   385
玄德曰   383
如此   378
张飞   349
>>>

参考实现代码如下：

```python
import jieba
txt=open('sanguo1.txt','r',encoding='utf-8').read()
words=jieba.lcut(txt)
counts={}
for word in words:
    if len(word)==1:
        continue
    else:
        counts[word]=counts.get(word,0)+1
items=list(counts.items())
items.sort(key=lambda x:x[1],reverse=True)
for i in range(15):
    word,count=items[i]
    print("{0:<10}{1:>5}".format(word,count))
```

本章小结

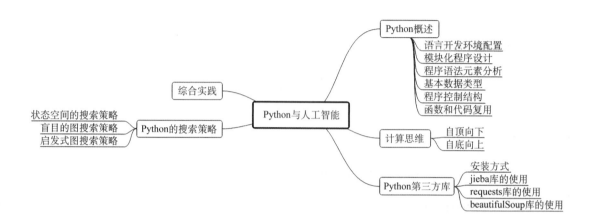

PART 04

第4章 人工智能技术应用

<本章概要>

人工智能的发展历史是和计算机科学技术的发展史联系在一起的。除了计算机科学以外，人工智能还涉及信息论、控制论、自动化、仿生学、生物学、心理学、数理逻辑、语言学、医学和哲学等多门学科。人工智能学科研究的主要内容包括：知识表示、自动推理和搜索方法、机器学习和知识获取、知识处理系统、自然语言理解、计算机视觉、智能机器人、自动程序设计等方面。

<学习目标>

通过本章学习，要求达到以下目标：
1. 了解什么是人工智能，机器学习和深度学习以及三者之间的关系。
2. 了解常用的人工智能的研究方法。
3. 了解计算智能的三种形式。
4. 基本掌握使用 Python 进行逻辑编程。
5. 基本掌握使用 Python 进行数据预处理。
6. 了解自然语言处理的基本步骤。
7. 了解语音识别的基本概念。
8. 了解启发式搜索的基本概念。
9. 了解遗传算法优化过程。
10. 了解和基本掌握使用 Python 进行计算机视觉的基本操作。

4.1 人工智能的研究方法探索

1956年夏季，John McCarthy、Marvin Minsky、Claude Shannon等人在美国举办的达特茅斯(Dartmouth Conference)会议上第一次提出了"人工智能"的概念，这是人类史上第一个具有真正意义的关于人工智能的研讨会，也是人工智能学科诞生的标示，十分重要。人工智能概念一经提出，便获得空前的反响，人工智能历史上的第一股浪潮就这样顺理成章地形成了，该浪潮随即席卷全球。当时，一般大众和研究人工智能的科学家都极为乐观，相信人工智能技术在几年内必将取得重大突破和快速进展，甚至预言在20年内智慧型机器能完全取代人在各个领域的工作。这样乐观情绪持续高涨，直到1973年《莱特希尔报告》的出现将其终结，该报告用充实的资料明确指出人工智能的任何部分都没有达到科学家一开始承诺达到的影响力，至此人工智能泡沫被无情地戳破，在人们幡然醒悟的同时，人工智能历史上的第一个寒冬到来了，人们对人工智能的热情逐渐消退，社会各界的关注度和资金投入也逐年减少。

20世纪80年代，专家系统(Expert System)出现又让企业家和科学家看到了人工智能学科的新希望，继而形成人工智能历史上的第二股浪潮。专家系统是指解决特定领域问题的能力或已达到该领域的专家能力的系统，其核心是透过运用专家多年累积的丰富经验和专家知识，不断模拟专家解决问题的思维，处理只有专家才能处理的问题。专家系统的出现实现了人工智能学科从理论走向专业知识领域的应用，其各种应用场景不断丰富，在人工智能历史上是一次重大突破和转折，具有深远的意义。真正意义上的计算机视觉、机器人、自然语言处理、语音辨识等专业领域也诞生于这个阶段。但是随着时间的演进，专家系统的缺点也暴露无遗，最为致命的就是专家系统的应用领域相对狭窄，在很多方面缺乏常识性知识和专业理论的支撑，这直接将第二股人工智能浪潮推进了寒冬。

20世纪90年代后期，机器学习(Machine Learning)、深度学习(Deep Learning)等技术成为人工智能的主流，再加上大数据和计算机硬件的快速发展，使人工智能再次卷土重来，这一次，以语音辨识、计算机视觉、自然语言处理为代表的专业领域均取得了极大突破和进展。

2012年以后，得益于数据量的上涨、运算力的提升和深度学习的出现，人工智能开始大爆发。《全球AI领域人才报告》显示，截至2017年一季度，基于领英平台的全球AI(人工智能)领域技术人才数量超过190万，仅国内人工智能人才缺口达到500多万。人工智能的研究领域也在不断扩大，图4-1-1展示了人工智能研究的各个分支，包括专家系统、机器学习、进化计算、模糊逻辑、计算机视觉、自然语言处理、推荐系统等。

人工智能可以细分为强人工智能和弱人工智能，弱人工智能更注重"人工"的重要性，强人工智能更注重"智能"的重要性。在弱人工智能对某个问题进行决策时，人仍然需要积极参与其中，所以弱人工智能也被称作限制领域的人工智能或应用型人工智能。弱人工智能只能在特定的领域解决特定的问题，而且其中的一些问题已经有了明确的答案，例如作为人的智能帮手，在某方面代替人的日常重复工作。目前的科研工作都集中在弱人工智能这部分，并很有希望在近期取得重大突破。

在使用强人工智能对问题进行决策时，就不再需要人参与其中，因为强人工智能能"思考"，

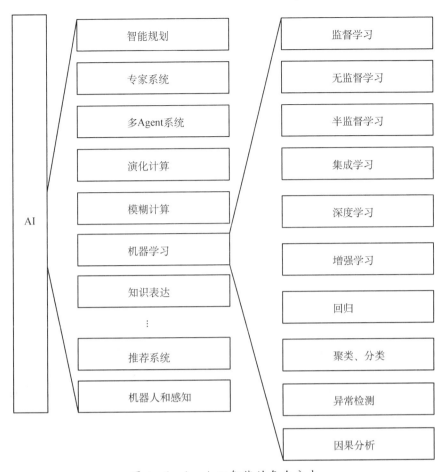

图4-1-1 人工智能的各个分支

进而不断最佳化和扩充自己解决问题的能力,甚至能够创造出全新的技能,所以强人工智能也被称作通用人工智能或完全人工智能,即已经具备了能够完全替代人在各领域工作的能力。

人工智能的舞台是极大的,改变世界的机会无处不在,相信经过我们的不断努力,人工智能技术会更加迅速发展,应用场景会更丰富,人们的生活、工作方式也将因此发生颠覆性的变化。

4.1.1 人工智能、机器学习和深度学习的关系

1. 机器学习:一种实现人工智能的方法

机器学习是一种实现人工智能的方法。机器学习最基本的做法,是使用算法来解析数据、从中学习,然后对真实世界中的事件做出决策和预测。与传统的为解决特定任务、硬编码的软件程序不同,机器学习是用大量的数据来"训练",通过各种算法从数据中学习如何完成任务。

例如,当客户浏览网上商城时,经常会出现商品推荐的信息。商品推荐信息是"智能"的,原因是网上商城可以根据客户往期的购物记录和冗长的收藏清单,识别出哪些是客户真正感兴趣,并且愿意购买的产品。实现"智能"取决于决策模型,决策模型帮助商城为客户提供建议并鼓励产品消费,决策模型是真正的"导购"。

机器学习直接来源于早期的人工智能领域,传统的算法包括决策树、聚类、贝叶斯分类、支

持向量机、EM(Expectation Maximization)、Adaboost 等等。从学习方法上来分,机器学习算法可以分为监督学习(如分类问题)、无监督学习(如聚类问题)、半监督学习、集成学习、深度学习和强化学习。

传统的机器学习算法在指纹识别、基于 Haar 的人脸检测、基于 HOG(Histogram of Oriented Gradient)特征的物体检测等领域的应用基本达到了商业化的要求或者特定场景的商业化水平,在深度学习算法的出现之前,机器学习每一步的进展都很艰难。

2. 深度学习:一种实现机器学习的技术

深度学习是更深层次的神经网络,是一种机器学习的技术。人工神经网络(Artificial Neural Networks)是早期机器学习中的一个重要的算法,历经数十年风风雨雨。神经网络的原理是受人类大脑的生理结构——互相交叉相连的神经元启发。但与大脑中一个神经元可以连接一定距离内的任意神经元不同,人工神经网络具有离散的层、连接和数据传播的方向。

例如,我们可以把一幅图像切分成图像块,输入到神经网络的第一层。在第一层的每一个神经元都把数据传递到第二层。第二层的神经元也是完成类似的工作,把数据传递到第三层,以此类推,直到最后一层,然后生成结果。

每一个神经元都为它的输入分配权重,这个权重的正确与否与其执行的任务直接相关。最终的输出由这些权重加总来决定。这里的"深度"就是说神经网络中众多的层。

深度学习本来并不是一种独立的学习方法,其本身也会用到有监督和无监督的学习方法来训练深度神经网络。但由于近几年该领域发展迅猛,一些特有的学习手段相继被提出(如残差网络),因此越来越多的人将其单独看作一种学习的方法。

最初的深度学习是利用深度神经网络来解决特征表达的一种学习过程。深度神经网络本身并不是一个全新的概念,可大致理解为包含多个隐含层的神经网络结构。为了提高深层神经网络的训练效果,人们对神经元的连接方法和激活函数等方面做出相应的调整。其实有不少想法早年间也曾有过,但由于当时训练数据量不足、计算能力落后,因此最终的效果不尽如人意。

深度学习使似乎所有的机器辅助功能都变为可能。例如,无人驾驶汽车、预防性医疗保健,甚至是更好的电影推荐,都近在眼前,或即将实现。

3. 三者的区别和联系

机器学习是一种实现人工智能的方法,深度学习是一种实现机器学习的技术。我们就用最简单的方法——同心圆,可视化地展现出它们三者的关系,如图 4-1-2 所示。

图 4-1-2 三者的关系

目前,深度学习在计算机视觉、自然语言处理领域的应用远超过传统的机器学习方法,由于媒体对深度学习进行了大肆夸大的报道,"深度学习最终可能会淘汰掉其他所有机器学习算法"这一较为普遍的错误意识便形成了。机器学习也被称作统计学习方法,机器学习中的大部分学习演算都是以统计学原理为基础的,所以机器学习和深度学习技术具备一个共同的特点:它们都需要使用许多的资料来完成对本身模型的训练,这样才能让最后输出的模型拥有强大的泛化能力。

深度学习是目前最热的机器学习方法,但并不意味着是机器学习的终点。就目前而论,其存在以下问题:

(1) 深度学习模型需要大量的训练数据,才能展现出神奇的效果,但现实生活中往往会遇到小样本问题,此时深度学习方法无法入手,传统的机器学习方法就可以处理;

(2) 有些领域,采用传统的简单的机器学习方法,可以很好地解决问题,无需用复杂的深度学习方法;

(3) 深度学习的思想,来源于人脑的启发,但绝不是人脑的模拟。例如,幼儿园教室里贴一张自行车图,三四岁幼儿看后,会从外观完全不同的自行车图片中正确地辨别出教室图片中的自行车。也就是说,人类的学习过程往往不需要大规模的训练数据,而现在的深度学习方法则需要大量训练数据,显然深度学习方法不是对人脑的模拟。

4.1.2 常用的人工智能研究方法

目前没有统一的原理或范式指导人工智能研究,在许多问题上研究者之间也存在争论。其中几个长久以来一直没有结论的问题是:是否应从心理或神经方面模拟人工智能?像鸟类生物学对于航空工程一样,人类生物学对于人工智能研究有没有关系?智能行为能否用简单的原则(如逻辑或优化)来描述,还是必须解决大量完全无关的问题?智能是否可以使用高级符号表达,如词和想法,还是需要"子符号"的处理?John Haugeland 提出了 GOFAI(Good Old-Fashioned Artificial Intelligence,出色的老式人工智能)的概念,也提议人工智能应归类为 Synthetic Intelligence,这个概念后来被某些非 GOFAI 研究者采纳。

1. 大脑模拟

20 世纪 40 年代到 50 年代,许多研究者探索神经病学、信息理论及控制论之间的联系。其中还造出一些使用电子网络构造的初步智能,如 W. Grey Walter 的 Turtles 和 Johns Hopkins 的 Beast。这些研究者还经常在普林斯顿大学和英国的 RATIO CLUB 举行技术协会会议。直到 1960 年,大部分人已经放弃这个方法,尽管在上世纪 80 年代再次提出这些原理。

2. 符号处理

20 世纪 50 年代,数字计算机研制成功,研究者开始探索人类人工智能是否能简化成符号处理。研究主要集中在卡内基·梅隆大学、斯坦福大学和麻省理工学院,而各自又有独立的研究风格。John Haugeland 称这些方法为 GOFAI。60 年代,符号方法在小型证明程序上模拟高级思考有很大的成就。基于控制论或神经网络的方法则置于次要。60 年代至 70 年代的研究者确信符号方法最终可以成功创造具有强人工智能的机器。

认知模拟 经济学家赫伯特·西蒙和艾伦·纽厄尔研究人类问题解决能力和尝试将其形式化，同时他们为人工智能的基本原理打下基础，如认知科学、运筹学和经营科学。他们的研究团队使用心理学实验的结果开发模拟人类解决问题方法的程序。这种方法一直在卡内基·梅隆大学沿袭，到 80 年代 SOAR 发展到高峰。John Mccarthy 认为机器不需要模拟人类的思想，而应尝试找到抽象推理和解决问题的本质，不管人们是否使用同样的算法。他在斯坦福大学的实验室致力于使用形式化逻辑解决多种问题，包括知识表示、智能规划和机器学习，致力于逻辑方法研究的还有爱丁堡大学，而促成欧洲的其他地方开发编程语言 PROLOG 和逻辑编程科学"反逻辑"斯坦福大学的研究者（如马文·闵斯基和西摩尔·派普特）发现，要解决计算机视觉和自然语言处理的问题，需要专门的方案，他们主张不存在简单和通用原理（如逻辑）能够达到所有的智能行为。Roger Schank 描述他们的"反逻辑"方法为"SCRUFFY"。常识知识库（如 Doug Lenat 的 CYC）就是"SCRUFFY"AI 的例子，因为他们必须人工一次编写一个复杂的概念。基于知识大约在 1970 年出现大容量内存计算机，研究者分别以三个方法开始把知识构造成应用软件。这场"知识革命"促成专家系统的开发与计划，这是第一个成功的人工智能软件形式。"知识革命"同时让人们意识到许多简单的人工智能软件可能需要大量的知识。

3. 子符号法

20 世纪 80 年代符号人工智能的研究停滞不前，很多人认为符号系统永远不可能模仿人类所有的认知过程，特别是感知、机器人、机器学习和模式识别。很多研究者开始关注用子符号方法解决特定的人工智能问题。自下而上，接口 Agent，嵌入环境（机器人），行为主义，新式 AI 机器人领域相关的研究者，如 Rodney Brooks，否定符号人工智能而专注于机器人移动和求生等基本的工程问题。他们的工作再次关注早期控制论研究者的观点，同时提出了在人工智能中使用控制理论。这与认知科学领域中的表征感知论观点是一致的：更高的智能需要个体的表征（如移动、感知和形象）。20 世纪 80 年代中 David Rumelhart 等再次提出神经网络和联结主义，这和其他的子符号方法，如模糊控制和进化计算，都属于计算智能学科研究范畴。

4. 统计学法

20 世纪 90 年代，人工智能研究发展出复杂的数学工具来解决特定的分支问题。这些方法的结果是可测量的和可验证的，同时也是人工智能成功的原因。共用的数学语言也允许已有学科的合作（如数学、经济或运筹学）。Stuart J. Russell 和 Peter Norvig 指出这些进步不亚于"革命"和"NEATS 的成功"。也有人批评这些技术太专注于特定的问题，而没有考虑长远的强人工智能目标。

5. 集成方法

智能 Agent 范式：智能 Agent 是一个会感知环境并作出行动以达致目标的系统。最简单的智能 Agent 是那些可以解决特定问题的程序，更复杂的 Agent 包括人类和人类组织（如公司）。这些范式可以让研究者研究单独的问题和找出有用且可验证的方案，而不需考虑单一的方法。一个解决特定问题的 Agent 可以使用任何可行的方法——一些 Agent 用符号方法和逻辑方法，一些则是子符号神经网络或其他新的方法。范式同时也给研究者提供一个与其他领域沟通的共同语言，如决策论和经济学（也使用抽象 Agents 的概念）。1990 年代智能

Agent 范式被广泛接受。

Agent 体系结构和认知体系结构:研究者设计出一些系统来处理多 Agent 系统中智能 Agent 之间的相互作用。一个系统中包含符号和子符号部分的系统称为混合智能系统,而对这种系统的研究则是人工智能系统集成。分级控制系统则给反应级别的子符号 AI 和最高级别的传统符号 AI 提供桥梁,同时放宽了规划和世界建模的时间。

4.1.3 计算智能

计算智能(Computational Intelligence,CI)是借鉴仿生学的思想,基于人们对生物体智能机理的认识,采用数值计算的方法去模拟和实现人类的智能。计算智能的三大基本领域包括神经计算、进化计算、模糊计算。

1. 神经计算

神经计算亦称神经网络(Neural Network,NN),它是通过对大量人工神经元的广泛并行互联所形成的一种人工网络系统,用于模拟生物神经系统的结构和功能。主要研究内容包括人工神经元的结构和模型,人工神经网络的互联结构和系统模型,基于神经网络的联结学习机制等。

人工神经元是指用人工方法构造单个神经元,它有抑制和兴奋两种工作状态,可以接受外界刺激,也可以向外界输出自身的状态,用于模拟生物神经元的结构和功能,是人工神经网络的基本处理单元。人工神经网络的互联结构(或称拓扑结构)是指单个神经元之间的连接模式,它是构造神经网络的基础。从互联结构的角度,神经网络可分为前馈网络和反馈网络两种主要类型。

网络模型是对网络结构、连接权值和学习能力的总括。最常用的有传统的感知器模型,具有误差前向传播功能的前向传播网络模型,采用反馈连接方式的反馈网络模型等。神经网络具有自学习、自组织、自适应、联想、模糊推理等能力,在模仿生物神经计算方面有一定优势。目前,神经计算的研究和应用已渗透到许多领域,如机器学习、专家系统、智能控制、模式识别等。

2. 进化计算

进化计算是一种模拟自然界生物进化过程与机制,进行问题求解的自组织、自适应的随机搜索技术。它以达尔文进化论的"物竞天择、适者生存"作为算法的进化规则,并结合孟德尔的遗传变异理论,将生物进化过程中的繁殖、变异、竞争和选择引入到了算法中,是一种对人类智能的演化模拟方法。进化计算的主要分支包括遗传算法、进化策略、进化规划和遗传规划四大分支。其中,遗传算法是进化计算中最初形成的一种具有普遍影响的模拟进化优化算法。

3. 模糊计算

模糊计算(美国密执安大学霍兰德教授 1962 年提出)是使用模拟生物和人类进化的方法来求解复杂问题。它从初始种群出发,采用优胜劣汰、适者生存的自然法则选择个体,并通过杂交、变异产生新一代种群,如此逐代进化,直到满足目标为止。

模糊计算亦称模糊系统,通过对人类处理模糊现象的认知能力的认识,用模糊集合和模糊逻辑去模拟人类的智能行为的。模糊集合与模糊逻辑是美国加州大学扎德(Zadeh)教授提出来的一种处理因模糊而引起的不确定性的有效方法。

通常,人们把那种因没有严格边界划分而无法精确刻画的现象称为模糊现象,并把反映模糊现象的各种概念称为模糊概念。例如,"大"、"小"、"多"、"少"等。

模糊概念通常是用模糊集合来表示的,而模糊集合又是用隶属函数来刻画的。一个隶属函数描述一个模糊概念,其函数值为[0,1]区间的实数,用来描述函数自变量所代表的模糊事件隶属于该模糊概念的程度。

关于模糊计算的争论,一方面模糊逻辑存在一定缺陷,另一方面它在推理、控制、决策等方面得到了非常广泛的应用。

4.1.4 逻辑编程科学

1. 知识与知识表示

知识(Knowledge)是指人们在改造客观世界的实践中形成的对客观事物(包括自然的和人造的)及其规律的认识,包括对事物的现象、本质、状态、关系、联系和运动等的认识。

经过人的思维整理过的信息、数据、形象、意象、价值标准以及社会的其他符号产物,不仅包括科学技术知识——知识中最重要的部分,还包括人文社会科学的知识、商业活动、日常生活和工作中的经验和知识,人们获取、运用和创造知识的知识,以及面临问题做出判断和提出解决方法的知识。

知识是把有关的信息关联在一起,形成的关于客观世界某种规律性认识的动态信息结构。在人工智能中知识可以表示成:

$$知识 = 事实 + 规则 + 概念$$

从便于表示和运用的角度出发,可将知识分为四种类型。

(1) 事实:反映某一对象或一类对象的属性,如北京是中国的首都、鸟有双翼,等等。

(2) 事件和事件序列:有时还要提出时间、场合和因果关系,如鉴定会将于明天举行,这次鉴定会要鉴定的机器是中国自行设计制造的。

(3) 办事、操作等行为:如下棋、证明定理、医疗诊断等。

(4) 元知识:即知识的知识,关于如何表示知识和运用知识的知识。以规则形式表示的元知识称为元规则,用来指导规则的选用。运用元知识进行的推理称为元推理。

知识表示就是将知识符号化并将其输入计算机的过程和方法。它包含两层含义:

(1) 用给定的知识结构,按一定的原则、组织表示知识;

(2) 解释所表示知识的含义。

知识表示就是用于求解某问题而组织所需知识的数据结构的一种方法。一般来说,对于同一种知识可以采用不同的表示方法。反过来,一种知识表示模式可以表达多种不同的知识。但在解决某一问题时,不同的表示方法可能产生不同的效果。

人工智能中知识表示方法注重知识的运用,知识表示方法可粗略地分为叙述式表示和过程式表示两大类:

(1) 叙述式表示法

叙述式表示法把知识表示为一个静态的事实集合,并附有处理它们的一些通用程序,即叙述式表示描述事实性知识,给出客观事物所涉及的对象是什么。对于叙述式的知识表示,它的表示与知识运用(推理)是分开处理的。

叙述式表示法易于表示"做什么",其优点是:

① 形式简单、采用数据结构表示知识、清晰明确、易于理解、增加了知识的可读性。

② 模块性好、减少了知识间的联系、便于知识的获取、修改和扩充。

③ 可独立使用,这种知识表示出来后,可用于不同目的。

其缺点是:不能直接执行,需要其他程序解释它的含义,因此执行速度较慢。

(2) 过程式表示法

过程式表示法将知识用使用它的过程来表示,即过程式表示描述规则和控制结构知识,给出一些客观规律,告诉怎么做,一般可用一段计算机程序来描述。

例如,矩阵求逆程序,其中表示了矩阵的逆和求解方法的知识。这种知识是隐含在程序之中的,机器无法从程序的编码中抽出这些知识。

过程式表示法一般是表示"如何做"的知识。其优点有:

① 可以被计算机直接执行,处理速度快。

② 便于表达如何处理问题的知识,易于表达怎样高效处理问题的启发性知识。

其缺点是:不易表达大量的知识,且表示的知识难于修改和理解。

目前已经有许多知识表示方法得到了深入的研究,使用较多的知识表示方法主要有以下几种知识表示方法。

(1) 逻辑表示法

逻辑表示法以谓词形式来表示动作的主体、客体,是一种叙述性知识表示方法。利用逻辑公式,人们能描述对象、性质、状况和关系。它主要用于自动定理的证明。逻辑表示法主要分为命题逻辑和谓词逻辑。

例如:诸葛亮是人。   表示为:Human(Zhugeliang)

马科斯是男人。   表示为:Man(Marcs)

詹文是李小明的老师。   表示为:Teacher(Zhanwen,Lixiaoming)

所有庞贝人都是罗马人。   表示为:x(Pompeian(x)→Roman(x))

(2) 产生式表示法

产生式表示,又称规则表示,有的时候被称为 IF-THEN 表示,它表示一种条件-结果形式,是一种比较简单表示知识的方法。IF 部分描述了规则的先决条件,而 THEN 部分描述了规则的结论。规则表示方法主要用于描述知识和陈述各种过程知识之间的控制,及其相互作用的机制。

例如:IF 某动物吃肉,THEN 它是食肉动物

IF 动物有毛发,THEN 动物为哺乳类

IF 炉温超过上限,THEN 立即关闭风门

(3) 框架表示

框架(Frame)是把某一特殊事件或对象的所有知识储存在一起的一种复杂的数据结构(见第 2 章)。其主体是固定的,表示某个固定的概念、对象或事件,其下层由一些槽(Slot)组成,表示主体每个方面的属性。

一个框架的一般形式为：

〈框架名〉
〈槽名1〉:〈侧面名11〉〈侧面值11〉…
　　　　　〈侧面名12〉〈侧面值12〉…
　　　　　　　…
〈槽名2〉:〈侧面名21〉〈侧面值21〉…
　　　　　〈侧面名22〉〈侧面值22〉…
　　　　　　　…
〈项目n〉:〈子项n1〉〈值n1〉…
　　　　　〈子项n2〉〈值n2〉…

例如：描述"学生"的框架：

框架名:〈学生〉
类属:〈知识分子〉　　　　　/框架调用/
工作:范围:(理论学习,社会实践)
　　　默认:学习
性别:(男,女)
类型:((〈小学生〉,〈中学生〉,〈大学生本科〉,〈大学生硕士〉,〈大学生博士〉,〈大学生博士后〉))

(4) 面向对象的表示方法

面向对象的知识表示方法是按照面向对象的程序设计（见第2章）原则组成一种混合知识表示形式，就是以对象为中心，把对象的属性、动态行为、领域知识和处理方法等有关知识封装在表达对象的结构中。

(5) 语义网表示法

语义网络是知识表示中最重要的方法之一，是一种表达能力强而且灵活的知识表示方法。它通过概念及其语义关系来表达知识的一种网络图。从图论的观点看，它是一个"带标识的有向图"。

语义网络利用节点和带标记的边构成的有向图描述事件、概念、状况、动作及客体之间的关系。带标记的有向图能十分自然地描述客体之间的关系。

例如：用语义网络表示下列知识：整数由正整数、负整数和零组成。

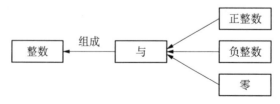

图 4-1-3　整数语义网表示法

(6) 基于 XML 的表示法

在 XML(eXtensible Markup language,可扩展标记语言)中，数据对象使用元素描述，而数据对象的属性可以描述为元素的子元素或元素的属性。XML文档由若干个元素构成,数据间的关系通过父元素与子元素的嵌套形式体现。

2. 逻辑编程之实践

逻辑编程的要点是将正规的逻辑风格带入计算机程序设计之中。数学家和哲学家发现逻辑是有效的理论分析工具。很多问题可以自然地表示成一个理论。例如需要解答一个问题,通常与解答一个新的假设是否跟现有的理论无冲突等价。逻辑提供的是一个证明问题是真还是假的方法。创建证明的方法是人所皆知的,故逻辑是解答问题的可靠方法。逻辑编程系统则将其自动化。人工智能在逻辑编程的发展中发挥了重要的影响。

猴子和香蕉问题是逻辑编程社区的著名问题。问题描述:一个房间里,天花板上挂有一串香蕉,有一只猴子可在房间里任意活动(到处走动、推移箱子、攀登箱子等)。设房间里还有一只可被猴子移动的箱子,且猴子登上箱子时才能摘到香蕉,问猴子在某一状态下(设猴子位置为A,箱子位置为B,香蕉位置在C),如何行动可摘取到香蕉。

计算机需自行找出令猴子接触香蕉的可行方法,取代程序员指定猴子接触香蕉的路径和方法。逻辑编程创建了描述一个问题里的世界逻辑模型。逻辑编程的目标是对它的模型创建新的陈述。世界上知识不断膨胀,人们会将一个问题陈述成单一的假设。逻辑编程的程序通过证明这个假设在模型里是否为真的方法达到解决问题之目的。

专家系统是经常使用的逻辑编程工具,程序从一个巨大的模型中产生一个建议或答案。自动化证明定理,程序产生一些新定理来扩充现有的理论。最常用的逻辑编程语言是Prolog,另外有较适用于大型方案的Mercury。

逻辑编程(Logic Programming)由于它自身的局限性而没能广泛应用,但逻辑编程的某些思维已经融入到最先进的编程语言之中。例如所谓"类型推导"(Type Inference),核心采用了逻辑编程的思维。逻辑编程是逻辑和编程的组合。逻辑编程是一种编程模式,其中问题通过程序语句表达为事实和规则,但在形式逻辑系统中,与面向对象、函数式、声明式和程序式等其他编程模式一样,它是编程方法的一种特殊方式。

逻辑编程是一种编程范例,它将计算视为对事实和规则构成的知识数据库的自动推理。它是一种编程方式,基于形式逻辑。这种语言的程序是一组逻辑形式的句子,表达关于问题域的事实和规则。

事实: 每个逻辑程序都需要从事实出发来处理问题,最终达到既定目标。事实基本上是关于计划和数据的真实陈述。例如,上海是国际大都市。这就是对上海的真实陈述,从这个事实出发,需要处理的是如何维护好这个国际大都市的形象。

A- B1,B2,...,Bn.

在这里,A是头部,B1,B2,…Bn是主体。

例如:ancestor(X,Y):- father(X,Y)。

ancestor(X,Z):- father(X,Y),ancestor(Y,Z)。

规则: 规则是对问题域做出结论的约束条件。规则需要写成逻辑条款来表达各种事实。例如,维护好上海国际大都市的形象的规则为:需要拥有一流的文化名人,一个国际大都市应该拥有能引以为自豪的思想家、理论家、教育家、艺术家、作家,其中存有不同的学术流派,还应拥有一流的艺术团体,这些大师、大家的思想或者他们的著作应该具有世界性的影响,他们的艺术表演作品在全球范围内流行。需要拥有一流的文化设施,城市文化形象的建设需要物质设施的载体,文化设施对于一个国际大都市是非常重要的等等,需要定义所有规则。

规则对于解决逻辑编程中的任何问题都非常重要。规则可以表达事实的合乎逻辑的结论。规则的语法如下:

H->B1,...,Bn。

可以这样读:

H if B1 and…and Bn。

其中,"H"是规则的头部,"B1,...,Bn"是主体。事实是没有主体的规则:H。

例如,ancestor(X,Y)->father(X,Y)。

ancestor(X,Z)->father(X,Y),ancestor(Y,Z)。

每个逻辑程序都需要基于其来实现给定目标的事实。规则是能够让人们得出结论的约束。将算法视为逻辑和控制的组合。在纯逻辑编程语言中,逻辑组件单独获得解决方案。但是,可以改变控制组件以执行逻辑程序的其他方法。

通过第 3 章的学习,读者对 Python 有了一定的认识,Python 与人工智能关联的原因之一是 Python 逻辑编程入手比较容易,在开始编程前需要安装工具,配置环境,假设已经完成 Anaconda(是一个开源的 Python 发行版本,其包含了 conda、Python 等 180 多个科学包及其依赖项)的安装,逻辑编程还需要安装两个包,即:Kanren(将逻辑表达为规则和事实,并简化了为业务逻辑制作代码的过程)和 SymPy(这是一个用于符号数学的 Python 库。它几乎是一个功能齐全的计算机代数系统)。其安装指令为:

```
>>> pip install kanren
>>> pip install sympy
```

安装完成后开始逻辑编程第 1 步,任务:判断一个数 x 是否等于 5。

代码:

```
>>> from kanren import run,eq,membero,var,conde,vars
>>> x=var()
>>> run(1,x,eq(x,5))
```

运行结果为:

(5,)

继续添加 z 是变量的事实,规则定义为:x==z,同时 z==3

```
>>> z=var()
>>> run(1,x,eq(x,z),eq(z,3))
```

运行结果为:

(3,)

使用统一模式匹配的高级形式来匹配表达式树。代码匹配 x,如(1,2)=(1,x)。

```
>>> run(1,x,eq((1,2),(1,x)))
```

运行结果为：

(2,)

上述代码反复使用 eq,表述的是两个表达式相等。membero(item,coll)表示 item 是 coll 集合中的一个成员。如果需要两次 membero 去匹配 x 的 2 个值,则代码为：

```
>>> run(2,x,membero(x,(1,2,3)),membero(x,(2,3,4)))
```

其中,第 1 次 membero 去匹配 x 时 x 是(1,2,3)的成员之一,第 2 次 membero 去匹配 x 时 x 是(2,3,4)的成员之一,2 表示求两个解,则,变量 x,可能的解为(2,3)

运行结果为：

(2,3)

z=var()可以用来创建一个 Kanren 中的逻辑变量,还可以选择为变量命名,以方便后面调试,代码：

```
>>> z=var('test')
>>> z
```

运行结果为：

~test

还可以用 vars()带一个整形参数一次创建一组逻辑变量,例如：

```
>>> a,b,c=vars(3)
>>> a
```

运行结果为：

~_1

```
>>> b
```

运行结果为：

~_2

```
>>> c
```

运行结果为：

~_3

例 4-1 匹配数学表达式

任务：对任意表达式进行判断,用逻辑编程将任意表达式与原始模式(5+a)*b 相匹配,如果表达式与原始模型一致,则求出 a、b。用 Python 代码完成匹配数学表达式任务的步骤为：

(1) 导入以下软件包

from kanren import run,var,fact
from kanren.assoccomm import eq_assoccomm as eq
from kanren.assoccomm import commutative,associative

(2) 定义后续使用的数学运算

add='add'
mul='mul'

(3) 调用 fact() 函数

fact(commutative,mul)
fact(commutative,add)
fact(associative,mul)
fact(associative,add)

(4) 定义变量

a,b=var('a'),var('b')

(5) 定义原始模式

original_pattern=(mul,(add,5,a),b)

(6) 设置与原始模式匹配的两个表达式

exp1=(mul,(add,5,1),2)
exp2=(add,5,(mul,8,1))

(7) 输出结果

print(run(0,(a,b),eq(original_pattern,exp1)))
print(run(0,(a,b),eq(original_pattern,exp2)))

输出结果为：

((1,2),)
()

第一个输出表示 a 和 b 的值。第一个表达式匹配原始模式并返回 a 和 b 的值，但第二个表达式与原始模式不匹配，因此没有返回值。

例 4-2 查找素数

任务：在逻辑编程的帮助下，可以从数字列表中出素数，也可以生成素数。用 Python 代码完成任务的步骤为：

(1) 导入以下软件包

from kanren import isvar,run,membero
from kanren.core import success,fail,goaleval,condeseq,eq,var

```
from sympy.ntheory.generate import prime,isprime
import itertools as it
```

(2) 定义一个名为 prime_check 的函数,它将根据给定的数字检查素数作为数据

```
def prime_check(x):
    if isvar(x):
        return condeseq([[(eq,x,p)] for p in map(prime, it.count(1))])
    else:
        return success if isprime(x) else fail
```

(3) 声明一个变量

```
x=var()
print((set(run(0,x,(membero,x,(12,14,15,19,20,21,22,23,29,30,41,44,52,62,65,85)),
               (prime_check,x)))))
print((run(10,x,prime_check(x))))
```

输出结果为:

{41,19,23,29}

(2,3,5,7,11,13,17,19,23,29)

例 4-3 斑马拼图

任务:解决斑马拼图变体,其描述如下:

有五间房子。

英国人住在红房子里。

瑞典人有一只狗。

丹麦人喝茶。

绿房子在白房子的左边。

他们在绿房子里喝咖啡。

吸 Pall Mall 的人有鸟。

吸 Dunhill 的人在黄色房子里。

在中间的房子里,他们喝牛奶。

挪威人住在第一宫。

那个抽 Blend 的男人住在猫屋旁边的房子里。

在他们有一匹马的房子旁边的房子里,他们吸 Dunhill 烟。

抽 Blue Master 的人喝啤酒。

德国人吸 Prince 烟。

挪威人住在蓝房子旁边。

他们在房子旁边的房子里喝水,在那里吸 Blend 烟。

在 Python 的帮助下解决谁有斑马的问题,其步骤如下:

(1) 导入以下软件包

```
from kanren import *
from kanren.core import lall
import time
```

(2) 定义两个函数 left() 和 next() 用来查找哪个房屋左边或接近谁的房子

```
def left(q,p,list):
    return membero((q,p),zip(list,list[1:]))
def next(q,p,list):
    return conde([left(q,p,list)],[left(p,q,list)])
```

(3) 声明一个变量 houses

```
houses=var()
```

(4) 在 lall 包的帮助下定义规则

```
rules_zebraproblem=lall(
    (eq,(var(),var(),var(),var(),var()),houses),
    (membero,('Englishman',var(),var(),var(),'red'),houses),
    (membero,('Swede',var(),var(),'dog',var()),houses),
    (membero,('Dane',var(),'tea',var(),var()),houses),
    (left,(var(),var(),var(),var(),'green'),
        (var(),var(),var(),var(),'white'),houses),
    (membero,(var(),var(),'coffee',var(),'green'),houses),
    (membero,(var(),'Pall Mall',var(),'birds',var()),houses),
    (membero,(var(),'Dunhill',var(),var(),'yellow'),houses),
    (eq,(var(),var(),(var(),var(),'milk',var(),var()),var(),var()),houses),
    (eq,(('Norwegian',var(),var(),var(),var()),var(),var(),var(),var()),houses),
    (next,(var(),'Blend',var(),var(),var()),
        (var(),var(),var(),'cats',var())),houses),
    (next,(var(),'Dunhill',var(),var(),var()),
        (var(),var(),var(),'horse',var())),houses),
    (membero,(var(),'Blue Master','beer',var(),var()),houses),
    (membero,('German','Prince',var(),var(),var()),houses),
    (next,('Norwegian',var(),var(),var(),var()),
        (var(),var(),var(),var(),'blue'),houses),
    (next,(var(),'Blend',var(),var(),var()),
        (var(),var(),'water',var(),var())),houses),
    (membero,(var(),var(),var(),'zebra',var()),houses))
```

(5) 用前面的约束运行解算器

```
solutions=run(0,houses,rules_zebraproblem)
```

(6) 提取解算器的输出

output_zebra=[house for house in solutions[0]if 'zebra' in house][0][0]

(7) 打印解决方案

print('\n'+output_zebra+' owns zebra.')

输出结果为:

German owns zebra.

第2章让读者学习了函数编程的方法,函数编程解决问题的方法:向计算机发问,把条件输入,得到函数处理的结果。

10+5→15

10被输入,通过+5计算,得出15输出结果。

同样10是一种输入,但是10本身代表复杂业务,不是一个数字10这么简单,就无法将它送到函数机器中处理。

复杂业务可能变成是:

(10+5)→15

10代表业务领域模型,它将算法(+5)涵括在其中,而不是它自己被送到算法(+5)里面处理。

这是面向业务逻辑和面向函数逻辑的区别吧。逻辑编程只是面向函数逻辑的一个升级版而已。

4.1.5 习题与实践

1. 简答题

(1) 什么是机器学习?
(2) 什么是人工智能?
(3) 什么是深度学习?
(4) 人工智能、机器学习和深度学习三者的关系和区别是什么?

2. 编程实践题

(1) 将任意表达式与原始模式(12-a)*(b+c)相匹配,并求出a、b和c。
(2) 用函数编程和逻辑编程两种方法完成筛选和判断偶数的任务。
(3) 5个人来自不同地方,住不同房子,养不同动物,吸不同牌子香烟,喝不同饮料,喜欢不同食物。根据以下线索确定谁是养猫的人。

红房子在蓝房子的右边、白房子的左边(不一定紧邻)。

黄房子的主人来自香港,而且他的房子不在最左边。

爱吃比萨的人住在爱喝矿泉水的人的隔壁。

来自北京的人爱喝茅台,住在来自上海的人的隔壁。
吸希尔顿香烟的人住在养马人的右边隔壁。
爱喝啤酒的人也爱吃鸡。
绿房子的人养狗。
爱吃面条的人住在养蛇人的隔壁。
来自天津的人的邻居(紧邻)一个爱吃牛肉,另一个来自成都。
养鱼的人住在最右边的房子里。
吸万宝路香烟的人住在吸希尔顿香烟的人和吸"555"牌香烟的人的中间(紧邻)。
红房子的人爱喝茶。
爱喝葡萄酒的人住在爱吃豆腐的人的右边隔壁。
吸红塔山香烟的人既不住在吸健牌香烟的人的隔壁,也不与来自上海的人相邻。
来自上海的人住在左数第二间房子里。
爱喝矿泉水的人住在最中间的房子里。
爱吃面条的人也爱喝葡萄酒。
吸"555"牌香烟的人比吸希尔顿香烟的人住得靠右。

3. 简述题

设有如下语句,请用相应的谓词公式分别把他们表示出来:
(1) 有的人喜欢梅花,有的人喜欢菊花,有的人既喜欢梅花又喜欢菊花。
(2) 有人每天下午都去打篮球。
(3) 新型计算机速度又快,存储容量又大。

4.2 人工智能的相关主题

4.2.1 人工智能数据准备

在常见的机器学习/深度学习项目里,数据准备占去整个分析管道的 60%到 80%。一个完整的项目流程包括数据准备(Data Preparation)、构建分析模型以及部署生产环境。该流程是一个洞察-行动-循环(Insights-Action-Loop)过程,此循环能不断地改进分析模型。使用机器学习或深度学习技术来构建分析模型时,一个重要的任务是集成并通过各种数据源来准备数据集,这些数据源包括文件、数据库、大数据存储、传感器或社交网络等等。此步骤可占整个分析项目的 80%。

数据准备是数据科学的核心。它包括数据清洗和特征工程。另外领域知识(Domain Knowledge)也非常重要,它有助于获得好的结果。数据准备不能完全自动化,至少在初始阶段不能。通常,数据准备占去整个分析管道(流程)的 60%到 80%。但是,为了使机器学习算法在数据集上获得最优的精确性,数据准备必不可少。

数据清洗可使数据获得用于分析的正确形状(Shape)和质量(Quality)。它包括了许多不同的功能,如:基本功能(选择、过滤、去重等)、采样(平衡(Balanced)、分层(Stratified)等)、数据分配(创建训练+验证+测试数据集等)、变换(归一化、标准化、缩放、pivoting 等)、分箱(Binning)(基于计数、将缺失值作为其自己的组处理等)、数据替换(剪切(cutting)、分割(splitting)、合并等))、加权与选择(属性加权、自动优化等)、属性生成(ID 生成等)、数据填补(imputation)(使用统计算法替换缺失的观察值)。

1. 数据格式转换

(1) 导入支持数据预处理的软件包

```
import numpy as np
from sklearn import preprocessing
```

NumPy-NumPy(Numerical Python)是 Python 语言的一个扩展程序库,支持大量的维度数组与矩阵运算,此外也针对数组运算提供大量的数学函数库。NumPy 的前身 Numeric 最早是由 Jim Hugunin 与其他协作者共同开发,2005 年,Travis Oliphant 在 Numeric 中结合了另一个同性质的程序库 Numarray 的特色,并加入了其他扩展而开发了 NumPy。NumPy 为开放源代码并且由许多协作者共同维护开发。NumPy 是一个运行速度非常快的数学库,主要用于数组计算,包含了一个强大的 N 维数组对象 ndarray、广播功能函数、整合 C/C++/Fortran 代码的工具、线性代数、傅里叶变换、随机数生成等功能。

sklearn.preprocessing-此包为用户提供了多个工具函数和类,用于将原始特征转换成更适于项目后期学习的特征表示。数据集的标准化,对于在 scikit 中的大部分机器学习算法来说都是一种常规要求。如果单个特征没有或多或少地接近于标准正态分布(零均值和单位方差的高斯分布),那么它可能并不能在项目中表现出很好的性能。在实际情况中,人们经常忽略特征的分布形状,直接经过去均值来对某个特征进行中心化,再通过除以非常量特征(non-constant features)的标准差进行缩放。例如,许多学习算法中目标函数的基础都是假设所有的特征都是零均值并且具有同一阶数上的方差(比如径向基函数、支持向量机以及 l_1, l_2 正则化项等)。如果某个特征的方差比其他特征大几个数量级,那么它就会在学习算法中占据主导位置,导致学习器并不能像人们所期望的那样,从其他特征中学习。

(2)导入包后,需要定义一些样本数据,以便可以对数据应用预处理技术。现在将定义以下样本数据:

input_data=np.array([[2.1,−1.9,5.5],
　　　　　　　　　　[−1.5,2.4,3.5],
　　　　　　　　　　[0.5,−7.9,5.6],
　　　　　　　　　　[5.9,2.3,−5.8]])

2. 变换(二值化)

应用将数值转换为布尔值时使用的预处理技术。可以用一种内置的方法对输入数据进行二值化,用0.5作为阈值,方法如下:

data_binarized=preprocessing.Binarizer(\threshold=0.5).transform(input_data)
print("\nBinarized data:\n",data_binarized)

运行上面的代码后,将得到以下输出,所有高于0.5(阈值)的值将被转换为1,并且所有低于0.5的值将被转换为0。

[[1. 0. 1.]
 [0. 1. 1.]
 [0. 0. 1.]
 [1. 1. 0.]]

3. 变换(平均去除)

这是机器学习中使用的另一种常见的预处理技术。它用于消除特征向量的均值,以便每个特征都以零为中心。还可以消除特征向量中的特征偏差。为了对样本数据应用平均去除预处理技术,通过以下 Python 代码实现输入数据的平均值和标准偏差。

print(" Mean=",input_data.mean(axis=0))
print(" Std deviation=",input_data.std(axis=0))

其运行结果为:

Mean=[1.75　　　−1.275　　　2.2]
Std deviation=[2.71431391　4.20022321　4.69414529]

下面的代码将删除输入数据的平均值和标准偏差:

data_scaled=preprocessing.scale(input_data)

```
print(" Mean=",data_scaled. mean(axis=0))
print(" Std deviation=",data_scaled. std(axis=0))
```

其运行结果为:

Mean=[1.11022302e−16 0.00000000e+00 0.00000000e+00]
Std deviation=[1.   1.   1.]

4. 变换(缩放)

这是另一种数据预处理技术,用于缩放特征向量。特征向量的缩放是需要的,因为每个特征的值可以在许多随机值之间变化。借助以下 Python 代码,可以对输入数据进行最小最大缩放:

```
data_scaler_minmax=preprocessing. MinMaxScaler(feature_range=(0,1))
data_scaled_minmax=data_scaler_minmax. fit_transform(input_data)
print("\nMin max scaled data:\n",data_scaled_minmax)
```

其运行结果为:

[[0.48648649 0.58252427 0.99122807]
 [0.   1.   0.81578947]
 [0.27027027 0.   1.   ]
 [1.   0.99029126 0.   ]]

标准化是另一种数据预处理技术,用于修改特征向量。这种修改对于在一个普通的尺度上测量特征向量是必要的。它们分别是 L1 标准化和 L2 标准化。

5. L1 标准化

L1 标准化也被称为最小绝对偏差。这种标准化会修改原始数据值,以便绝对值的总和在每行中总是最多为 1。使用上面的输入数据,用以下 Python 代码来修改原始数据值。

```
# Normalize data
data_normalized_l1=preprocessing. normalize(input_data,norm='l1')
print("\nL1 normalized data:\n",data_normalized_l1)
```

其运行结果为:

L1 normalized data:
[[0.22105263 −0.2   0.57894737]
 [−0.2027027   0.32432432 0.47297297]
 [0.03571429 −0.56428571 0.4   ]
 [0.42142857   0.16428571 −0.41428571]]

6. L2 标准化

L2 标准化也被称为最小二乘,以便每一行数据的平方和总是最多为 1。使用上面的输入数据,用以下 Python 代码来修改原始数据值。

♯Normalize data
data_normalized_l2=preprocessing.normalize(input_data,norm='l2')
print("\nL2 normalized data:\n",data_normalized_l2)

其运行结果为:

L2 normalized data:
[[0.33946114 −0.30713151   0.88906489]
 [−0.33325106   0.53320169   0.7775858]
 [0.05156558 −0.81473612   0.57753446]
 [0.68706914   0.26784051 −0.6754239]]

7. 标记数据

人工智能算法对数据格式有一定要求,还要求在数据输入之前,必须正确标记数据。例如,用于分类的数据上会有很多标记。这些标记以文字、数字等形式存在。与 sklearn 中的机器学习相关的功能期望数据必须具有数字标记。因此,如果数据是其他形式,那么它必须转换为数字。将单词标签转换为数字形式的过程称为标记编码。

在 Python 中对数据进行标记的步骤如下:

(1) 导入支持将数据转换为特定格式(即预处理)的 Python 软件包:

import numpy as np
from sklearn import preprocessing

(2) 导入包后,需要定义一些样本标签,以便可以创建和训练标签编码器。现在将定义以下样本标签:

♯ Sample input labels
input_labels=['red','black','red','green','black','yellow','white']

(3) 创建标签编码器并对其进行训练。

♯ Creating the label encoder
encoder=preprocessing.LabelEncoder()
encoder.fit(input_labels)

其运行结果为:

LabelEncoder()

(4) 通过编码随机排序列表来检查性能

♯ encoding a set of labels

```
test_labels=['green','red','black']
encoded_values=encoder.transform(test_labels)
print("\nLabels=",test_labels)
```

标签打印如下：

Labels=['green','red','black']

将文字标签转换为数字，如下所示：

```
print(" Encoded values=",list(encoded_values))
```

输出结果为：

Encoded values=[1,2,0]

（5）通过对随机数字集进行解码检查性能。

```
# decoding a set of values
encoded_values=[3,0,4,1]
decoded_list=encoder.inverse_transform(encoded_values)
print("\nEncoded values=",encoded_values)
```

输出结果为：

Encoded values=[3,0,4,1]

```
print("\nDecoded labels=",list(decoded_list))
```

解码值为：

Decoded labels=['white','black','yellow','green']

未标记的数据主要由自然或人造物体的样本组成，这些样本可以从现实世界中获得。这些数据包括音频，视频，照片，新闻文章等。

另一方面，带标签的数据采用一组未标记的数据，并用一些有意义的标签或标签类来扩充未标记的数据。例如，如果有照片，那么标签可以基于照片的内容放置，即它是男孩或女孩或动物或其他任何照片。标记数据需要人类专业知识或判断一个给定的未标记数据。

有很多情况下，无标签数据丰富且容易获得，但标注数据通常需要人工专家进行注释。半监督学习尝试将标记数据和未标记数据组合起来，以建立更好的模型。

4.2.2 自然语言处理

自然语言处理（NLP）是指使用诸如英语以及汉语之类的自然语言与智能系统进行通信的AI方法。需要智能系统（如机器人）按照人类的指示执行操作，需要机器人医生听取临床专家系统的决策，需要机器人理解被服务对象的自述提供准确的服务等，在上述场景中，首先则需要处理自然语言。NLP领域所涉及的是使计算机用人类使用的自然语言执行有用的任务。NLP系统的输入和输出可以是语音（说话）或者书面文字。

1. NLP 的基本概念

NLP 有自然语言理解(Natual Language Understanding,NLU)和自然语言生成(Natual Language Generation,NLG)两个组件。自然语言理解(NLU)将给定的自然语言输入映射为有用的表示并且分析语言的不同方面。自然语言生成是从一些内部表现形式以自然语言的形式产生有意义的短语和句子的过程。它涉及:

(1) **文字规划**。这包括从知识库中检索相关内容。

(2) **句子规划**。这包括选择所需的单词,形成有意义的短语,设定句子的语气。

(3) **文本实现**。这是将句子计划映射到句子结构。

NLU 的难点在于人类的句子的形式和结构非常丰富,有些句子可能会有不同程度的模糊性,这里有三种层次的模糊性,第一层是词汇模糊,即词汇含糊不清,这是原始层面的模糊不清,例如,单词级别。单词"board"究竟被视为名词还是动词?第二层是语法级别模糊,出现语法歧义,从语法角度看一个句子可以用不同的方式来解析。例如,"他用红色帽子举起甲虫。"这个例句,分析时出现"他用帽子举起甲虫",还是"举起了一顶带有红色帽子的甲虫"的语法歧义,最后一层是参照歧义,这是指参考使用的代词发生了歧义。例如,"里马去了高里",她说,"我累了"。在这一段文字中,代词"她"究竟是谁?

2. NLP 的分析步骤

通常,NLP 的分析步骤为:

(1) 词汇分析:它涉及识别和分析单词的结构。语言的词汇表示语言中的单词和短语的集合。词法分析将整个 txt 块分成段落,句子和单词。

(2) 句法分析(解析):它涉及分析句子中的单词,语法和安排单词的方式,以显示单词之间的关系。"The school goes to boy"等句子被英语句法分析器拒绝。

(3) 语义分析:它从文本中提取确切含义或字典含义。文本被检查是否有意义。它通过映射任务域中的语法结构和对象来完成。语义分析器忽视诸如"热冰淇淋"之类的句子。

(4) 话语整合:任何句子的含义都取决于在它之前的句子的含义。此外,它也带来了紧接着的后续句子的含义。

(5) 语用分析:在此期间,所说的重新解释了它的实际意义。它涉及推导需要真实世界知识的语言方面。

3. NLP 的 Python 应用

构建自然语言处理应用程序,关键点是语境因素影响机器如何理解特定句子。解决方案是通过使用机器学习方法来开发自然语言应用程序,让机器能够模拟人类上下文理解的方式进行自然语言处理。可以使用的开源的自然语言处理库(NLP)如下:

Natural language toolkit (NLTK);

Apache OpenNLP;

Stanford NLP suite;

Gate NLP library

其中自然语言工具包(NLTK)是最受欢迎的自然语言处理库(NLP),它是用 Python 编写

的,而且背后有非常强大的社区支持。在使用之前需要安装 NLTK,安装命令为:

pip install nltk

要为 NLTK 构建 conda 包,使用命令:

conda install -c anaconda nltk

在 Python 命令提示符下,使用导入命令:

>>> import nltk

在 Python 命令提示符下,使用下载数据命令:

>>> nltk.download()

为了使用 NLTK 构建自然语言处理应用程序,还需要安装一个强大的语义建模库软件包 gensim,而软件包 pattern 则是保障 gensim 包正常工作的软件,安装命令为:

pip install gensim
pip install pattern

基本环境设置完成后需要设置各个环节的工作环境,NLP 的第 1 环节是分词,分词的任务则是将给定文本即字符序列分成称为 Token 的较小单元。Token 可以是单词、数字或标点符号。例如:

输入:Mango, Banana, Pineapple and Apple all are Fruits.

输出:

| Mango | Banana | Pineapple | and | Apple | all | are | Fruits |

在 Python NLTK 模块中,有许多软件包承担分词任务,它们是:

sent_tokenize 包:该软件包将输入文本分成几个句子。导入命令为:

from nltk.tokenize import sent_tokenize

word_tokenize 包:该软件包将输入文本分成单词。导入命令为:

from nltk.tokenize import word_tokenize

WordPuncttokenizer 包:该软件包将输入文本分成单词和标点符号。导入命令为:

from nltk.tokenize import WordPuncttokenizer

NLP 的第 2 环节是提取词干,由于语法原因,文字会有很多变化,这意味着必须处理像:*democracy*,*democratic* 和 *democratization* 等不同形式的相同词汇。机器需要理解这些不同的单词具有相同的基本形式。因此,在分析文本的同时提取单词的基本形式尤为重要。

在 Python NLTK 模块中,有一些与提取词干相关的包。这些包可以用来获取单词的基本形式。它们是:

PorterStemmer 包:该软件包使用 Porter 算法来提取基础表单。导入命令为:

from nltk.stem.porter import PorterStemmer

例如,输入 writing 这个词,经 PorterStemmer 包处理后得到 write 这个词干。

LancasterStemmer 包：该软件包使用 Lancaster 算法来提取基本形式。导入命令为：

from nltk. stem. lancaster import LancasterStemmer

例如，输入 women 这个词，经 LancasterStemmer 包处理后得到 woman 是 women 的单数形式。

SnowballStemmer 包：该软件包使用 Snowball 算法来提取基本形式。导入命令为：

from nltk. stem. snowball import SnowballStemmer

例如，输入 writing 这个词，经 SnowballStemmer 包处理后得到 writed，它是根据上下文分析后提取的。

所有这些算法都有不同程度的严格性。如果比较这三个提取词干算法，那么 Porter 词干是最不严格的，Lancaster 词干是最严格的。Snowball 词干在速度和严格性方面都很好用。

NLP 的第 3 环节词元化，词性还原是通过词形化来提取单词的基本形式。通过使用词汇的词汇和形态分析来完成这项任务，通常旨在仅删除变元结尾。例如，如果提供单词 saw 作为输入词，那么词干可能会返回单词's'，但词形化会尝试返回单词 see。

在 Python NLTK 模块中，有一些词元化过程有关的包。这些包可以获取词的基本形式。它们是：

WordNetLemmatizer 包：该软件包提取单词的基本形式，取决于它是用作名词还是动词。导入命令为：

from nltk. stem import WordNetLemmatizer

NLP 的第 4 环节块化，将数据分割成块，它是自然语言处理中的重要过程之一。分块的主要工作是识别词类和短语，例如，分成名词短语。分块基本上就是这些分词的标签。组块会形成句子的结构。有两种类型的组块。它们是：

（1）**上分块**

在上分块的组块过程中，对象、事物等向更普遍的方向发展，语言变得更加抽象。

（2）**下分块**

在下分块的组块过程中，对象、事物等朝着更具体的方向发展，更深层次的结构进行仔细检查。

例 4 - 4

使用 Python 中的 NLTK 模块来进行名词短语组块，在句子中找到名词短语块。

第 1 步：定义分块的语法。包含需要遵循的规则。

第 2 步：创建一个块解析器。能解析语法并给出结果。

第 3 步：以树的形式绘制输出结果。

import nltk

定义句子，DT 表示限定词，VBP 表示动词，JJ 表示形容词，IN 表示介词，NN 表示名词。

sentence=[("a"," DT"),(" clever"," JJ"),(" fox"," NN"),(" was"," VBP"),
　　　　("jumping"," VBP"),(" over"," IN"),(" the"," DT"),(" wall"," NN")]

正则表达式的形式给出语法。

grammar=" NP:{〈DT〉? 〈JJ〉*〈NN〉}"

定义一个解析器来解析语法。

parser_chunking=nltk.RegexpParser(grammar)

解析器解析该句子为：

parser_chunking.parse(sentence)

输出结果于 output_chunk 的变量中生成。

Output_chunk=parser_chunking.parse(sentence)

以树的形式绘制输出结果。

Output_chunk.draw()

执行上述代码，输出结果如图4-2-1所示：

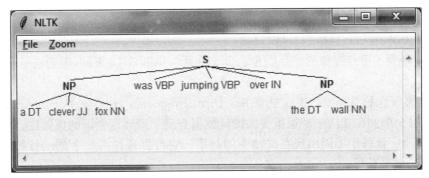

图4-2-1 输出结果

4. 词袋（BOW）模型

词袋（Bag of Word（BoW）），是自然语言处理中的一个模型，用于从文本中提取特征，便于文本建模，便于在机器学习算法中使用。从文本中提取特征是因为机器学习算法不能处理原始文本数据，机器学习算法需要数值数据，从数值数据中提取有意义的信息。将文本数据转换为数值数据称为特征提取或特征编码。

一个文本文档将其转换为数值数据或者从中提取特征，首先由模型从文档的所有单词中提取词汇，然后使用文档术语矩阵，建立模型。通过这种方式，BoW将文件表示为一袋文字。丢弃关于文档中单词的顺序或结构的任何信息。

BoW算法通过使用文档术语矩阵来建立模型。文档术语矩阵就是文档中出现的各种字数的矩阵。在这个矩阵的帮助下，文本文档可以表示为各种单词的加权组合。通过设置阈值并选择更有意义的单词，可以构建文档中可用作特征向量的所有单词的直方图。

例如，设有

句子1：We are using the Bag of Words model.

句子2：Bag of Words model is used for extracting the features.

上述文档的提取的词汇为13个不同的单词，即：

we

are

using the bag of words model is used for extracting features

使用每个句子中的单词计数为每个句子建立一个直方图：

子句1:[1,1,1,1,1,1,1,1,0,0,0,0,0]

子句2:[0,0,0,1,1,1,1,1,1,1,1,1,1]

这样，就得到了已经提取的特征向量。每个特征向量都是13维的，因为这里有13个不同的单词。

统计学的概念称为词频-逆文档频率（Term Frequency-Inverse Document Frequency, TF-IDF）。每个单词在文档中都很重要。统计数据有助于理解每个词的重要性。

词频（TF）衡量每个单词出现在文档中的频率。它可以通过将每个词的计数除以给定文档中的词的总数来获得。

逆文档频率（IDF）是衡量在给定的文档集中这个文档具有独特的单词。要计算IDF和制定一个特征向量，需要减少一些常见词的权重并权衡稀有词。

例4-5

在NLTK中建立一个词袋模型，使用CountVectorizer从这些句子中创建矢量来定义字符串集合。其过程为：

（1）导入必要的软件包。

from sklearn. feature_extraction. text import CountVectorizer

（2）定义一组句子。

Sentences=['We are using the Bag of Word model ','Bag of Word model is used for extracting the features. ']
vectorizer=CountVectorizer()
features_text=vectorizer. fit_transform(Sentences). todense()
print(vectorizer. vocabulary_)

（3）上述程序生成如下所示的输出。它表明在上述两句话中有13个不同的单词。

{'we':11,'are':0,'using':10,'the':8,'bag':1,'of':7,
'word':12,'model':6,'is':5,'used':9,'for':4,
'extracting':2,'features':3}

这些是可以用于机器学习的特征向量(文本到数值形式)。

拓展一下,即:预测给定的句子是否属于电子邮件、新闻、体育、计算机等类别。使用 TF-IDF 制定特征向量查找文档的类别。使用 sklearn 的 20 个新闻组数据。

(4) 导入必要的软件包。

from sklearn. datasets import fetch_20newsgroups

from sklearn. naive_bayes import MultinomialNB

from sklearn. feature_extraction. text import TfidfTransformer

from sklearn. feature_extraction. text import CountVectorizer

(5) 定义分类图。使用五个不同的类别,分别是宗教,汽车,体育,电子和太空科技。

category_map={'talk. religion. misc':'Religion','rec. autos':'Autos',
　　'rec. sport. hockey':'Hockey','sci. electronics':'Electronics','sci. space':'Space'}

创建训练集:

training_data=fetch_20newsgroups(subset='train',
　　　　　　　categories=category_map. keys(),
shuffle=True,random_state=5)

(6) 构建一个向量计数器并提取术语计数。

vectorizer_count=CountVectorizer()

train_tc=vectorizer_count. fit_transform(training_data. data)

print("\nDimensions of training data:",train_tc. shape)

(7) TF-IDF 转换器的创建。

tfidf=TfidfTransformer()

train_tfidf=tfidf. fit_transform(train_tc)

(8) 定义测试数据。

input_data=[
　　'Discovery was a space shuttle',
　　'Hindu,Christian,Sikh all are religions',
　　'We must have to drive safely',
　　'Puck is a disk made of rubber',
　　'Television,Microwave,Refrigrated all uses electricity'
]

(9) 以上数据将用于训练一个 Multinomial 朴素贝叶斯分类器。

classifier=MultinomialNB(). fit(train_tfidf,training_data. target)

(10) 使用计数向量化器转换输入数据。

input_tc=vectorizer_count. transform(input_data)

(11) 使用 TFIDF 转换器来转换矢量化数据。

input_tfidf=tfidf. transform(input_tc)

(12) 执行上述代码,输出预测类别。

predictions=classifier. predict(input_tfidf)

(13) 编写输出代码。

```
for sent, category in zip(input_data, predictions):
    print('\nInput Data:', sent, '\n Category:', \
        category_map[training_data.target_names[category]])
```

(14) 类别预测器生成输出结果。

Dimensions of training data:(2755,39297)
Input Data:Discovery was a space shuttle
Category:Space
Input Data:Hindu,Christian,Sikh all are religions
Category:Religion
Input Data:We must have to drive safely
Category:Autos
Input Data:Puck is a disk made of rubber
Category:Hockey
Input Data:Television,Microwave,Refrigrated all uses electricity
Category:Electronics

例 4-6

输入姓名至训练分类器,分类器通过姓名判定性别(男性或女性)。完成上述任务需要使用启发式构造特征向量并训练分类器;使用 scikit-learn 软件包中的标签数据。构建性别查找器;其 Python 代码为:

```
import random
from nltk import NaiveBayesClassifier
from nltk. classify import accuracy as nltk_accuracy
from nltk. corpus import names
```

从输入字中提取最后的 N 个字母。这些字母将作为特征:

```
def extract_features(word,N=2):
    last_n_letters=word[-N:]
    return{'feature':last_n_letters. lower()}
```

使用 NLTK 中提供的标签名称(男性和女性)创建培训数据:

male_list=[(name,'male')for name in names. words('male. txt')]

female_list=[(name,'female')for name in names.words('female.txt')]
data=(male_list+female_list)
random.seed(5)
random.shuffle(data)

创建测试数据代码为：

namesInput=['Rajesh','Gaurav','Swati','Shubha']

定义用于训练和测试的样本大小代码为：

train_sample=int(0.8 * len(data))

需要迭代不同的长度，比较精度：

for i in range(1,6)：
  print('\nNumber of end letters:',i)
  features=[(extract_features(n,i),gender)\for(n,gender)in data]
  train_data,test_data=features[:train_sample],features[train_sample:]
  classifier=NaiveBayesClassifier.train(train_data)

计算分类器的准确度的代码为：

accuracy_classifier=round(100 * nltk_accuracy(classifier,test_data),2)
print('Accuracy='+str(accuracy_classifier)+'%')

输出预测结果的代码为：

for name in namesInput：
  print(name,'==>',classifier.classify(extract_features(name,i)))

上述程序输出结果为：

Number of end letters:1
Accuracy=74.7%
Rajesh->female
Gaurav->male
Swati->female
Shubha->female
Number of end letters:2
Accuracy=78.79%
Rajesh->male
Gaurav->male
Swati->female
Shubha->female
Number of end letters:3
Accuracy=77.22%
Rajesh->male

Gaurav->female
Swati->female
Shubha->female
Number of end letters:4
Accuracy=69.98%
Rajesh->female
Gaurav->female
Swati->female
Shubha->female
Number of end letters:5
Accuracy=64.63%
Rajesh->female
Gaurav->female
Swati->female
Shubha->female

由此可见,结束字母的最大数量的准确性是两个,并且随着结束字母数量的增加而减少。

5. 主题建模

由图4-2-2三种颜色的高亮处可知,图中一段文本有三种主题(或者概念)。一个好的主题模型可以分辨出相似的单词,并把它们归到一个群组中。在上面这段文本中,最主要的主题就是绿色的主题2,由此了解到这段文本的主要意思是有关假视频的。

主题建模可以帮助使用者处理大量文本数据,找到文本中相似的多个词语,确定抽象的主题。除此之外,主题模型还可以用于搜索引擎,让搜索结果与搜索字符相匹配。主题建模是一种揭示给定文档集合中抽象主题或隐藏结构的技术。

主题模型可以看作是一种无监督技术,用于在多个文本文件中发现主题。但这些主题在自然中是抽象的,而且一段文本中可能含有多种主题。就目前来说,我们暂且将主题模型理解成一个黑箱,黑箱(主题模型)将很多相似相关的词语聚集起来,称为主题。这些主题在文本中有特定的分布形态,每种主题都是通过它包含的不同单词比例确定的。

"Manipulating facial expressions and body movements in videos has become so advanced that most people struggle to tell the difference between fake and real. A fake video of Barack Obama went viral last year where you see the former President addressing the camera. If you turn off the sound, you will not even realize it's a fake video!"

图4-2-2 主题模型处理结果

需要使用主题建模的场景可归纳为:
(1) 文本分类
在主题建模的帮助下,分类可以得到改进,主题建模将相似的单词分组在一起,而不是分别将每个单词用作特征。

(2) 推荐系统

在主题建模的帮助下,可以使用相似性度量来构建推荐系统。

主题建模主流的算法如下:

① LDA(Latent Dirichlet Allocation)算法:该算法是主题建模中最流行的算法。它使用概率图形模型来实现主题建模。需要在 Python 中导入 gensim 包以使用 LDA 算法。

② 潜在语义索引(Latent Semantic Indexing,LSI):该算法基于线性代数。基本上它在文档术语矩阵上使用 SVD(奇异值分解)的概念。

③ 非负矩阵分解(Nonnegative Matrix Factorization,NMF):也是基于线性代数一种算法。

上述所有用于建模的算法都需要将主题数量作为参数,将文档-词汇矩阵作为输入,将 WTM(Word Topic Matrix,词主题矩阵)和 TDM(Term doc matri,主题文档矩阵)作为输出。

4.2.3 时间序列数据分析

时间序列数据表示处于一系列特定时间间隔的数据。如果想在机器学习中构建序列预测,那么必须处理连续的数据和时间。系列数据是连续数据的摘要。数据排序是顺序数据的一个重要特征。序列分析或时间序列分析是基于先前观察到的预测给定输入序列中的下一个。预测可以是任何可能接下来的事情:符号、数字、次日天气、下一个演讲等。序列分析在诸如股票市场分析,天气预报和产品推荐等应用中非常有用。考虑下面的例子来理解序列预测模型,如图 4-2-3 所示。这里 A,B,C,D 是给定值,并且必须使用序列预测模型预测值 E。

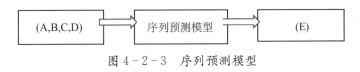

图 4-2-3 序列预测模型

使用 Python 进行时间序列数据分析时,需要安装 Pandas 软件包,Pandas 是一个开源的 BSD 许可库,它为 Python 提供了高性能,使用简便的数据结构和数据分析工具。安装 Pandas 其命令为:

pip install pandas

在 Anaconda 中用 conda 软件包管理器进行安装,其命令为:

conda install -c anaconda pandas

使用时间序列数据时,Pandas 是一个非常有用的工具。在 Pandas 的帮助下,可以执行以下操作:

- 使用 pd.date_range 包创建一系列日期
- 通过使用 pd.Series 包对带有日期数据进行索引
- 使用 ts.resample 包执行重新采样
- 改变频率

使用 Pandas 处理和分割时间序列数据时,执行以下步骤:

import numpy as np
import matplotlib.pyplot as plt

import pandas as pd

获取数据为：

wget http://www.cpc.ncep.noaa.gov/products/precip/CWlink/daily_ao_index/monthly.ao.index.b50.current.ascii

定义一个函数，函数从输入文件中读取数据：

def read_data(input_file)：
    input_data＝np.loadtxt(input_file, delimiter＝None)
return input_data
input_data＝read_data('monthly.ao.index.b50.current.ascii')

通过上述操作数据转换为时间序列。在这个例子中，保留一个月的数据频率。文件存储数据起始时间：1950 年 1 月。

dates＝pd.date_range('1950 - 01', periods＝input_data.shape[0], freq＝'M')

在 Pandas Series 的帮助下创建时间序列数据：

timeseries＝pd.Series(input_data[：,－1], index＝dates)

最后，使用显示的命令绘制可视化数据，其结果如图 4-2-4 所示。

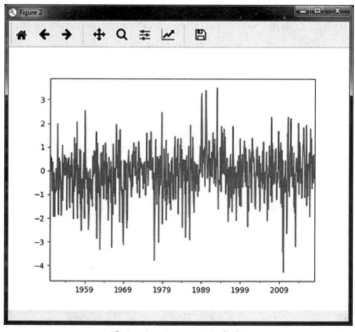

图 4-2-4 可视化数据

plt.figure()
timeseries.plot()
plt.show()

检索时间序列做数据切片，在 1980 年到 1990 年间对数据进行分割。执行代码：

```
timeseries['1980':'1990'].plot()
plt.show()
```

当运行切片时间序列数据的代码时,可以观察图 4-2-5 所示的图形:

需要从一个给定的数据中提取一些统计数据,如平均值、方差、相关性、最大值和最小值,它们是统计中的一部分。从给定的时间序列数据中提取此类统计信息,则可以使用 mean()函数来查找平均值:

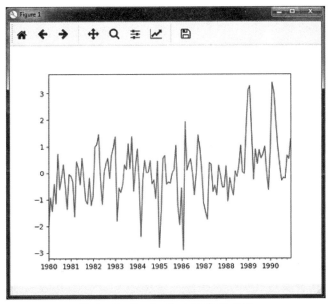

图 4-2-5 切片时间序列数据

```
timeseries.mean()
```

输出结果为:

-0.10339980421874993

可以使用 max()函数来查找最大值:

```
timeseries.max()
```

输出结果为:

3.4953

可以使用 min()函数来查找最小值:

```
timeseries.min()
```

输出结果为:

-4.2657

如果想一次计算所有统计信息,则可以使用 describe()函数:

```
timeseries.describe()
```

输出结果为:

```
count    832.000000
mean      -0.103400
std        1.002011
min       -4.265700
25%       -0.647007
50%       -0.036037
75%        0.488370
max        3.495300
dtype:float64
```

可以将数据重新采样到不同的时间频率。执行重新采样的两个参数是时间段和采样方法。采用 mean() 默认方法重新采样数据。

timeseries_mm=timeseries.resample("A").mean()
timeseries_mm.plot(style='g--')
plt.show()

重新采样输出的图形如图 4-2-6 所示。

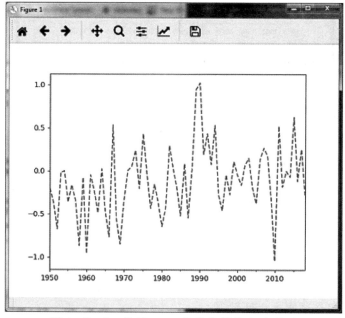

图 4-2-6 使用 mean() 重采样输出的图形

使用 median() 方法重新采样数据:

timeseries_mm=timeseries.resample("A").median()
timeseries_mm.plot()
plt.show()

图 4-2-7 是使用 median() 重新采样的输出结果。

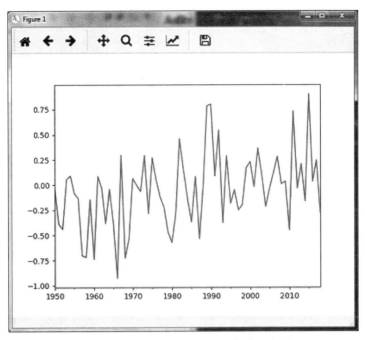

图 4-2-7 使用 median() 重新采样输出的图形

使用下面的代码来计算移动平均值：

timeseries.rolling(window=12,center=False).mean().\plot(style='-g')
plt.show()

移动平均值的输出如图 4-2-8 所示。

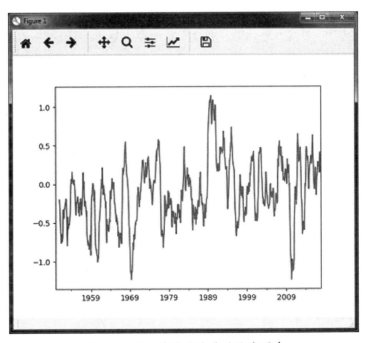

图 4-2-8 移动平均值的输出图表

4.2.4 语音识别

语言是人际沟通的最基本手段。语音处理的基本目标是提供人与机器之间的交互。语音处理系统主要有三项任务,分别是:语音识别允许机器捕捉人类所说的单词、短语和句子;自然语言处理使机器能够理解人类所说的话;语音合成允许机器说话。

这里所说的语音识别,理解人类说话的过程必须在麦克风的帮助下捕捉语音信号,然后系统才能理解它。语音识别或自动语音识别(Automatic Speech Recognition,ASR)是 AI 机器人等 AI 项目的关注焦点。没有 ASR,就不可能想象一个认知机器人与人进行交互。

但是,构建语音识别器并不容易。开发高质量的语音识别系统确实是一个难题。语音识别技术的困难可以广泛地表征为如下所讨论的许多维度:

(1) 词汇大小　词汇大小影响开发 ASR 的难易程度。考虑以下词汇量以便更好地理解。例如,在一个语音菜单系统中,一个小词汇由 2 到 100 个单词组成,在数据库检索任务中,中等大小的词汇包含几个 100 到 1000 个单词,一个大的词汇由几万个单词组成,如在一般的听写任务中。

(2) 信道特性　信道质量也是一个重要的维度。例如,人类语音包含全频率范围的高带宽,而电话语音包含频率范围有限的低带宽。而后者的语音识别更难。

(3) 说话模式　开发 ASR 还取决于说话模式,即语音是处于孤立词模式还是连接词模式,还是处于连续语音模式,连续语音很难辨认。

(4) 口语风格　阅读说话可以采用正式风格,也可以采用自发风格和对话风格,对于语音识别而言后者更难以识别。

(5) 噪音类型　噪音是开发 ASR 时需要考虑的另一个因素。信噪比可以在各种范围内,这取决于观察较少的声学环境与较多的背景噪声。如果信噪比大于 30dB,则认为是高范围;如果信噪比在 30dB 到 10dB 之间,则认为是中等信噪比;如果信噪比小于 10dB,则认为是低范围。

(6) 麦克风特性　麦克风的质量可能很好,也可能是属于平均水平或低于平均水平的。此外,嘴和微型电话之间的距离可能会有所不同。识别系统也应考虑这些因素。

尽管存在这些困难,研究人员在语音的各个方面做了很多工作,例如理解语音信号,说话人以及识别口音。

可视化音频信号是构建语音识别系统的第一步,因为它可以帮助您理解音频信号的结构。处理音频信号可遵循的一些常见步骤如下所示:

(1) 记录音频信号:当必须从文件中读取音频信号时,首先使用麦克风录制。

(2) 采样:用麦克风录音时,信号以模拟信号形式存储。但为了解决这个问题,机器需要使用离散数字形式。因此,应该以某个频率进行采样,并将信号转换为离散数字形式。选择高频采样意味着当人类听到信号时,会感觉它是一个连续的音频信号。

例 4-7

使用 Python 逐步分析存储在文件中的音频信号,音频信号的频率是 44,100Hz。

(1) 导入必要的软件包。

```
import numpy as np
import matplotlib.pyplot as plt
from scipy.io import wavfile
```

(2) 读取存储的音频文件。返回采样频率和音频信号两个值,需要提供存储音频文件的路径。

frequency_sampling,audio_signal=wavfile.read("audio_file.wav")

(3) 使用显式的命令显示音频信号的采样频率,信号的数据类型及其持续时间等参数。

print('\nSignal shape:',audio_signal.shape)
print('Signal Datatype:',audio_signal.dtype)
print('Signal duration:',round(audio_signal.shape[0]/float(frequency_sampling),2),'seconds')

(4) 对信号进行标准化。

audio_signal=audio_signal/np.power(2,15)

(5) 从这个信号中提取出前 100 个值进行可视化。

signal=audio_signal[:100]
time_axis=1000 * np.arange(0,len(signal),1)/float(frequency_sampling)

(6) 使用命令可视化信号。

plt.plot(time_axis,signal,color='blue')
plt.xlabel('Time(milliseconds)')
plt.ylabel('Amplitude')
plt.title('Input audio signal')
plt.show()

其结果如图 4-2-9 所示。

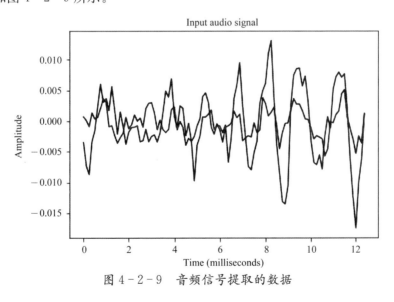

图 4-2-9 音频信号提取的数据

使用 Python 提取存储在音频文件中的表征信号的步骤为:

import numpy as np
import matplotlib.pyplot as plt
from scipy.io import wavfile

读取存储的音频文件。它会返回采样频率和音频信号。

frequency_sampling,audio_signal=wavfile.read("audio_file.wav")

显示音频信号的采样频率,信号的数据类型和持续时间等参数；

print('\nSignal shape:',audio_signal.shape)
print('Signal Datatype:',audio_signal.dtype)
print('Signal duration:',round(audio_signal.shape[0]/float(frequency_sampling),2),'seconds')

需要对信号进行标准化；

audio_signal=audio_signal/np.power(2,15)

这一步涉及提取信号的长度和半长；

length_signal=len(audio_signal)
half_length=np.ceil((length_signal+1)/2.0).astype(np.int)

需要应用数学工具来转换到频域。

signal_frequency=np.fft.fft(audio_signal)

进行频域信号的归一化并将其平方；

signal_frequency=abs(signal_frequency[0:half_length])/length_signal
signal_frequency**=2

提取频率变换信号的长度和一半长度；

len_fts=len(signal_frequency)

傅里叶变换信号必须针对奇偶情况进行调整。

if length_signal%2:
    signal_frequency[1:len_fts]*=2
else:
    signal_frequency[1:len_fts-1]*=2

以分贝(dB)为单位提取功率；

signal_power=10*np.log10(signal_frequency)

调整 X 轴的以 kHz 为单位的频率；

x_axis=np.arange(0,len_fts,1)*(frequency_sampling/length_signal)/1000.0

将信号的特征可视化如下；

plt.figure()
plt.plot(x_axis,signal_power,color='black')
plt.xlabel('Frequency(kHz)')
plt.ylabel('Signal power(dB)')
plt.show()

其结果如图 4-2-10 所示。

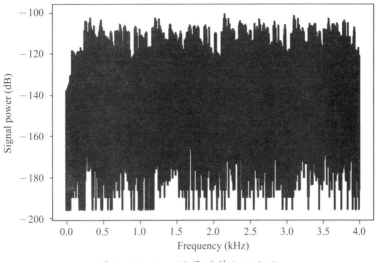

图 4-2-10 信号的特征可视化

例 4-8

使用 Python 生成一个单调信号,并存储在一个文件中。其步骤为:

(1) 导入必要的软件包。

import numpy as np

import matplotlib. pyplot as plt

from scipy. io. wavfile import write

(2) 指定输出保存的文件。

output_file='audio_signal_generated. wav'

(3) 指定选择的参数。

duration=4 # in seconds

frequency_sampling=44100 # in Hz

frequency_tone=784

min_val=−4 * np. pi

max_val=4 * np. pi

(4) 生成音频信号。

t=np. linspace(min_val,max_val,duration * frequency_sampling)

audio_signal=np. sin(2 * np. pi * frequency_tone * t)

(5) 音频文件保存在输出文件中。

write(output_file,frequency_sampling,audio_signal)

(6) 提取信号的前 100 个值。

signal=audio_signal[:100]

time_axis=1000 * np. arange(0,len(signal),1)/float(frequency_sampling)

(7) 生成的音频信号可视化。

plt. plot(time_axis,signal,color='blue')

plt. xlabel('Time in milliseconds')

plt.ylabel('Amplitude')
plt.title('Generated audio signal')
plt.show()

其结果如图 4-2-11 所示。

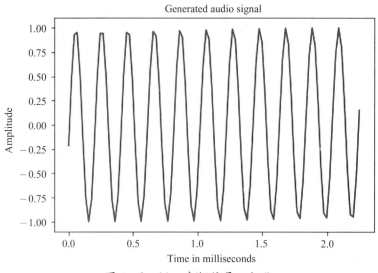

图 4-2-11 音频信号可视化

例 4-9
使用 MFCC 技术逐步使用 Python 从信号中提取特征。其步骤如下：
（1）导入必要的软件包。

import numpy as np
import matplotlib.pyplot as plt
from scipy.io import wavfile
from python_speech_features import mfcc,logfbank

（2）读取存储的音频文件，它会返回采样频率和音频信号。

frequency_sampling,audio_signal=wavfile.read("audio_file.wav")

（3）抽取 15000 个样本进行分析。

signal=audio_signal[:15000]

（4）执行提取 MFCC 特征。

features_mfcc=mfcc(signal,frequency_sampling)

（5）打印 MFCC 参数。

print('\nMFCC:\nNumber of windows=',features_mfcc.shape[0])
print('Length of each feature=',features_mfcc.shape[1])

（6）绘制并可视化 MFCC 特征。

features_mfcc=features_mfcc.T

```
plt.matshow(features_mfcc[:,:40])
plt.title('MFCC')
```

(7) 提取过滤器组特征。

```
filterbank_features=logfbank(audio_signal,frequency_sampling)
```

(8) 打印过滤器组参数。

```
print('\nFilter bank:\nNumber of windows=',filterbank_features.shape[0])
print('Length of each feature=',filterbank_features.shape[1])
```

(9) 绘制并可视化过滤器组特征。

```
filterbank_features=filterbank_features.T
plt.matshow(filterbank_features[:,:40])
plt.title('Filter bank')
plt.show()
```

输出结果见图 4-2-12(为 MFCC 可视化)、图 4-2-13(为过滤器组)。

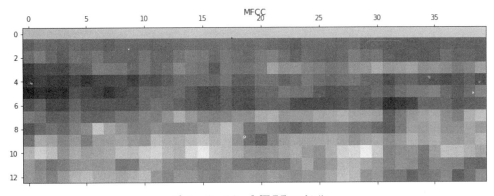

图 4-2-12　MFCC 可视化

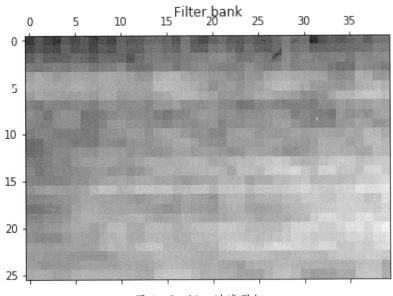

图 4-2-13　过滤器组

例 4-10

语音的识别示例。操作步骤为：

（1）导入必要的软件包。

import speech_recognition as sr

（2）创建一个对象。

recording＝sr. Recognizer()

（3）Microphone()模块将把语音作为输入。

with sr. Microphone() as source：recording. adjust_for_ambient_noise(source)
  print(" Please Say something：")
  audio＝recording. listen(source)

（4）现在谷歌 API 会识别语音并提供输出。

try：
  print(" You said：\n"＋recording. recognize_google(audio))
except Exception as e：
  print(e)

其结果为：

Please Say Something：

You said：

例如，如果您说 China，那么系统会如下正确识别它：

China

4.2.5 启发式搜索

  搜索算法，根据其是否使用与问题有关的知识，分为盲目搜索和启发式搜索。启发式搜索在人工智能中起着关键作用。启发式是一条经验法则，它将我们引向可能的解决方案。人工智能中的大多数问题具有指数复杂度，并且有许多可能的解决方案，并不确切知道哪些解决方案是正确的，检查所有解决方案会使代价非常昂贵。

  因此，启发式技术的使用缩小了搜索解决方案的范围并消除了错误的选项。启发式引导搜索空间中的搜索的方法称为启发式搜索。启发式技术非常有用，因为使用它们时可以提高搜索效率。

  有两种控制策略或搜索技术：不知情和知情。不知情的搜索也被称为盲搜索或盲控制策略，它的命名是因为只有关于问题定义的信息，而没有关于状态的其他额外信息，这种搜索技术将搜索整个状态空间以获得解决方案。广度优先搜索和深度优先搜索是非信息搜索的示例。知情搜索也被称为启发式搜索或启发式控制策略，它的名字是因为有一些额外的状态信息。这些额外的信息对计算子节点之间的偏好以便探索和扩展很有用，将会有与每个节点相关的启发式功能。Best First Search(BFS)、A*是知情搜索的例子。

在人工智能中,约束满足问题是一些约束条件下必须解决的问题。重点必须是在解决这些问题时不要违反约束条件。通过约束满足解决的现实世界问题的一些示例有:

解决代数关系

在约束满足问题的帮助下,可以求解代数关系。在这个例子中,将尝试解决一个简单的代数关系 $a*2=b$。它会在定义的范围内返回 a 和 b 的值。完成此 Python 程序后,将能够理解解决约束满足问题的基础知识。请注意,在编写程序之前,需要使用以下命令安装它:

pip install python-constraint

例 4-11

使用约束满足来解决代数关系的 Python 程序。

(1) 安装 python-constraint 包。

pip install python-constraint

(2) 导入约束包。

from constraint import *

(3) 创建一个名为 problem() 的模块对象。

problem=Problem()

(4) 定义两个变量 a 和 b,并且将定义 10 为它们的范围,这意味着在前 10 个数字范围内得到解决。

problem.addVariable('a',range(10))
problem.addVariable('b',range(10))

(5) 定义应用于这个问题的特定约束,即:约束 $a*2=b$。

problem.addConstraint(lambda a,b:a*2==b)

(6) 创建 getSolution() 模块的对象。

solutions=problem.getSolutions()

(7) 打印输出。

print(solutions)

其结果为:

[{'a':4,'b':8},{'a':3,'b':6},
{'a':2,'b':4},{'a':1,'b':2},{'a':0,'b':0}]

例 4-12

魔幻正方形是一个正方形网格中不同数字(通常是整数)的排列,其中每行和每列中的数字以及对角线上的数字加起来就是所谓的"魔术常数"。

(1) 定义一个名为 magic_square 的函数。

```
def magic_square(matrix_ms):
    iSize=len(matrix_ms[0])
    sum_list=[]
```

(2) 显示垂直方块的代码。

```
for col in range(iSize):
    sum_list.append(sum(row[col] for row in matrix_ms))
```

(3) 显示水平方块的代码。

```
sum_list.extend([sum(lines) for lines in matrix_ms])
```

(4) 水平方块的代码实现。

```
dlResult=0
for i in range(0,iSize):
    dlResult+=matrix_ms[i][i]
sum_list.append(dlResult)
drResult=0
for i in range(iSize-1,-1,-1):
    drResult+=matrix_ms[i][i]
sum_list.append(drResult)
if len(set(sum_list))>1:
    return False
return True
```

(5) 给出矩阵的值并查看输出结果。

```
print(magic_square([[1,2,3],[4,5,6],[7,8,9]]))
```

可以观察到由于总和未达到相同数字,输出将为 False。

```
print(magic_square([[4,9,2],[3,5,7],[8,1,6]]))
```

可以观察到输出将为 True,因为总和是相同的数字,即 15。

  游戏"赌胜负"采用策略进行。每个参与者在开始比赛前都会制定一个策略,他们必须根据目前的比赛情况改变或制定新的策略。搜索算法是计算电脑游戏策略的算法。搜索算法的目标是找到最优的一组移动,以便可以到达最终目的地并获胜。这些算法使用胜出的一组条件,每场比赛都有所不同,以找到最佳的移动方式。

  将电脑游戏形象化为树,从根开始,可以进入最终的获胜节点,但是具有最佳的移动路径。这是搜索算法的工作。这种树中的每个节点代表未来的状态。搜索算法搜索这棵树,在游戏的每个步骤或节点做出决定。

使用搜索算法的主要缺点是它们本质上是穷尽的,这就是为什么他们探索整个搜索空间以找到导致资源浪费的解决方案。如果这些算法需要搜索整个搜索空间以找到最终解决方案,那将更加麻烦。

要消除这样的问题,可以使用组合搜索,它使用启发式来探索搜索空间,并通过消除可能的错误动作来减小其大小。因此,这样的算法可以节省资源。

Minimax 算法。 Minimax 算法是组合搜索使用启发式策略加快搜索策略的策略。Minimax 策略的概念可以通过两个玩家玩游戏的例子来理解,其中每个玩家都试图预测对手的下一步行动并尝试最小化目标函数。而且,为了获胜,玩家总是会根据当前的情况尝试最大化自己的目标函数。启发式在像 Minimax 这样的策略中扮演着重要的角色。树的每个节点都会有一个与之相关的启发式函数。基于这种启发式方法,它将决定向最有利于他们的节点迈进。

Alpha-Beta 修剪。 Minimax 算法的一个主要问题是它可以探索那些无关的树的部分,导致资源的浪费。因此,必须有一个策略来决定树的哪一部分是相关的,哪一个是无关紧要的,并且将不相关的部分留给未开发的部分。Alpha-Beta 修剪就是这样一种策略。Alpha-Beta 修剪算法的主要目标是避免搜索树中没有任何解决方案的那些部分。Alpha-Beta 修剪的主要概念是使用名为 Alpha(最大下界)和 Beta(最小上界)的两个边界。这两个参数是限制可能解决方案集合的值。它将当前节点的值与 Alpha 和 Beta 参数的值进行比较,以便它可以移动到具有解决方案的树部分并丢弃其余部分。

Negamax 算法。 这个算法与 Minimax 算法没有区别,但它具有更优雅的实现。使用 Minimax 算法的主要缺点是需要定义两个不同的启发式函数。这些启发式之间的联系是,对于一个玩家来说游戏的状态越好,对另一个玩家来说就越糟糕。在 Negamax 算法中,两个启发函数的相同工作是在单个启发式函数的帮助下完成的。

例 4-13

构建 AI 机器人作为对手和人类玩家进行游戏,在 Python 实现中完成游戏,需要安装 easyAI 库,它是一个人工智能框架。安装命令为:

pip install easyAI

在比赛中,会有一堆硬币。每个玩家必须从该堆中取出一些硬币。这场比赛的目标是避免拿下最后一枚硬币。将使用继承自 easyAI 库的 TwoPlayersGame 类的 LastCoinStanding 类。导入所需的软件包为:

from easyAI import TwoPlayersGame,id_solve,Human_Player,AI_Player
from easyAI.AI import TT

继承 TwoPlayerGame 类中的类来处理游戏的所有操作。

class LastCoin_game(TwoPlayersGame):
  def __init__(self,players):

定义要玩家并开始游戏。

self.players=players

self.nplayer=1

定义游戏中的硬币数量,这里使用15个硬币进行游戏。

self.num_coins=15

定义玩家在移动中可以获得的最大硬币数量。

self.max_coins=4

定义可能的移动。

```
def possible_moves(self):
    return [str(a) for a in range(1,self.max_coins+1)]
```

定义硬币的清除。

```
def make_move(self,move):
    self.num_coins -= int(move)
```

定义谁拿走了最后一枚硬币。

```
def win_game(self):
    return self.num_coins<=0
```

定义何时停止游戏,即何时有人获胜。

```
def is_over(self):
    return self.win_game()
```

定义如何计算分数。

```
def scoring(self):
    return 100 if self.win_game() else 0
```

定义堆中剩余的硬币数量。

```
def show(self):
    print(self.num_coins,'coins left in the pile')
if __name__=="__main__":
    tt=TT()
    LastCoin_game.ttentry=lambda self:self.num_coins
```

游戏进行求解代码为:

```
r,d,m=id_solve(LastCoin_game,
    range(2,20),win_score=100,tt=tt)
print(r,d,m)
```

决定谁将开始游戏的代码为：

game=LastCoin_game([AI_Player(tt),Human_Player()])
game.play()

游戏的简单玩法为：

d:2,a:0,m:1
d:3,a:0,m:1
d:4,a:0,m:1
d:5,a:0,m:1
d:6,a:100,m:4
1 6 4
15 coins left in the pile
Move ♯1:player 1 plays 4：
11 coins left in the pile
Player 2 what do you play? 2
Move ♯2:player 2 plays 2：
9 coins left in the pile
Move ♯3:player 1 plays 3：
6 coins left in the pile
Player 2 what do you play? 1
Move ♯4:player 2 plays 1：
5 coins left in the pile
Move ♯5:player 1 plays 4：
1 coins left in the pile
Player 2 what do you play? 1
Move ♯6:player 2 plays 1：
0 coins left in the pile

4.2.6 遗传算法

遗传算法(Genetic Algorithm,GA)是基于自然选择和遗传学概念的基于搜索的算法。遗传算法是称为进化计算的更大分支的一个子集。遗传算法由 John Holland 及其在密歇根大学的学生和同事开发,此领域中最著名的研究者有 David E. Goldberg,他一直在尝试解决各种优化问题并取得了不错的研究成果。

简单遗传算法的遗传操作主要有选择、交叉和变异。在遗传算法中,对于给定问题提供了一系列可能的解决方案。这些解决方案然后经历重组和突变(如同在自然遗传学中),产生新的子代,并且该过程在各代重复。每个个体(或候选解决方案)都被分配一个适应值(基于其目标函数值),并且适合者个体被赋予更高的配偶并产生更适合个体的机会。这符合达尔文适者生存理论。因此,它不断发展更好的个体或解决方案,直到达到停止标准。

遗传算法在本质上具有充分的随机性,但它们比随机局部搜索的性能好得多,同时也在利用历史信息。

遗传算法优化过程如下:

第 1 步,随机生成初始群体。

第 2 步,选择具有最佳适应值的初始解决方案。

第 3 步,使用变异和交叉算子重组选定的解决方案。

第 4 步,将后代插入群体。

第 5 步,如果停止条件得到满足,则返回具有最佳适应值的解。否则,将转到第 2 步。

在 Python 中使用遗传算法来解决这个问题,需要用 DEAP 功能强大的 GA 包。它是用于快速建立原型和测试思想的新型演化计算框架库。在命令提示符下使用以下命令来安装此软件包:

pip install deap

如果在 anaconda 环境,则可以使用以下命令安装 DEAP:

conda install -c conda-forge deap

例 4 - 14

One Max 问题是一个玩具进化算法,想要进化一个个体种群(其中每个个体是 N 个整数的列表),直到其中一个恰好由 N 个 1 组成(即 1、1、…、1)。以下显示了如何根据 One Max 问题生成一个包含 15 个字符串的位串。

(1) 导入必要的软件包。

```
import random
from deap import base
from deap import creator
from deap import tools
```

(2) 定义评估函数。这是创建遗传算法的第一步。

```
def evalOneMax(individual):
    return sum(individual)
```

(3) 使用正确的参数创建工具箱。

```
creator.create("FitnessMax",base.Fitness,weights=(1.0,))
creator.create("Individual",list,fitness=creator.FitnessMax)
```

(4) 初始化工具箱。

```
toolbox=base.Toolbox()
# Attribute generator
toolbox.register("attr_bool",random.randint,0,1)
# Structure initializers
```

toolbox.register("individual",tools.initRepeat,creator.Individual,toolbox.attr_bool,100)
toolbox.register("population",tools.initRepeat,list,toolbox.individual)

（5）注册计算操作符。

toolbox.register("evaluate",evalOneMax)

（6）注册交叉运算符。

toolbox.register("mate",tools.cxTwoPoint)

（7）注册一个变异运算符。

toolbox.register("mutate",tools.mutFlipBit,indpb=0.05)

（8）定义选择操作符。

toolbox.register("select", tools.selTournament, tournsize = 3)

if __name__ == "__main__":
    random.seed(64)

    pop = toolbox.population(n=300)
    CXPB, MUTPB, NGEN = 0.5, 0.2, 40

    print ("Start of evolution")

（9）评估整个种群。

# Evaluate the entire population
fitnesses = map(toolbox.evaluate, pop)
for ind, fit in zip(pop, fitnesses):
    ind.fitness.values = fit

print ("Evaluated %i individuals" % len(pop))

（10）经过几代的创建和迭代。

for g in range(NGEN):
    print ("-- Generation %i --" % g)

（11）选择下一代个体。

# Select the next generation individuals
offspring=toolbox.select(pop,len(pop))

（12）克隆选定的个体。

# Clone the selected individuals
offspring=list(map(toolbox.clone,offspring))

（13）对后代应用交叉和变异。

```
for child1, child2 in zip(offspring[::2], offspring[1::2]):
    if random.random() < CXPB:
        toolbox.mate(child1, child2)
```

(14) 删除孩子的适应值。

```
del child1.fitness.values
del child2.fitness.values
```

(15) 应用变异。

```
for mutant in offspring:
    if random.random() < MUTPB:
        toolbox.mutate(mutant)
        del mutant.fitness.values
```

(16) 评估个体的适应值。

```
# Evaluate the individuals with an invalid fitness
invalid_ind = [ind for ind in offspring if not ind.fitness.valid]
fitnesses = list(map(toolbox.evaluate, invalid_ind))
for ind, fit in zip(invalid_ind, fitnesses):
    ind.fitness.values = fit

print ("Evaluated %i individuals" % len(invalid_ind))
```

(17) 用下一代新的个体替代种群。

```
pop[:]=offspring
```

(18) 打印当代的统计数据。

```
fits=[ind.fitness.values[0] for ind in pop]

length=len(pop)
mean=sum(fits)/length
sum2=sum(x*x for x in fits)
std=abs(sum2/length-mean*2)**0.5

print (" Min %s" % min(fits))
print (" Max %s" % max(fits))
print (" Avg %s" % mean)
print (" Std %s" % std)


print ("-- End of (successful) evolution--")
```

(19) 打印最终输出。

```
best_ind=tools.selBest(pop,1)[0]
```

print("Best individual is %s, %s" % (best_ind,best_ind.fitness.values))

输出结果为：

```
Start of evolution
  Evaluated 300 individuals
-- Generation 0 --
  Evaluated 181 individuals
  Min 44.0
  Max 66.0
  Avg 54.833333333333336
  Std 4.349584909952722
-- Generation 1 --
  Evaluated 191 individuals
  Min 47.0
  Max 68.0
  Avg 58.45666666666666
  Std 3.455641120769904
-- Generation 2 --
  Evaluated 199 individuals
  Min 52.0
  Max 68.0
  Avg 60.95333333333333
  Std 2.9024970092816367
-- Generation 3 --
  Evaluated 167 individuals
  Min 47.0
  Max 71.0
  Avg 62.96
  Std 2.907186497858939
-- Generation 4 --
  Evaluated 175 individuals
  Min 57.0
  Max 73.0
  Avg 64.99
  Std 2.8489588741621903
-- Generation 5 --
  Evaluated 168 individuals
  Min 58.0
  Max 74.0
  Avg 66.93333333333334
  Std 2.8051539866624524
  Std 2.8051539866624524
-- Generation 6 --
  Evaluated 187 individuals
```

    Min 59.0
    Max 76.0
    Avg 68.91666666666667
    Std 2.826609669236565
-- Generation 7 --
    Evaluated 171 individuals
    Min 62.0
    Max 76.0
    Avg 70.88666666666667
    Std 2.4455038108513407
-- Generation 8 --
    Evaluated 155 individuals
    Min 62.0
    Max 80.0
    Avg 72.69
    Std 2.6243538887379163
-- Generation 9 --
    Evaluated 171 individuals
    Min 64.0
    Max 82.0
    Avg 74.12333333333333
    Std 2.6105150619921655
-- Generation 10 --
    Evaluated 191 individuals
    Min 65.0
    Max 82.0
    Avg 75.64
    Std 2.7000740730579715
……
-- Generation 29 --
    Evaluated 184 individuals
    Min 84.0
    Max 97.0
    Avg 94.14333333333333
    Std 2.399191993614305
-- Generation 30 --
    Evaluated 161 individuals
    Min 85.0
    Max 98.0
    Avg 94.91
    Std 2.4059440281660702
-- Generation 31 --
    Evaluated 181 individuals
    Min 85.0
    Max 99.0

Avg 95.46333333333334
Std 2.2895390123094943
-- Generation 32 --
Evaluated 177 individuals
Min 88.0
Max 99.0
Avg 96.02
Std 2.409619610367642
-- Generation 33 --
Evaluated 182 individuals
Min 88.0
Max 99.0
Avg 96.77333333333333
Std 2.0917191228485437
-- Generation 34 --
Evaluated 177 individuals
Min 86.0
Max 100.0
Avg 97.04333333333334
Std 2.325536975028139
-- Generation 35 --
Evaluated 161 individuals
Min 88.0
Max 100.0
Avg 97.35666666666667
Std 2.501224144738165
-- Generation 36 --
Evaluated 178 individuals
Min 90.0
Max 100.0
Avg 97.91666666666667
Std 2.343015625688944
-- Generation 37 --
Evaluated 176 individuals
Min 87.0
Max 100.0
Avg 98.4
Std 2.1134489978859987
-- Generation 38 --
Evaluated 202 individuals
Min 88.0
Max 100.0
Avg 98.24666666666667
Std 2.6100744987235416
-- Generation 39 --

```
Evaluated 180 individuals
Min 90.0
Max 100.0
Avg 98.83333333333333
Std 2.1100289624131205
-- End of (successful) evolution --
Best individual is [1, 1, 1, 1, 1, 1, 1, 1, 1, 1, 1, 1, 1, 1, 1, 1, 1,
1, 1, 1, 1, 1, 1, 1, 1, 1, 1, 1, 1, 1, 1, 1, 1, 1, 1, 1, 1, 1, 1, 1, 1,
 1, 1, 1, 1, 1, 1, 1, 1, 1, 1, 1, 1, 1, 1, 1, 1, 1, 1, 1, 1, 1, 1, 1,
1, 1, 1, 1, 1, 1, 1, 1, 1, 1, 1, 1, 1, 1, 1, 1, 1, 1, 1], (100.0,)
```

4.2.7 计算机视觉

计算机视觉是一门研究如何使机器"看"的科学,是指用摄影机和计算机代替人眼对目标进行识别、跟踪和测量等,并进一步做图形处理,使计算机处理成为更适合人眼观察或传送给一起检测的图像;作为一个科学学科,计算机视觉研究相关的理论和技术,是视图建立能够从图像或者多维数据中获取"信息"的人工智能系统。目前,VR、AR、3D 处理等方向,都是计算机视觉的一部分。

计算机视觉的应用包括:无人驾驶、无人安防、人脸识别、车辆车牌识别、以图搜图、VR/AR、3D 重构、医学图像分析、无人机等等。人脸识别已经是一个最成熟的应用领域了。医学图像分析的研究很早就开始了,在 AI 的浪潮下得到了一个重新的发展,更多的研究人员包括无论是做图像的研究人员,还是本身就在医疗领域的研究人员,都越来越关注计算机视觉、人工智能跟医学图像的分析。医学图像分析也孕育了不少的创业公司,这个方向的未来前景还是很值得期待的。

计算机视觉是一门学科,根据场景中存在的结构特性,研究如何从 2D 图像重构、中断和理解 3D 场景。计算机视觉分为三个基本类别,即:

- 低级视觉:它包括用于特征提取的过程图像。
- 中级视觉:它包括物体识别和 3D 场景解释。
- 高级视觉:它包括对活动、意图和行为等场景的概念性描述。

图像处理将图像转换为另一个图像,图像处理的输入和输出都是图像。计算机视觉是从其图像中构建对物理对象的明确而有意义的描述,计算机视觉的输出是 3D 场景中结构的描述或解释。

用 Python 解决计算机视觉问题时,可以使用名为 OpenCV(Open Source Computer Vision Library,开源计算机视觉)的流行库。它是一个主要针对实时计算机视觉的编程功能库。它用 C++编写,其主要接口是 C++。安装此软件包命令为:

pip install opencv_python-x. x-cp36-cp36m-winx. whl

这里 x. x 代表示机器上安装的 Python 版本,以及所拥有的 win32 或 64 位版本。
在 Anaconda 环境,安装此软件包命令为:

conda install -c conda-forge opencv

计算机视觉应用程序需要处理的问题是:读取、写入和显示图像;色彩空间转换、边缘检测、人脸检测、眼睛检测。

1. 读取、写入和显示图像

大多数 CV 应用程序需要将图像作为输入并生成图像作为输出。借助 OpenCV 提供的功能来读取和写入图像文件。OpenCV 用于读取、显示、编写图像文件,OpenCV 为此提供了以下函数功能:

imread()函数——这是读取图像的函数。OpenCV imread()支持各种图像格式,如 PNG,JPEG,JPG,TIFF 等。

imshow()函数——这是用于在窗口中显示图像的函数,该窗口自动适合图像大小。OpenCV imshow()支持各种图像格式,如 PNG,JPEG,JPG,TIFF 等。

imwrite()函数——这是写入图像的函数。OpenCV imwrite()支持各种图像格式,如 PNG,JPEG,JPG,TIFF 等。

例 4-15

以一种格式读取图像并在窗口中显示它,并以其他格式写入相同的图像,其操作如下:

(1) 导入 OpenCV 包。

import cv2

(2) 使用 imread()函数读取一个特定的图像。

image=cv2.imread('image_flower.jpg')

(3) 使用 imshow()函数。可以在其中看到图像的窗口的名称是 image_flower。

cv2.imshow('image_flower',image)

cv2.destroyAllWindows()

(4) 执行代码后,得到图片如图 4-2-14 所示:

图 4-2-14 image_flower 图片

(5) 使用 imwrite()函数将相同的图像写入其他格式,比如.png,

cv2.imwrite('image_flower.png',image)

输出 True 表示图像已成功写入.png 文件,并且也位于同一文件夹中。函数 destroyallWindows()简单地销毁创建的所有窗口。

2. 色彩空间转换

在 OpenCV 中,图像不是使用传统的 RGB 颜色存储的,而是以相反的顺序存储的,即以 BGR 顺序存储。因此,读取图像时的默认颜色代码是 BGR。cvtColor()颜色转换函数用于将图像从一个颜色代码转换为其他颜色代码。

例 4-16

将图像从 BGR 转换为灰度图像。其操作如下:
(1) 导入 OpenCV 包。

import cv2

(2) 使用 imread()函数读取一个特定的图像。

image=cv2.imread('Penguins.jpg')

(3) 使用 imshow()函数来显示这个彩色企鹅图像,如图 4-2-15 所示。

cv2.imshow('BGR_Penguins',image)

图 4-2-15 彩色企鹅图像

(4) 使用 cvtColor()函数将此图像转换为灰度图像,如图 4-2-16 所示。

image=cv2.cvtColor(image,cv2.COLOR_BGR2GRAY)
cv2.imshow('gray_penguins',image)

图 4-2-16 灰度企鹅图像

3. 边缘检测

人类在看到粗糙的草图后,可以轻松识别出物体类型及其姿态。因此边缘在人类生活以及计算机视觉应用中扮演重要的角色。OpenCV 提供了非常简单而有用的函数 Canny() 来检测边缘。

例 4-17

获取图像的边缘信息。其操作如下:

(1) 导入 OpenCV 包。

import cv2

import numpy as np

(2) 使用 imread() 函数读取一个指定的图像。

image=cv2.imread('Penguins.jpg')

(3) 使用 Canny() 函数来检测已读图像的边缘。

cv2.imwrite('edges_Penguins.jpg',cv2.Canny(image,200,300))

图 4-2-17 显示的是边缘图像,请使用 imshow() 函数,参考以下代码:

cv2.imshow('edges',cv2.imread('edges_Penguins.jpg'))

这个 Python 程序将创建一个名为 edges_penguins.jpg 的图像并进行边缘检测,如图 4-2-17 所示。

图 4-2-17 边缘图像

4. 人脸检测

人脸检测是计算机视觉的成功应用之一。OpenCV 有一个内置的工具来执行人脸检测。可以使用 Haar 级联分类器进行人脸检测。需要使用 Haar 级联分类数据来进行人脸检测，可以在 OpenCV 包中找到这些数据。安装 OpenCV 后，有一个文件夹名称 haarcascades。将有不同应用程序的 .xml 文件全部复制到 Python 脚本所在的目录中。

例 4-18

以下是使用 Haar 级联检测图 4-2-18 中显示的人脸的 Python 代码：

图 4-2-18 人脸图像

（1）导入 OpenCV 包。

```
import cv2
import numpy as np
```

(2) 使用 HaarCascadeClassifier 来检测脸部。

face_detection=cv2.CascadeClassifier('haarcascade_frontalface_default.xml')

(3) 使用 imread()函数读取一个指定的图像。

img=cv2.imread('AB.jpg')

(4) 将其转换为灰度图像,因为检测器只接受灰色图像。

gray=cv2.cvtColor(img,cv2.COLOR_BGR2GRAY)

(5) 使用 face_detection.detectMultiScale,执行实际的人脸检测。

faces=face_detection.detectMultiScale(gray,1.3,5)

(6) 围绕整个脸部绘制一个矩形。

for(x,y,w,h)in faces:
    img=cv2.rectangle(img,(x,y),(x+w,y+h),(255,0,0),3)

cv2.imwrite('Face_AB.jpg',img)

如图所示,这个 Python 程序将创建一个包含人脸检测结果的名为 Face_AB.jpg 的图像,如图 4-2-19 所示:

图 4-2-19　人脸检测结果

5. 眼睛检测

眼睛检测是计算机视觉的另一个引人注目的应用。OpenCV 有一个内置的工具来执行眼睛检测。我们将使用 Haar 级联分类器进行眼睛检测。

例 4-19

使用 Haar 级联的 Python 代码来检测图 4-2-20 中的人脸图像的眼睛部分:

(1) 导入 OpenCV 包。

import cv2
import numpy as np

图 4-2-20 人脸图像

(2) 使用 HaarCascadeClassifier 检测眼部。

eye_cascade=cv2.CascadeClassifier('haarcascade_eye.xml')

(3) 使用 imread()函数读取指定图像。

img=cv2.imread('AB.jpg')

(4) 将其转换为灰度图像,因为检测器只接受灰色图像。

gray=cv2.cvtColor(img,cv2.COLOR_BGR2GRAY)

(5) 使用 eye_cascade.detectMultiScale,执行实际的人眼检测。

eyes=eye_cascade.detectMultiScale(gray,1.03,5)

(6) 围绕眼部绘制一个矩形。

for(ex,ey,ew,eh)in eyes:
    img=cv2.rectangle(img,(ex,ey),(ex+ew,ey+eh),(0,255,0),2)
cv2.imwrite('Eye_AB.jpg',img)

这个 Python 程序将创建一个名为 Eye_AB.jpg 的图像,人眼检测结果如图 4-2-21 所示:

图 4-2-21 人眼检测结果

4.3 综合实验——文本热词统计

4.3.1 实验目的

- ➢ 掌握 Python 数据类型,特别是字典的使用方法。
- ➢ 掌握 Python 选择结构和循环结构的基本实现过程。
- ➢ 理解并能正确应用 Python 的函数方法。
- ➢ 正确实现英文文章单词分词和统计。

4.3.2 实验内容

1. 背景知识

《飘》是美国作家玛格丽特·米切尔创作的长篇小说,该作品 1937 年获得普利策文学奖。小说刻画了那个时代的许多美国南方人的形象,占中心位置的女主人斯嘉丽、瑞德、艾希礼、梅兰妮等人是其中的典型代表。通过对女主人斯嘉丽与瑞德的爱情纠缠为主线的描写,小说成功地再现了南北战争时期美国南方地区的社会生活。

现将该故事的文本文件保存为 gonewind.txt。全文英文版可以从网络中找到,找出出现频率最高的 15 个词语。

2. 问题需求

对于一篇给定的文章,希望统计其中多次出现的词语,进而概要分析文章的内容。在对网络信息进行自动检索和归档时,也会遇到"词频统计"的问题。从思路上看,词频统计只是累加的问题,即对文档中每个词语进行计数。如果以词语为键,构成〈词语〉:〈次数〉键值对,将很好地解决问题。这就是字典类型的优势。

3. 问题分析

统计英文文本文件中词频的第一步是分解并提取英文文章的单词。同一个单词会有大小写不同形式。可以通过 txt.lower() 函数将字母变成小写,排除原文大小写差异对词频统计的干扰。英文单词的分隔可以是空格、标点符号或特殊符号。为统一分隔方式,可以将各种特殊字符和标点符号使用 txt.replace() 方法替换成空格,再提取单词。

统计词频的第二步是对每个单词进行计数。将单词保存在变量 word 中,使用一个字典类型的变量 counts={},统计单词出现的次数可用如下代码代替:

counts[word]=counts[word]+1

如果遇到新词时,则需要在字典中新建键值对:

counts[new_word]=1

因此，无论词是否在字典中，这个处理逻辑可以简洁表示为：

counts[word]=counts.get(word,0)+1

如果 word 在 counts 中，则返回 word 对应的值；word 不在 counts 中，则返回 0。

第三步是对单词的统计值从高到低进行排序，输出前 15 个高频词语，并格式化打印输出。由于字典类型没有顺序，需要转换为有顺序的列表类型，使用 sort()方法和 lambda 函数配合实现根据单词的次数进行排序。最后输出前 15 位的单词。

items=list(counts.items()) #将字典转换为记录列表
items.sort(key=lambda x:x[1],reverse=True) #以记录第 2 列排序

4. 实验要求

用 Python 语言实现英文文档单词的词频统计。运行后参考输出结果如下：

the 19467
and 15790
to 10157
of 8724
her 8516
she 8276
a 7753
" 6114
was 6089
in 6071
he 4601
had 4573
that 4430
you 4382
it 3962

\>>>

参考代码如下：

```
def gettext():
    txt=open('gonewind.txt','r',encoding='utf-8').read()
    txt=txt.lower()
    for ch in '!"#$%&()*+,-./:;<=>?@[\\]^_"~':
        txt=txt.replace(ch,' ')#将文本中的特殊字符替换为空格
```

```
        return txt
gonetxt=gettext()
words=gonetxt.split()
counts={}
for word in words:
        counts[word]=counts.get(word,0)+1
        items=list(counts.items())

items.sort(key=lambda x:x[1],reverse=True)
for i in range(15):
        word,count=items[i]
        print("{0:<10}{1:>5}".format(word,count))
```

5. 功能优化

由运行结果可以得出,结果中的词语大多是冠词、代词、连词等语法词汇,并不能代表文章的含义。进一步完善代码如下,其中,可以增加排除词汇 excludes 的处理。

输出结果参考如下：

```
" 6114
with 3385
for 3335
i 3186
his 3175
as 3004
but 2818
scarlett 2459
at 2444
on 2419
not 2331
him 2162
they 2103
be 2069
were 2065

>>>
```

优化后参考代码如下：

```
excludes={'the','and','was','to','he','her','she','had','that','it','of','a','you','an','in','my'}
```

```python
def gettext():
    txt=open('gonewind.txt','r',encoding='utf-8').read()
    txt=txt.lower()
    for ch in '!"#$%&()*+,-./:;<=>?@[\\]^_"~':
        txt=txt.replace(ch,' ')#将文本中的特殊字符替换为空格
    return txt

gonetxt=gettext()
words=gonetxt.split()
counts={}
for word in words:
    counts[word]=counts.get(word,0)+1

for word in excludes:
    del(counts[word])

items=list(counts.items())
items.sort(key=lambda x:x[1],reverse=True)

for i in range(15):
    word,count=items[i]
    print("{0:<10}{1:>5}".format(word,count))
```

4.4 综合练习

一、思考题

1. 人工智能的目的是什么？
2. 自然语言理解是人工智能的重要应用领域，它要实现的目标是什么？
3. 哪些计算机语言属于人工智能语言？
4. 专家系统是什么？
5. 确定性知识是指什么？
6. 艾莎克·阿莫西夫提出的"机器人三定律"内容是什么？
7. 人工智能可以应用的领域有哪些？
8. AI 研究的主要途径是什么？
9. 计算智能主要包括哪些内容？
10. 搜索算法是什么？
11. 简单遗传算法的遗传操作有哪些？

二、综合实践

1. 使用 Python 中的 easyAI 库来创建井字棋游戏，参考输出如下：

```
. . .
. . .
. . .
Player 1 what do you play? 1
Move #1：player 1 plays 1：
O . .
. . .
. . .
Move #2：player 2 plays 5：
O . .
. X .
121
. . .
Player 1 what do you play? 3
Move #3：player 1 plays 3：
```

O．O

．X．

．．．

Move ♯4：player 2 plays 2：

O X O

．X．

．．．

Player 1 what do you play? 4

Move ♯5：player 1 plays 4：

O X O

O X．

．．．

Move ♯6：player 2 plays 8：

O X O

O X．

．X．

2. 使用Python中的OpenCV库来同时检测出任意照片中的人脸和眼睛，如无法检测则输出No Face Detected！

本章小结

PART 05

第 5 章 机器学习

<本章概要>

机器学习是英文 Machine Learning(简称 ML)的翻译。机器学习涉及概率论、统计学、逼近论、凸分析、算法复杂度理论等多门学科,它专门研究计算机怎样模拟或实现人类的学习行为,以获取新的知识或技能,重新组织已有的知识结构使之不断改善自身的性能。它是人工智能的核心,是使计算机具有智能的根本途径,其应用遍及人工智能的各个领域。它主要使用归纳、综合而不是演绎。与传统的计算机遵照一系列指令逐条执行的工作模式不同,机器学习根本不接受输入的指令,相反,只接受你输入的数据!也就是说在某种意义上具有了人类处理事情的能力。

<学习目标>

通过本章学习,要求达到以下目标:
1. 了解机器学习发展的历史和知道什么是机器学习。
2. 了解机器学习的应用领域。
3. 了解机器学习算法的分类。
4. 了解监督学习的主要类型。
5. 了解回归问题的主要应用场景。
6. 会应用简单的机器学习模型解决一些简单的问题。

5.1 机器学习简介

5.1.1 机器学习发展史

机器学习是人工智能研究的一个分支,它的发展过程大体上可分为四个时期。

第一阶段是从 20 世纪 50 年代中叶到 60 年代中叶,属于热烈时期。

第二阶段是从 20 世纪 60 年代中叶至 70 年代中叶,被称为机器学习的冷静时期。

第三阶段是从 20 世纪 70 年代中叶至 80 年代中叶,被称为复兴时期。

第四阶段是机器学习的最新阶段,始于 1986 年,机器学习的基本理论和综合系统的研究得到加强和发展,实验研究和应用研究得到前所未有的重视。机器学习进入新阶段的重要表现为:

1. 机器学习已成为新的边缘学科并在高校形成一门课程。它综合应用心理学、生物学和神经生理学以及数学、自动化和计算机科学的知识形成机器学习理论基础。

2. 结合各种学习方法,取长补短的多种形式的集成学习系统研究正在兴起。特别是连接学习符号学习的耦合可以更好地解决连续性信号处理中知识与技能的获取与求精问题而受到重视。

3. 机器学习与人工智能各种基础问题的统一性观点正在形成。例如,学习与问题求解结合进行、知识表达便于学习的观点产生了通用智能系统组块学习,类比学习与问题求解相结合的基于案例方法已成为经验学习的重要方向。

4. 各种学习方法的应用范围不断扩大,一部分已形成商品。归纳学习的知识获取工具已在诊断分类型专家系统中广泛使用,连接学习在声、图、文识别中占优势,分析学习已用于设计综合型专家系统,遗传算法与强化学习在工程控制中有较好的应用前景,与符号系统耦合的神经网络连接学习将在企业的智能管理与智能机器人运动规划中发挥作用。

5. 与机器学习有关的学术活动空前活跃。国际上每年都有各种机器学习研讨会,还有计算机学习理论会议以及遗传算法会议。

5.1.2 机器学习的范围

机器学习跟模式识别、统计学习、数据挖掘、计算机视觉、语音识别、自然语言处理等领域有着很深的联系。从范围而论,机器学习跟模式识别、统计学习、数据挖掘是类似的,同时,机器学习与其他领域的处理技术的结合,形成了计算机视觉、语音识别、自然语言处理等交叉学科。平常所说的机器学习应用,不仅仅局限在结构化数据,还有图像、音频等应用。

模式识别是机器学习中重要部分之一。两者的主要区别在于前者是从工业界发展起来的概念,后者则主要源自计算机学科。在著名的《Pattern Recognition and Machine Learning》这本书中,Christopher M. Bishop 在文章开始处是这样描写的:"模式识别源自工业界,而机器学习来自计算机学科。不过,它们中的活动可以被视为同一个领域的两个方面,同时在过去的10年间,它们都有了长足的发展。"

数据挖掘等于机器学习加上数据库。数据挖掘,就是从海量的数据中挖掘出有用的数据,它是数据库知识发现(Knowledge-Discovery in Databases,简称:KDD)中的一个步骤。数据挖掘一般是指从大量的数据中通过算法搜索隐藏于其中信息的过程,数据挖掘通常与计算机科学有关,并通过统计、在线分析处理、情报检索、机器学习、专家系统(依靠过去的经验法则)和模式识别等诸多方法来实现上述目标。

统计学习是机器学习中的重要方法之一。因为机器学习中的大多数方法来自统计学,甚至可以认为,统计学的发展促进机器学习的繁荣昌盛。例如著名的支持向量机算法,就是源自统计学科。统计学习者重点关注的是统计模型的发展与优化,而机器学习者更关注的是能够解决问题,偏实践,因此,机器学习研究者重点研究学习算法在计算机上执行的效率与准确性的提升。

计算机视觉等于图像处理+机器学习。图像处理技术用于将图像处理为适合进入机器学习模型中的输入,机器学习则负责从图像中识别出相关的模式。随着机器学习的新领域深度学习的发展,大大促进了计算机图像识别的效果,因此,未来计算机视觉的发展前景不可估量。

语音识别等于"语音处理+机器学习"。语音识别就是音频处理技术与机器学习的结合。语音识别技术一般不会单独使用,一般会结合自然语言处理的相关技术。相关应用有苹果的语音助手 Siri、讯飞等国内很多的科技公司的产品。

自然语言处理等于"文本处理+机器学习",自然语言处理技术主要是让机器理解人类的语言。在自然语言处理技术中,大量使用了编译原理相关的技术,例如,词法分析、语法分析等等,除此之外,在理解这个层面,则使用了语义理解、机器学习等技术。

5.1.3　机器学习算法

人类在成长、生活过程中积累了非常多的历史与经验。人类定期地对这些经验进行"归纳",获得了生活的"规律"。当人类遇到未知的问题或者要对未来进行"猜测"时,人类就使用"规律"解决所遇问题。

机器学习中的"训练"和"预测"过程与人类的"归纳"和"猜测"过程类似。机器学习的思想并不复杂,仅仅是对人类在生活中学习成长的一个模拟。由于机器学习不是基于编程形成的结果,因此它的处理过程不是因果的逻辑,而是通过归纳思想得出的相关性结论。

人工智能之父艾伦·图灵很早就曾预测,"有一天,人们会带着电脑在公园散步,并告诉对方,今天早上我的计算机讲了个很有趣的事"。

机器学习的核心是:"用算法解析数据,从中学习,然后对某些事物做出决定或预测。"这意味着,你无需明确地编程计算机来执行任务,而是教计算机如何开发算法来完成任务。机器学习主要有三种类型,它们各有优缺点,分别是:监督学习、无监督学习和强化学习。

监督学习涉及标注数据,计算机可以使用所提供的数据来识别新的样本。

监督学习的两种主要类型是分类和回归。在分类中,训练的机器将把一组数据分成特定的类。例如邮箱的垃圾邮件过滤器,过滤器分析之前标记为垃圾邮件的邮件,并将其与新邮件进行比较。如果达到某个百分比,则这些新邮件会被标记为垃圾邮件,并发送到相应的文件夹;不像垃圾邮件的将被归类为正常邮件并发送到收件箱。

第二种是回归。在回归中,机器使用先前标注的数据来预测未来。比如天气应用,利用天气的相关历史数据(即平均温度,湿度和降水量),手机的天气应用可以查看当前天气,并对一定时间范围内的天气进行预测。

在无监督学习中,数据是未标注的。由于现实中大多数的数据都是未标注的,因此这些算法特别有用。无监督学习分为聚类和降维。聚类用于根据属性和行为对象进行分组。这与分类不同,因为这些组不会提供给系统。聚类将一个组划分为不同的子组(例如,根据年龄和婚姻状况),然后进行有针对性的营销。另一方面,降维涉及通过查找共性来减少数据集的变量。大多数数据可视化使用降维来识别趋势和规则。

强化学习使用机器的历史和经验来做出决策。强化学习的经典应用是游戏。与监督学习和无监督学习相反,强化学习不注重提供"正确"的答案或输出。相反,它专注于性能,这类似人类根据积极和消极后果进行学习。如果幼儿碰到了热炉,他很快就会学会不再重复这个动作。同样在国际象棋中,计算机可以学习不将王移动到对手的棋子可以到达的地方,这就是游戏中机器能够最终击败顶级人类玩家的原因。

最常用的机器学习算法是:
1. 线性回归(Linear Regression)
2. 逻辑回归(Logistic Regression)
3. 决策树(Decision Tree)
4. 支持向量机(SVM)
5. 朴素贝叶斯(Naive Bayes)
6. K 邻近算法(KNN)
7. K -均值算法(K-means)
8. 随机森林(Random Forest)
9. 降低维度算法(DimensionalityReduction Algorithms)
10. GradientBoost 和 AdaBoost 算法

5.1.4 机器学习算法的分类

1. 基于学习策略的分类

学习策略是指学习过程中系统所采用的推理策略。一个学习系统是由学习和环境两部分组成。由环境(教师或其他信息源如教科书等)提供信息,学习部分则实现信息转换,用能够理解的形式记忆信息,并从中获取有用的信息。在人类的学习过程中,学生(学习部分)使用的推理越少,他对教师(环境)的依赖就越大,教师的负担也就越重。学习策略的分类标准就是根据学生实现信息转换所需的推理多少和难易程度来分类的,按照从简单到复杂,从少到多的次序可分为以下六种基本类型:

(1) 机械学习(rote learning)

学习者无需任何推理或其他的知识转换,直接吸取环境所提供的信息。如塞缪尔的跳棋程序,纽厄尔和西蒙的 LT 系统。这类学习系统主要考虑的是如何索引存贮的知识并加以利用。系统的学习方法是直接通过事先编好、构造好的程序来学习,学习者不作任何工作,或者是通过直接接收既定的事实和数据进行学习，对输入信息不作任何的推理。

(2) **示教学习**(learning from instruction 或 learning by being told)

学生从环境(教师或其他信息源如教科书等)获取信息，把知识转换成内部可使用的表示形式，并将新的知识和原有知识有机地结合为一体。所以要求学生有一定程度的推理能力，但环境仍要做大量的工作。教师以某种形式提出和组织知识，以使学生拥有的知识可以不断地增加。这种学习方法和人类社会的学校教学方式相似，学习的任务就是建立一个系统，使它能接受教导和建议，并有效地存贮和应用学到的知识。不少专家系统在建立知识库时使用这种方法去实现知识获取。示教学习的一个典型应用例子是 FOO 程序。

(3) **演绎学习**(learning by deduction)

推理从公理出发，经过逻辑变换推导出结论。这种推理是"保真"变换和特化(specialization)的过程，使学生在推理过程中可以获取有用的知识。这种学习方法包含宏操作(macro-operation)学习、知识编辑和组块(chunking)技术。演绎推理的逆过程是归纳推理。

(4) **类比学习**(learning by analogy)

利用两个不同领域(源域、目标域)中的知识相似性，通过类比，从源域的知识(包括相似的特征和其他性质)推导出目标域的相应知识，从而实现学习。类比学习系统可以使一个已有的计算机应用系统转变为适应于新的领域，来实现原先没有设计的相类似的功能。

类比学习需要比上述三种学习方式更多的推理。它一般要求先从知识源(源域)中检索出可用的知识，再将其转换成新的形式，用到新的状况(目标域)中去。类比学习在人类科学技术发展史上起着重要作用，许多科学发现就是通过类比得到的。例如，著名的卢瑟福类比就是通过将原子结构(目标域)同太阳系(源域)作类比，揭示了原子结构的奥秘。

(5) **基于解释的学习**(explanation-based learning, EBL)

学生根据教师提供的目标概念、该概念的一个例子、领域理论及可操作准则，首先构造一个解释来说明为何该例子满足目标概念，然后将解释推广为目标概念的一个满足可操作准则的充分条件。EBL 已被广泛应用于知识库求精和改善系统的性能。

著名的 EBL 系统有迪乔恩(G. DeJong)的 GENESIS，米切尔(T. Mitchell)的 LEXII 和 LEAP，以及明顿(S. Minton)等的 PRODIGY。

(6) **归纳学习**(learning from induction)

归纳学习是由教师或环境提供某概念的一些实例或反例，让学生通过归纳推理得出该概念的一般描述。这种学习的推理工作量远多于示教学习和演绎学习，因为环境并不提供一般性概念描述(如公理)。从某种程度上说，归纳学习的推理量也比类比学习大，因为没有一个类似的概念可作为"源概念"加以取用。归纳学习是最基本的，发展也较为成熟的学习方法，在人工智能领域中已经得到广泛的研究和应用。

2. 基于所获取知识的表示形式分类

学习系统获取的知识可能有：行为规则、物理对象的描述、问题求解策略、各种分类及其他用于任务实现的知识类型。对于学习中获取的知识，主要有以下一些表示形式：

(1) 代数表达式参数

学习的目标是调节一个固定函数形式的代数表达式参数或系数来达到一个理想的性能。

(2) 决策树

用决策树来划分物体的类属,树中每一内部节点对应一个物体属性,而每一边对应这些属性的可选值,树的叶节点则对应物体的每个基本分类。

(3) 形式文法

在识别一个特定语言的学习中,通过对该语言的一系列表达式进行归纳,形成该语言的形式文法。

(4) 产生式规则

产生式规则表示为"条件—动作"对,已被极为广泛地使用。学习系统中的学习行为主要是:生成、泛化、特化(specialization)或合成产生式规则。

(5) 形式逻辑表达式

形式逻辑表达式的基本成分是命题、谓词、变量、约束变量范围的语句,及嵌入的逻辑表达式。

(6) 图和网络

有的系统采用图匹配和图转换方案来有效地比较和索引知识。

(7) 框架和模式

每个框架包含一组槽,用于描述事物(概念和个体)的各个方面。

(8) 计算机程序和其他的过程编码

获取这种形式的知识,目的在于取得一种能实现特定过程的能力,而不是为了推断该过程的内部结构。

(9) 神经网络

这主要用在联接学习中。学习所获取的知识,最后归纳为一个神经网络。

(10) 多种表示形式的组合

根据表示的精细程度,可将知识表示形式分为两大类:泛化程度高的粗粒度符号表示和泛化程度低的精粒度亚符号(sub-symbolic)表示。像决策树、形式文法、产生式规则、形式逻辑表达式、框架和模式等属于符号表示类;而代数表达式参数、图和网络、神经网络等则属亚符号表示类。

3. 按应用领域分类

机器学习最主要的应用领域有:专家系统、认知模拟、规划和问题求解、数据挖掘、网络信息服务、图象识别、故障诊断、自然语言理解、机器人和博弈等领域。从机器学习的执行部分所反映的任务类型上看,大部分的应用研究领域基本上集中于以下两个范畴:分类和问题求解。

(1) 分类任务要求系统依据已知的分类知识对输入的未知模式(该模式的描述)做分析,以确定输入模式的类属。相应的学习目标就是学习用于分类的准则(如分类规则)。

(2) 问题求解任务要求对于给定的目标状态寻找一个将当前状态转换为目标状态的动作序列;机器学习在这一领域的研究工作大部分集中于通过学习来获取能提高问题求解效率的知识(如搜索控制知识,启发式知识等)。

5.2 利用 Python 进行机器学习

借助 Python 编程语言,安装 Python 科学计算库,如果未安装 Anaconda,需要通过 pip 安装 Numpy、SciPy、matplotlib、Scikit-learn。

Scikit-Learn 是基于 Python 的机器学习模块,包涵聚类、分类、回归等数学分析模型,可以用于数据预处理、数据处理及数学模型检验等多种用途,是 Python 机器学习的必备选择。

SciPy 是一款方便、易于使用、专为科学和工程设计的 Python 工具包。它包括统计、优化、整合、线性代数模块、傅里叶变换、信号和图像处理、常微分方程求解器等等。其安装命令为:

pip install numpy scikit-learn scipy

Scikit-learn 从一个或者多个数据集中学习信息,这些数据集合可表示为二维阵列,也可认为是一个列表。列表的第一个维度代表样本,第二个维度代表特征(每一行代表一个样本,每一列代表一种特征)。

例如,iris 数据集(鸢尾花卉数据集)

```
>>> from sklearn import datasets
>>> iris=datasets.load_iris()
>>> data=iris.data
>>> data.shape
(150,4)
```

这个数据集包含 150 个样本,每个样本包含 4 个特征:花萼长度,花萼宽度,花瓣长度,花瓣宽度,详细数据可以通过 iris.DESCR 查看。

如果原始数据不是(n_samples, n_features)的形状时,使用之前需要进行预处理以供 scikit-learn 使用。例如 digits 数据集(手写数字数据集),包含 1797 个手写数字的图像,每个图像为 8× 像素。

```
>>> digits=datasets.load_digits()
>>> digits.images.shape
(1797,8,8)
>>> import matplotlib.pyplot as plt
>>> plt.imshow(digits.images[-1], cmap=plt.cm.gray_r)
<matplotlib.image.AxesImage object at...>
```

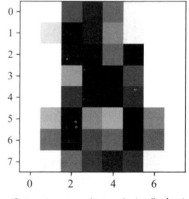

图 5-2-1 digits 数据集中的一个手写字符

为了在 Scikit 中使用这一数据集,需要将每一张 8×8 的图像转换成长度为 64 的特征

向量

```
>>> data=digits.images.reshape((digits.images.shape[0],-1))
```

Scikit-learn 实现最重要的一个 API 是 estimator。estimator 是基于数据进行学习的任何对象，它可以是一个分类器，回归或者是一个聚类算法，或者是从原始数据中提取/过滤有用特征的变换器。所有的拟合模型对象拥有一个名为 fit 的方法，参数是一个数据集（通常是一个2维列表）：

```
>>> estimator.fit(data)
```

在创建一个拟合模型时，可以设置相关参数，在创建之后也可以修改对应的参数：

```
>>> estimator=Estimator(param1=1,param2=2)
>>> estimator.param1
```

当拟合模型完成对数据的拟合之后，可以从拟合模型中获取拟合的参数结果，所有拟合完成的参数均以下划线(_)作为结尾：

```
>>> estimator.estimated_param_
```

5.2.1 监督式学习

监督式学习(Supervised learning)，是机器学习的一种方法，可以由训练资料中学到或建立一个模式(函数)，并依此模式推测新的实例。训练资料是由输入物件(通常是向量)和预期输出所组成。函数的输出可以是一个连续的值(称为回归分析)，或是预测一个分类标签(称作分类)。一个监督式学习者的任务在观察完一些事先标记过的训练范例(输入和预期输出)后，去预测这个函数对任何可能出现的输入的输出。要达到此目的，学习者必须以"合理"(归纳偏向)的方式从现有的资料中一般化到非观察到的情况。在人类和动物感知中，则通常被称为概念学习(concept learning)。监督式学习有两种形态的模型。一般监督式学习产生一个全域模型，会将输入物件对应到预期输出。而另一种，则是将这种对应实作在一个区域模型。(如案例推论及最近邻居法)。为了解决一个给定的监督式学习的问题(手写辨识)，必须考虑以下步骤：

1. 决定训练资料的范例的形态。在做其他事前，工程师应决定要使用哪种资料为范例。譬如，可能是一个手写字符，或 整个手写的辞汇，或一行手写义字。

2. 搜集训练资料。这资料须要具有真实世界的特征。所以，可以由人类专家或(机器或感测器的)测量中得到输入物件和其相对应输出。

3. 决定学习函数的输入特征的表示法。学习函数的准确度与输入的物件如何表示是有很大的关联度。传统上，输入的物件会被转成一个特征向量，包含了许多关于描述物件的特征。因为维数灾难的关系，特征的个数不宜太多，但也要足够大，才能准确的预测输出。

4. 决定要学习的函数和其对应的学习算法所使用的数据结构。譬如，工程师可能选择人工神经网络和决策树。

5. 完成设计。工程师接着在搜集到的资料上跑学习算法。可以借由将资料跑在资料的子集(称为验证集)或交叉验证(cross-validation)上来调整学习算法的参数。参数调整后，算

法可以运行在不同于训练集的测试集上

另外对于监督式学习所使用的辞汇则是分类。现著有着各式的分类器,各自都有强项或弱项。分类器的表现很大程度上与被分类的资料特性有关。并没有某一单一分类器可以在所有给定的问题上都表现最好,这被称为"天下没有白吃的午餐理论"。各式的经验法则被用来比较分类器的表现及寻找会决定分类器表现的资料特性。决定适合某一问题的分类器仍旧是一项艺术,而非科学。

监督学习在于学习两个数据集的联系:观察数据 X 和尝试预测的额外变量 y(通常称"目标"或"标签"),而且通常是长度为 n_samples 的一维数组。scikit-learn 中所有监督的估计量都有一个用来拟合模型的 fit(X,y)方法,根据给定的没有标签观察值 X 返回预测的带标签的 y 的 predict(X)方法。

例 5-1　体验线性判别式分析

Iris Data Set(鸢尾属植物数据集)是历史最悠久的数据集,它首次出现在著名的英国统计学家和生物学家 Ronald Fisher 1936 年的论文《The use of multiple measurements in taxonomic problems》中,被用来介绍线性判别式分析。在这个数据集中,包括了三类不同的鸢尾属植物:Iris Setosa,Iris Versicolour,Iris Virginica。每类收集了 50 个样本,因此这个数据集一共包含了 150 个样本。该数据集测量了所有 150 个样本的 4 个特征,分别是:sepal length(花萼长度),sepal width(花萼宽度),petal length(花瓣长度)和 petal width(花瓣宽度),以上四个特征的单位都是厘米(cm)。通常使用 m 表示样本量的大小,n 表示每个样本所具有的特征数。因此在该数据集中,m=150,n=4。在本例中,载入该数据集:

```
>>> iris=datasets.load_iris()
```

给定一个新的观察值 X_test,用最接近的特征向量在训练集(比如,用于训练估计器的数据)找到观察值。当用任意的学习算法进行实验时,最重要的就是不要在用于拟合估计器的数据上测试一个估计器的预期值,这也是数据集经常被分为训练和测试数据的原因。

例 5-2　体验 k 近邻分类器

类(k 是一个正整数,通常很小)决定了分配给该对象的类别。如果 k=1,则由最近的节点直接分配对象的类别。在 k-nn 回归中,输出是对象的属性值。这个值是它的 k 个最近邻的平均值。最近邻法利用向量空间模型对同类案例进行分类。其概念是同类案件之间具有高度的相似性。

K-nn 是一种基于实例的学习,即局部近似和延迟学习,它将所有计算延迟到分类之后。k 近邻算法是所有机器学习算法中最简单的算法之一。无论是分类还是回归,衡量邻居的权重都是非常有用的,让离你较近的邻居的权重大于离你较远的邻居的权重。例如,一个常见的权重方案是给每个邻居分配一个权重为 1/d,其中 d 是到邻居的距离。邻居是从一组已正确分类的对象中提取的(在回归的情况下,是正确值)。虽然不需要具体的训练步骤,但也可以看作是该算法的训练样本集。

k 近邻算法的缺点是对数据的局部结构非常敏感。该算法与另一种流行的 k 平均算法无关。KNN 算法会记住所有的训练数据,对于新的数据,它会直接匹配训练数据。如果存在具有相同属性的训练数据,则直接使用其分类作为新数据的分类。这种方法的一个明显缺点是,几乎不可能找到精确的匹配。KNN 算法从训练集中找到最接近新数据的 k 条记录,然后根据新数据的主要分类确定新数据的类别。该算法涉及三个主要因素:训练集、距离或相似度量以及 k 的大小。图 5-2-2 是 k 近邻分类器的一个例子。

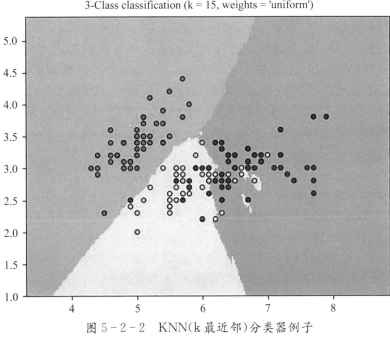

图 5-2-2　KNN(k 最近邻)分类器例子

```
>>> # 将鸢尾属植物数据集分解为训练集和测试集
>>> # 随机排列,用于使分解的数据随机分布
>>> np.random.seed(0)
>>> indices=np.random.permutation(len(iris_X))
>>> iris_X_train=iris_X[indices[:-10]]
>>> iris_y_train=iris_y[indices[:-10]]
>>> iris_X_test =iris_X[indices[-10:]]
>>> iris_y_test =iris_y[indices[-10:]]
>>> # 创建和拟合一个最近邻分类器
>>> from sklearn.neighbors import KNeighborsClassifier
>>> knn=KNeighborsClassifier()
>>> knn.fit(iris_X_train,iris_y_train)
    KNeighborsClassifier(algorithm='auto',leaf_size=30,metric='minkowski',
    metric_params=None,n_jobs=1,n_neighbors=5,p=2,weights='uniform')
>>> knn.predict(iris_X_test)
    array([1,2,1,0,0,0,2,1,2,0])
>>> iris_y_test
    array([1,1,1,0,0,0,2,1,2,0])
```

为了使一个估计器有效,需要邻接点间的距离小于一些值 d,这取决于具体问题。在一维中,这需要平均 $n\sim 1/d$ 个点。在上例中,如果数据只是由一个 0 到 1 的特征值和 n 训练观察值所描述,那么新数据将不会超过 $1/n$。因此,最近邻决策规则会很有效率(因为与类间特征变量范围相比,$1/n$ 很小)。

如果特征数是 p,需要 $n\sim 1/d^p$ 个数据点。在一维 [0,1] 空间里需要 10 个点,在 p 维里就需要 10^p 个点。当 p 增大时,为了得到一个好的估计器,相应的训练点数量就需要成倍增大。

比如,如果每个点只是单个数字(8 个字节),那么一个 k 最近邻估计器在一个非常小的 $p\sim 20$ 维度下就需要比现在估计的整个互联网的大小(± 1000 艾字节或更多)还要多的训练数据。这种情况就是维度惩罚,是机器学习领域的核心问题。在机器学习中经常提到的范数的概念,其中 L0 范数是指向量中非 0 的元素的个数。L1 范数是指向量中各个元素绝对值之和,也称"稀疏规则算子"(lasso regularization)。L2 范数是指向量各元素的平方和然后求平方根。

例 5-3　构建分类器体验

按照以下步骤在 Python 中构建分类器:

1. 导入 Scikit-learn 模块

这是在 Python 中构建分类器的第一步。在这一步中,安装一个名为 Scikit-learn 的 Python 包,它是 Python 中最好的机器学习模块之一,其代码为:

import sklearn

2. 导入要分类的数据集

在这一步中,开始使用机器学习模型的数据集。在本例中所使用的是乳腺癌威斯康星诊断数据库。数据集包括有关乳腺癌肿瘤的各种信息,以及恶性或良性分类标签。该数据集具有 569 个实例或数据,并且包括关于 30 个属性或特征(诸如肿瘤的半径,纹理,光滑度和面积)的信息。导入数据集,命令为:

from sklearn. datasets import load_breast_cancer

3. 加载数据集

data＝load_breast_cancer()

4. 组织数据

其目标为每个重要信息集创建新变量并分配数据。其命令为:

label_names＝data['target_names']
labels＝data['target']
feature_names＝data['feature_names']
features＝data['data']

5. 打印类标签,第一个数据实例的标签的功能名称和功能的值。

print(label_names)

上述命令将分别打印恶性和良性的分类名称。输出结果如下:

['malignant''benign']

6. 显示它们被映射到二进制值 0 和 1。这里 0 表示恶性肿瘤,1 表示良性癌症。其命令为:

print(labels[0])

7. 生成功能名称和功能值,命令为:

print(feature_names[0])
mean radius

print(features[0])

输出结果为:

[1.79900000e+01 1.03800000e+01 1.22800000e+02 1.00100000e+03
 1.18400000e−01 2.77600000e−01 3.00100000e−01 1.47100000e−01
 2.41900000e−01 7.87100000e−02 1.09500000e+00 9.05300000e−01
 8.58900000e+00 1.53400000e+02 6.39900000e−03 4.90400000e−02
 5.37300000e−02 1.58700000e−02 3.00300000e−02 6.19300000e−03
 2.53800000e+01 1.73300000e+01 1.84600000e+02 2.01900000e+03
 1.62200000e−01 6.65600000e−01 7.11900000e−01 2.65400000e−01
 4.60100000e−01 1.18900000e−01]

由此可见,第一个数据实例是一个半径为 1.7990000e+01 的恶性肿瘤。

把数据分成两部分,即训练集和测试集。将数据分割成这些集合非常重要,因为必须在未看到的数据上测试模型。要将数据分成集合,sklearn 有一个叫做 train_test_split() 函数的函数。在以下命令的帮助下,可以分割这些集合中的数据:

from sklearn. model_selection import train_test_split

上述命令将从 sklearn 中导入 train_test_split 函数,需要将数据分解为训练和测试数据。使用 40% 的数据进行测试,其余数据将用于训练模型。

train, test, train_labels, test_labels =
                train_test_split(features,labels,
                    test_size = 0.40, random_state = 42)

建立模型。使用 Bernoulli 算法来构建模型。以下命令可用于构建模型:

from sklearn. naive_bayes import BernoulliNB

上述命令将导入 BernoulliNB 模块。初始化模型。

gnb=BernoulliNB()

通过使用 gnb. fit()将它拟合到数据来训练模型。

model=gnb. fit(train,train_labels)

通过对测试数据进行预测来评估模型。为了做出预测,使用 predict()函数。

preds=gnb.predict(test)
print(preds)

输出结果为:

[1 0 0 1 1 0 0 0 1 1 1 0 1 0 1 0 1 1 1 0 1 1 0 1 1 1 1 1 1
 0 1 1 1 1 1 0 1 0 1 1 0 1 1 1 1 1 1 1 0 0 1 1 1 1 1 0
 0 1 1 0 0 1 1 1 0 0 1 1 0 0 1 0 1 1 1 1 1 0 1 1 0 0 0 0
 0 1 1 1 1 1 1 1 0 0 1 0 0 1 0 0 1 1 0 1 1 0 1 1 0 0 0
 1 1 1 0 0 1 1 0 1 0 0 1 1 0 0 0 1 1 1 0 1 1 0 0 1 0 1 1 0
 1 0 0 1 1 1 1 1 1 0 0 1 1 1 1 1 1 1 1 1 1 1 1 0 1 1 1 0
 1 1 0 1 1 1 1 1 0 0 0 1 1 0 1 0 1 1 1 1 0 1 1 0 1 1 1 0
 1 0 0 1 1 1 1 1 1 1 0 1 1 1 1 1 0 1 0 0 1 1 0 1]

上述 0 和 1 系列是肿瘤类别的预测值——恶性和良性。

现在,通过比较两个数组即 test_labels 和 preds,可以发现模型的准确性。使用 accuracy_score()函数来确定准确性。

from sklearn.metrics import accuracy_score
print(accuracy_score(test_labels,preds))

输出结果为:

0.951754385965

结果显示 NaïveBayes 分类器准确率为 95.17%,成功构建分类器。

例 5-4 朴素贝叶斯分类器构建

朴素贝叶斯是一种使用贝叶斯定理建立分类器的分类技术。假设预测变量是独立的,即类中某个特征的存在与任何其他特征的存在无关。要构建朴素贝叶斯分类器,需要使用名为 Scikit learn 的 Python 库。在 Scikit 学习包中,有三种类型的朴素贝叶斯模型被称为 Gaussian,Multinomial 和 Bernoulli。

要构建朴素贝叶斯机器学习分类器模型,需要以下内容:

- 朴素贝叶斯模型

为了构建朴素贝叶斯分类器,需要一个朴素贝叶斯模型。如前所述,Scikit 学习包中有三种类型的 NaïveBayes 模型,分别称为 Gaussian,Multinomial 和 Bernoulli。在下面的例子中,将使用高斯朴素贝叶斯模型。

通过使用上述内容,将建立一个朴素贝叶斯机器学习模型来使用肿瘤信息来预测肿瘤是否是恶性的或良性的。

首先,需要安装 sklearn 模块。可以通过以下命令完成:

import sklearn

现在,需要导入名为 Breast Cancer Wisconsin Diagnostic Database 的数据集。数据集包

括有关乳腺癌肿瘤的各种信息，以及恶性或良性分类标签。该数据集在569个肿瘤上具有569个实例或数据，并且包括关于30个属性或特征(诸如肿瘤的半径，纹理，光滑度和面积)的信息。可以从sklearn包中导入这个数据集。

from sklearn.datasets import load_breast_cancer

加载数据集命令为：

data＝load_breast_cancer()

数据可以按如下方式组织：

label_names＝data['target_names']
labels＝data['target']
feature_names＝data['feature_names']
features＝data['data']

为了使它更清晰，可以在以下命令的帮助下打印类标签，第一个数据实例的标签，功能名称和功能的值：

print(label_names)

上述命令将分别打印恶性和良性的类名，显示为下面的输出：

['malignant' 'benign']

现在，以下命令将显示它们映射到二进制值0和1。这里0表示恶性肿瘤，1表示良性癌症。它显示为下面的输出：

print(labels[0])

0

以下两个命令将生成功能名称和功能值。

print(feature_names[0])
mean radius

print(features[0])

输出结果为：

[1.79900000e+01 1.03800000e+01 1.22800000e+02 1.00100000e+03
 1.18400000e−01 2.77600000e−01 3.00100000e−01 1.47100000e−01
 2.41900000e−01 7.87100000e−02 1.09500000e+00 9.05300000e−01
 8.58900000e+00 1.53400000e+02 6.39900000e−03 4.90400000e−02
 5.37300000e−02 1.58700000e−02 3.00300000e−02 6.19300000e−03
 2.53800000e+01 1.73300000e+01 1.84600000e+02 2.01900000e+03
 1.62200000e−01 6.65600000e−01 7.11900000e−01 2.65400000e−01
 4.60100000e−01 1.18900000e−01]

由此可见,第一个数据实例是一个主要半径为 1.7990000e+01 的恶性肿瘤。需要在未看到的数据上测试模型,需要将数据分解为训练和测试数据。则由代码完成此任务。

from sklearn.model_selection import train_test_split

上述命令将从 sklearn 中导入 train_test_split 函数,下面的命令将数据分解为训练和测试数据。使用 40% 的数据进行测试,并将提示数据用于训练模型。

train,test,train_labels,test_labels=
train_test_split(features,labels,test_size=0.40,random_state=42)

构建模型的命令为:

from sklearn.naive_bayes import GaussianNB

上述命令将导入 GaussianNB 模块。使用命令初始化模型。

gnb=GaussianNB()

通过 gnb.fit() 将它拟合到数据来训练模型。

model=gnb.fit(train,train_labels)

通过对测试数据进行预测来评估模型,并且可以按如下方式完成:

preds=gnb.predict(test)
print(preds)

输出结果为:

[1 0 0 1 1 0 0 0 1 1 1 0 1 0 1 0 1 1 1 0 1 1 0 1 1 1 1 1
 0 1 1 1 1 1 0 1 0 1 1 0 1 1 1 1 1 1 1 1 0 0 1 1 1 1 0
 0 1 1 0 0 1 1 1 0 0 1 1 0 0 1 0 1 1 1 1 1 0 1 1 0 0 0 0
 0 1 1 1 1 1 1 1 0 0 1 0 0 1 0 0 1 1 1 0 1 1 0 1 1 0 0 0
 1 1 1 0 1 1 0 1 0 0 1 1 0 0 0 1 1 1 0 1 1 0 0 1 0 1 1 0
 1 0 0 1 1 1 1 1 1 0 0 1 1 1 1 1 1 1 1 1 1 1 0 1 1 1 0
 1 1 0 1 1 1 1 1 0 0 0 1 1 0 1 0 1 1 1 0 1 1 0 1 1 1 0
 1 0 0 1 1 1 1 1 1 1 0 1 1 1 1 0 1 0 0 1 1 0 1]

上述 0 和 1 系列是肿瘤类别的预测值,即恶性和良性。

现在,通过比较两个数组即 test_labels 和 preds,可以看到模型的准确性。将使用 accuracy_score() 函数来确定准确性。考虑下面的命令:

from sklearn.metrics import accuracy_score
print(accuracy_score(test_labels,preds))

输出结果为:

0.951754385965

结果显示 NaïveBayes 分类器准确率为 95.17%。这是基于 NaïveBayse 高斯模型的机器学习分类器。

例 5-5 支持向量机体验

支持向量机(Support Vector Machine,SVM)是一种有监督的机器学习算法,可用于回归和分类。SVM的主要概念是将每个数据项绘制为 n 维空间中的一个点,每个特征的值是特定坐标的值。SVM 概念的简单图形如图 5-2-3 所示:

在图 5-2-3 中,有两个特征,需要在二维空间中绘制这两个变量,其中每个点都有两个坐标,称为支持向量。该行将数据分成两个不同的分类组。这条线将是分类器。

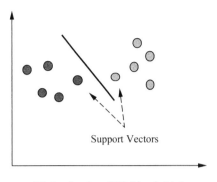

图 5-2-3 SVM 概念例子

在这里,将使用 Scikit-learn 和 iris 数据集来构建 SVM 分类器。Scikit-learn 库具有 sklearn.svm 模块并提供 sklearn.svm.svc 进行分类。基于 4 个特征来预测鸢尾属植物种类的 SVM 分类器的过程为:

1. 数据集

使用包含 3 个类别(每个类别为 50 个实例)的 iris 数据集,其中每个类别指的是一类鸢尾花。每个实例具有四个特征,即萼片长度、萼片宽度、花瓣长度和花瓣宽度。显示了基于 4 个特征来预测 iris 分类的 SVM 分类器。

2. 核函数

核函数是 SVM 使用的核心函数。这些函数采用低维输入空间并将其转换到更高维空间。它将不可分离的问题转换成可分离的问题。SVM 核函数包括线性核函数、多项式核函数、径向基核函数、高斯核函数、幂指数核函数、拉普拉斯核函数、ANOVA 核函数、二次有理核函数、多元二次核函数、逆多元二次核函数以及 Sigmoid 核函数。在这个例子中,将使用线性核函数。

(1) 导入下列软件包。

import pandas as pd
import numpy as np
from sklearn import svm,datasets
import matplotlib.pyplot as plt

(2) 加载输入数据。

iris=datasets.load_iris()

使用前两个特征:

X=iris.data[:,:2]
y=iris.target

(3) 将用原始数据绘制支持向量机边界,创建一个网格来绘制。

```
x_min,x_max=X[:,0].min()-1,X[:,0].max()+1
y_min,y_max=X[:,1].min()-1,X[:,1].max()+1
h=(x_max/x_min)/100
xx,yy=np.meshgrid(np.arange(x_min,x_max,h),
np.arange(y_min,y_max,h))
X_plot=np.c_[xx.ravel(),yy.ravel()]
```

（4）需要给出正则化参数的值。

C=1.0

（5）需要创建SVM分类器对象。代码为：

```
Svc_classifier=svm.SVC(kernel='linear',
            C=C,decision_function_shape='ovr').fit(X,y)
Z=Svc_classifier.predict(X_plot)
Z=Z.reshape(xx.shape)
plt.figure(figsize=(15,5))
plt.subplot(121)
plt.contourf(xx,yy,Z,cmap=plt.cm.tab10,alpha=0.3)
plt.scatter(X[:,0],X[:,1],c=y,cmap=plt.cm.Set1)
plt.xlabel('Sepal length')
plt.ylabel('Sepal width')
plt.xlim(xx.min(),xx.max())
plt.title('SVC with linear kernel')
```

执行后得到如图5-2-4所示结果：

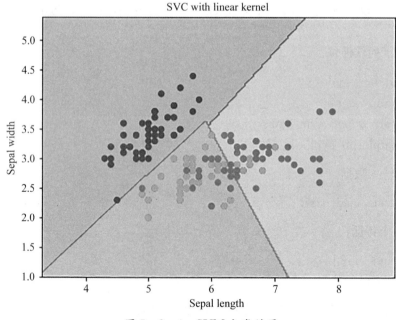

图5-2-4　SVM分类结果

例 5-6 创建 Logistic 回归分类器

Logistic 回归模型是监督分类算法族的成员之一。Logistic 回归通过使用逻辑函数估计概率来测量因变量和自变量之间的关系。

在这里,如果讨论依赖变量和独立变量,那么因变量就是要预测的目标类变量,另一方面,自变量是用来预测目标类的特征。

在 Logistic 回归中,估计概率意味着预测事件发生的可能性。例如,店主想要预测进入商店的顾客将购买某一商品或不购买。店主将会观察到许多顾客的特征——性别,年龄等,以便预测可能性的发生,即购买某一商品或不购买。Logistic 函数是用来构建具有各种参数的函数的 S 形曲线。

在使用 Logistic 回归构建分类器之前,需要在系统上安装 Tkinter 软件包。它可以从 https://docs.python.org/2/library/tkinter.html 进行安装。

现在,在下面给出的代码的帮助下,可以使用 Logistic 回归来创建分类器,过程为:

1. 导入一些软件包:

import numpy as np
from sklearn import linear_model
import matplotlib.pyplot as plt

2. 定义可以完成的样本数据,代码为:

X = np.array([[2, 4.8], [2.9, 4.7], [2.5, 5], [3.2, 5.5],
              [6, 5], [7.6, 4],[3.2, 0.9], [2.9, 1.9],[2.4, 3.5],
              [0.5, 3.4], [1, 4], [0.9, 5.9]])
y = np.array([0, 0, 0, 1, 1, 1, 2, 2, 2, 3, 3, 3])

3. 创建逻辑回归分类器,代码为:

Classifier_LR=linear_model.LogisticRegression(solver='liblinear,C=75)

4. 训练这个分类器:

Classifier_LR.fit(X,y)

5. 创建一个名为 Logistic_visualize() 的函数来完成可视化输出:

def Logistic_visualize(Classifier_LR,X,y):
    min_x,max_x=X[:,0].min()-1.0,X[:,0].max()+1.0
    min_y,max_y=X[:,1].min()-1.0,X[:,1].max()+1.0

6. 定义了在网格中使用的最小值和最大值 X 和 Y。另外,还将定义绘制网格的步长。

Mesh_step_size=0.02

7. 定义 X 和 Y 值的网格,代码为:

x_vals, y_vals = np.meshgrid(np.arange(min_x, max_x, mesh_step_size),
　　　　　　　　np.arange(min_y, max_y, mesh_step_size))

8. 在网格上运行分类器,代码为:

output = Classifier+LR.predict(np.c_[x_vals.ravel(), y_vals.ravel()])
output = output.reshape(x_vals.shape)
plt.figure()
plt.pcolormesh(x_vals, y_vals, output, cmap = plt.cm.gray)

plt.scatter(X[:, 0], X[:, 1], c = y, s = 75, edgecolors = 'black',
　　　　　　　　linewidth=1, cmap = plt.cm.Paired)

9. 指定图的边界,代码为:

plt.xlim(x_vals.min(), x_vals.max())
plt.ylim(y_vals.min(), y_vals.max())
plt.xticks((np.arange(int(X[:, 0].min() - 1),
　　　　　　　　int(X[:, 0].max() + 1), 1.0)))
plt.yticks((np.arange(int(X[:, 1].min() - 1),
　　　　　　　　int(X[:, 1].max() + 1), 1.0)))
plt.show()

运行逻辑回归分类器代码之后,输出结果如图 5-2-5 所示。

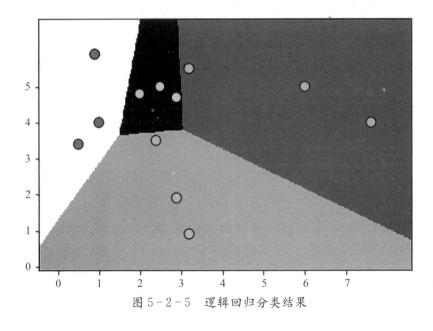

图 5-2-5　逻辑回归分类结果

例5-7 决策树分类器构建

决策树是一个二叉树流程图,其中每个节点根据某个特征变量分割一组观察值。

在这里,构建一个用于预测男性或女性的决策树分类器。这里将采取一个非常小的数据集,有19个样本。这些样本包含两个特征——"身高"和"头发长度"。

为了构建以下分类器,需要安装 pydotplus 和 graphviz。基本上,graphviz 是使用点文件绘制图形的工具,pydotplus 是 Graphviz 的 Dot 语言模块。它可以用包管理器或使用 pip 来安装。

构建决策树分类器,过程为:

1. 导入一些重要的库:

```
import pydotplus
from sklearn import tree
from sklearn.datasets import load_iris
from sklearn.metrics import classification_report
from sklearn.model_selection import train_test_split
import collections
```

2. 提供如下数据集:

```
X = [[165,19],[175,32],[136,35],[174,65],[141,28],[176,15],
     [131,32],[166,6],[128,32],[179,10],[136,34],[186,2],
     [126,25],[176,28],[112,38],[169,9],[171,36],[116,25],
     [196,25]]

Y = ['Man','Woman','Woman','Man','Woman','Man','Woman','Man',
     'Woman','Man','Woman','Man','Woman','Woman','Woman','Man',
     'Woman','Woman','Man']

data_feature_names = ['height','length of hair']

X_train, X_test, Y_train, Y_test = train_test_split
                (X, Y, test_size=0.40, random_state=5)
```

3. 在提供数据集之后,需要拟合完成的模型代码为:

```
clf=tree.DecisionTreeClassifier()
clf=clf.fit(X,Y)
```

4. 预测代码为:

```
prediction=clf.predict([[133,37]])
print(prediction)
```

5. 实现可视化决策树,代码为:

```
dot_data = tree.export_graphviz(clf,
                feature_names = data_feature_names,
                out_file = None,filled = True,rounded = True)
graph = pydotplus.graph_from_dot_data(dot_data)
colors = ('orange', 'yellow')
edges = collections.defaultdict(list)

for edge in graph.get_edge_list():
        edges[edge.get_source()].append(int(edge.get_destination()))

for edge in edges:
        edges[edge].sort()

for i in range(2):
        dest = graph.get_node(str(edges[edge][i]))[0]

dest.set_fillcolor(colors[i])
graph.write_png('Decisiontree16.png')
```

上述代码的预测作为['Woman']并创建如图5-2-6所示的决策树：

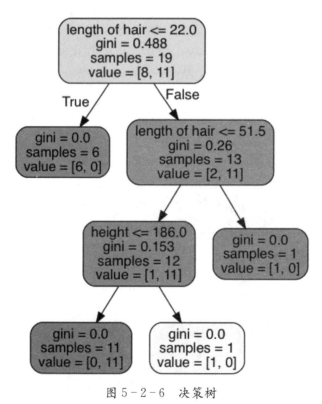

图5-2-6 决策树

例 5-8 随机森林分类器构建

集成方法是将机器学习模型组合成更强大的机器学习模型的方法。随机森林是决策树的集合,就是其中之一。它比单一决策树好,因为在保留预测能力的同时,通过平均结果可以减少过度拟合。在这里,将在 scikit 学习癌症数据集上实施随机森林模型。

1. 导入必要的软件包:

```
from sklearn.ensemble import RandomForestClassifier
from sklearn.model_selection import train_test_split
from sklearn.datasets import load_breast_cancer
cancer=load_breast_cancer()
import matplotlib.pyplot as plt
import numpy as np
```

2. 提供数据集,代码为:

```
cancer=load_breast_cancer()
X_train,X_test,y_train,y_test=train_test_split(cancer.data,cancer.target,random_state=0)
```

3. 提供数据集之后,拟合完成的模型的代码为:

```
forest=RandomForestClassifier(n_estimators=50,random_state=0)
forest.fit(X_train,y_train)
```

4. 获得训练以及测试子集的准确性:如果增加估计器的数量,那么测试子集的准确性也会增加。

```
print('Accuracy on the training subset:(:..3f)',
                    format(forest.score(X_train,y_train)))
print('Accuracy on the training subset:(:..3f)',
                    format(forest.score(X_test,y_test)))
```

上面代码,输出结果如下所示:

Accuracy on the training subset:(:.3f)   1.0
Accuracy on the training subset:(:.3f)   0.965034965034965

现在,与决策树一样,随机森林具有 feature_importance 模块,它将提供比决策树更好的特征权重视图。绘制和可视化的代码为:

```
n_features=cancer.data.shape[1]
plt.barh(range(n_features),forest.feature_importances_,align='center')
plt.yticks(np.arange(n_features),cancer.feature_names)
plt.xlabel('Feature Importance')
plt.ylabel('Feature')
plt.show()
```

执行上面代码,得到以下特征权重视图,结果如图 5-2-7 所示:

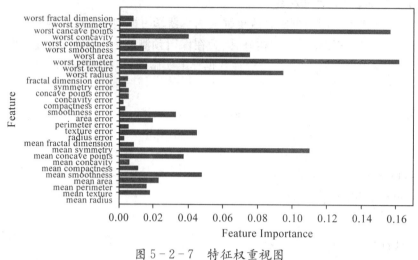

图 5-2-7 特征权重视图

在实现机器学习算法之后,需要分析模型的有效性。衡量有效性的标准可以基于数据集和度量标准。为了评估不同的机器学习算法,可以使用不同的性能指标。假设使用分类器来区分不同对象的图像,可以使用分类性能指标,如平均准确率,AUC(Area Under Cune)等。从某种意义上说,选择评估机器学习模型的指标是非常重要的,因为指标的选择会影响机器学习算法的性能如何被测量和比较。以下是一些指标:

1. 混淆矩阵

用于输出可以是两种或更多种类的分类问题。这是衡量分类器性能的最简单方法。混淆矩阵是一个包含两个维度即"实际"和"预测"的表格。TP(true positive),正确的阳性,说明预测是阳性,而且预测对了,那么实际也是正例。TN(true negative),正确的阴性,说明预测是阴性,而且预测对了,那么实际也是负例。FP(false positive),假阳性,说明预测是阳性,预测错了,所以实际是负例。FN(false negative),假阴性,说明预测是阴性,预测错了,所以实际是正例。

		实际	
		1	0
预测	1	TP	FP
	0	FN	TN

在上面的混淆矩阵中,1 表示正类,0 表示负类。

2. 准确率(accuracy)

混淆矩阵本身并不是一个性能指标,但几乎所有的性能矩阵均基于混淆矩阵。在分类问题中,它可能被定义为由模型对各种预测所做的正确预测的数量。计算准确率的公式如下:

$$\text{Accuracy} = \frac{TP + TN}{TP + FP + FN + TN}$$

3. 精确率

主要用于文件检索。它可以定义为返回的文件有多少是正确的。以下是计算精度的公式：

$$\text{Precision} = \frac{\text{TP}}{\text{TP} + \text{FP}}$$

4. 召回率

预测为正例的真实正例(TP)占所有真实正例的比例，以下是计算模型召回率的公式：

$$\text{Recall} = \frac{\text{TP}}{\text{TP} + \text{FN}}$$

5. 特异性

可以定义为模型返回的负例有多少。这与召回率完全相反。以下是计算模型特异性的公式：

$$\text{Specificity} = \frac{\text{TN}}{\text{TN} + \text{FP}}$$

6. F1值

定义为：

$$F1 = \frac{2 \text{Precision} \times \text{Recall}}{\text{Precision} + \text{Recall}}$$

分类不平衡是属于一个类别的观察数量显著低于属于其他类别的观测数量的场景。例如，在需要识别罕见疾病，银行欺诈性交易等情况下，这个问题非常突出。

考虑一个欺诈检测数据集的例子来理解不平衡分类的概念：

Total observations=5000
Fraudulent Observations=50
Non-Fraudulent Observations=4950
Event Rate=1%

解决不平衡的类问题。平衡类的主要目标是增加少数类的频率或减少多数类的频率。以下是解决失衡类问题的方法：

1. 重采样

是用于重建样本数据集的一系列方法，包括训练集和测试集。重新抽样是为了提高模型的准确性。

2. 随机抽样

这项技术旨在通过随机排除大多数类别的例子来平衡类分布。这样做直到大多数和少数群体的实例得到平衡。

Total observations=5000
Fraudulent Observations=50
Non-Fraudulent Observations=4950

Event Rate=1%

在这种情况下,将10%的样本从非欺诈实例中取而代之,然后将它们与欺诈实例相结合即随机抽样后的非欺诈性观察:4950 的 10%=495,将他们与欺诈观察结合后的总观测值:50+495=545。因此,现在,低采样后新数据集的事件率为:9%。

这种技术的主要优点是可以减少运行时间并改善存储。但另一方面,它可以丢弃有用的信息,同时减少训练数据样本的数量。

回归是最重要的统计和机器学习工具之一,是一种能够根据数据做出决定的参数化技术,允许通过学习输入和输出变量之间的关系来基于数据做出预测。这里,依赖于输入变量的输出变量是连续值的实数。在回归中,输入和输出变量之间的关系很重要,它有助于理解输出变量的值随输入变量的变化而变化。回归常用于预测价格,经济变化等。对回归问题的评价指标通常并不是准确率和召回率,从"房价与房屋面积之间关系预测"这个例子来说,一个已知数据点离预测的曲线之间的距离是多少时能够判定为"准确",距离为多少时判定为"不准确"?没办法区别。准确率对于度量回归问题的效果其实并不适用。回归问题的误差一般通过"误差"来评估,比如 RMSE(Root-Mean-Square Error)等。

例 5-9 构造线性回归器/单变量回归器

1. 安装必需的软件包:

```
import numpy as np
from sklearn import linear_model
import sklearn.metrics as sm
import matplotlib.pyplot as plt
```

2. 需要提供输入数据,并将数据保存在名为 linear.txt 的文件中。

```
input='linear.txt'
```

3. 使用 np.loadtxt 函数加载这些数据。

```
input_data=np.loadtxt(input,delimiter=',')
X,y=input_data[:,:-1],input_data[:,-1]
```

4. 训练和测试样本。

```
training_samples=int(0.6*len(X))
testing_samples=len(X)-training_samples

X_train,y_train=X[:training_samples],y[:training_samples]

X_test,y_test=X[training_samples:],y[training_samples:]
```

5. 需要创建一个线性回归器对象。

```
reg_linear=linear_model.LinearRegression()
```

6. 用训练样本训练对象。

```
reg_linear.fit(X_train,y_train)
```

7. 使用测试数据做预测。

```
y_test_pred=reg_linear.predict(X_test)
```

8. 绘制并可视化数据。

plt.scatter(X_test,y_test,color='red')

plt.plot(X_test,y_test_pred,color='black',linewidth=2)

plt.xticks(())

plt.yticks(())

plt.show()

执行上面示例代码,输出如图5-2-8所示的结果:

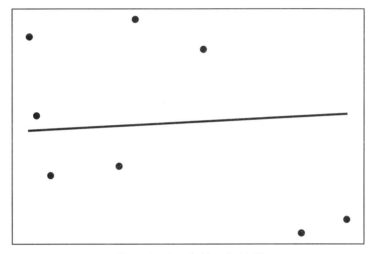

图5-2-8 线性回归结果

9. 计算线性回归的性能:

print("Performance of Linear regressor:")

print("Mean absolute error =", round(sm.mean_absolute_error(y_test, y_test_pred), 2))

print("Mean squared error =", round(sm.mean_squared_error(y_test, y_test_pred), 2))

print("Median absolute error =", round(sm.median_absolute_error(y_test, y_test_pred), 2))

print("Explain variance score =", round(sm.explained_variance_score(y_test, y_test_pred), 2))

print("R2 score =", round(sm.r2_score(y_test, y_test_pred), 2))

线性回归器的性能输出结果如下:

Mean absolute error=1.78

Mean squared error=3.89

Median absolute error=2.01

Explain variance score=-0.09

R2 score=-0.09

在上面的代码中,使用了以下这些小数据源。处理一些大的数据集,可以使用sklearn.dataset来导入。

2,4.8
2.9,4.7
2.5,5
3.2,5.5
6,5
7.6,4
3.2,0.9
2.9,1.9
2.4,3.5
0.5,3.4
1,4
0.9,5.9
1.2,2.58
3.2,5.6
5.1,1.5
4.5,1.2
2.3,6.3
2.1,2.8

例 5-10　多变量回归

1. 导入一些必需的包：

import numpy as np
from sklearn import linear_model
import sklearn.metrics as sm
import matplotlib.pyplot as plt
from sklearn.preprocessing import PolynomialFeatures

2. 提供输入数据，并将数据保存在名为 Mul_linear.txt 的文件中。

input='Mul_linear.txt'

3. 将通过使用 np.loadtxt 函数加载这些数据。

input_data=np.loadtxt(input,delimiter=',')
X,y=input_data[:,:-1],input_data[:,-1]

4. 训练模型和测试样本数据。

training_samples=int(0.6*len(X))
testing_samples=len(X)-training_samples

X_train,y_train=X[:training_samples],y[:training_samples]
X_test,y_test=X[training_samples:],y[training_samples:]

5. 需要创建一个线性回归器对象。

reg_linear_mul=linear_model.LinearRegression()

6. 用训练样本训练对象。

reg_linear_mul.fit(X_train,y_train)

7. 用测试数据做预测。

y_test_pred = reg_linear_mul.predict(X_test)

print("Performance of Linear regressor:")
print("Mean absolute error =", round(sm.mean_absolute_error(y_test, y_test_pred), 2))
print("Mean squared error =", round(sm.mean_squared_error(y_test, y_test_pred), 2))
print("Median absolute error =", round(sm.median_absolute_error(y_test, y_test_pred), 2))
print("Explain variance score =", round(sm.explained_variance_score(y_test, y_test_pred), 2))
print("R2 score =", round(sm.r2_score(y_test, y_test_pred), 2))

线性回归器的性能输出结果如下：

Mean absolute error=0.6
Mean squared error=0.65
Median absolute error=0.41
Explain variance score=0.34
R2 score=0.33

8. 创建一个10阶多项式并训练回归器。并提供样本数据点。

polynomial=PolynomialFeatures(degree=10)
X_train_transformed=polynomial.fit_transform(X_train)
datapoint=[[2.23,1.35,1.12]]
poly_datapoint=polynomial.fit_transform(datapoint)

poly_linear_model=linear_model.LinearRegression()
poly_linear_model.fit(X_train_transformed,y_train)
print("\nLinear regression:\n",reg_linear_mul.predict(datapoint))
print("\nPolynomial regression:\n",
poly_linear_model.predict(poly_datapoint))

线性回归：

[2.40170462]

多项式回归：

[1.8697225]

在上面的代码中，使用了如下的小规模数据。大的数据集，可以使用sklearn.dataset来导入。

2,4.8,1.2,3.2

2.9,4.7,1.5,3.6
2.5,5,2.8,2
3.2,5.5,3.5,2.1
6,5,2,3.2
7.6,4,1.2,3.2
3.2,0.9,2.3,1.4
2.9,1.9,2.3,1.2
2.4,3.5,2.8,3.6
0.5,3.4,1.8,2.9
1,4,3,2.5
0.9,5.9,5.6,0.8
1.2,2.58,3.45,1.23
3.2,5.6,2,3.2
5.1,1.5,1.2,1.3
4.5,1.2,4.1,2.3
2.3,6.3,2.5,3.2
2.1,2.8,1.2,3.6

5.2.2 神经网络

神经网络是并行计算机制，它们试图构建大脑的计算机模型，背后的主要目标是开发一个系统使得执行各种计算任务比传统系统更快。这些任务包括模式识别和分类，近似，优化和数据聚类。人工神经网络(artificial neural network，ANN)是一个高效的计算系统，其核心主题是借用生物神经网络的类比。人工神经网络也被称为人工神经系统，并行分布式处理系统和连接系统。ANN 获取了大量以某种模式相互连接的单元，以允许它们之间的通信。这些单元也称为节点或神经元，是并行操作的简单处理器。

每个神经元通过连接链接与其他神经元连接。每个连接链路与具有关于输入信号的信息的权重相关联。这是神经元解决特定问题最有用的信息，因为权重通常会激发或抑制正在传递的信号。每个神经元都有其内部状态，称为激活信号。在组合输入信号和激活规则之后产生的输出信号可以被发送到其他单元。

在 Python 中创建神经网络，可以使用一个强大的 NeuroLab 神经网络包。它是一个基本的神经网络算法库，具有灵活的网络配置和 Python 学习算法。安装此软件包的命令为：

>>> pip install NeuroLab

在 Anaconda 环境，安装命令为：

conda install -c labfabulous neurolab

基于感知器的分类器，感知器是 ANN 的基石。逐步执行以下 Python 代码，用以构建基于感知器的简单神经网络分类器。

1. 导入必要的软件包：

import matplotlib.pyplot as plt
import neurolab as nl

2. 提供目标值。

input=[[0,0],[0,1],[1,0],[1,1]]
target=[[0],[0],[0],[1]]

3. 用2个输入和1个神经元创建网络：

net=nl.net.newp([[0,1],[0,1]],1)

4. 训练网络。在这里使用Delta规则进行训练。

error_progress=net.train(input,target,epochs=100,show=10,lr=0.1)

5. 可视化输出并绘制图表：

plt.figure()
plt.plot(error_progress)
plt.xlabel('Number of epochs')
plt.ylabel('Training error')
plt.grid()
plt.show()

如图5-2-9所示，显示了使用错误度量标准的训练进度：

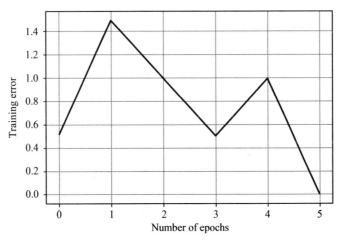

图5-2-9 使用错误度量标准的训练进度

例5-11

创建一个单层神经网络，它由独立的神经元组成，这些神经元在输入数据上起作用以产生输出。请注意，这里使用neural_simple.txt文件作为输入。

1. 导入所需的软件包：

import numpy as np

import matplotlib. pyplot as plt

import neurolab as nl

2. 加载数据集（代码如下）：

input_data=np. loadtxt("neural_simple. txt")

3. 使用的数据。请注意，在此数据中，前两列是特征，最后两列是标签。

input_data=np. array([[2. ,4. ,0. ,0.],

  [1. 5,3. 9,0. ,0.],

  [2. 2,4. 1,0. ,0.],

  [1. 9,4. 7,0. ,0.],

  [5. 4,2. 2,0. ,1.],

  [4. 3,7. 1,0. ,1.],

  [5. 8,4. 9,0. ,1.],

  [6. 5,3. 2,0. ,1.],

  [3. ,2. ,1. ,0.],

  [2. 5,0. 5,1. ,0.],

  [3. 5,2. 1,1. ,0.],

  [2. 9,0. 3,1. ,0.],

  [6. 5,8. 3,1. ,1.],

  [3. 2,6. 2,1. ,1.],

  [4. 9,7. 8,1. ,1.],

  [2. 1,4. 8,1. ,1.]])

4. 将这四列分成2个数据列和2个标签：

data=input_data[:,0:2]

labels=input_data[:,2:]

5. 使用以下命令绘制输入数据，结果如图5－2－10所示：

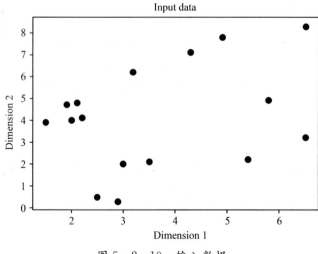

图 5－2－10　输入数据

plt.figure()
plt.scatter(data[:,0],data[:,1])
plt.xlabel('Dimension 1')
plt.ylabel('Dimension 2')
plt.title('Input data')

6. 为每个维度定义最小值和最大值：

dim1_min,dim1_max=data[:,0].min(),data[:,0].max()
dim2_min,dim2_max=data[:,1].min(),data[:,1].max()

7. 定义输出层中神经元的数量：

nn_output_layer=labels.shape[1]

8. 定义一个单层神经网络：

dim1=[dim1_min,dim1_max]
dim2=[dim2_min,dim2_max]
neural_net=nl.net.newp([dim1,dim2],nn_output_layer)

9. 训练神经网络的 epoch 数和学习率：

error=neural_net.train(data,labels,epochs=200,show=20,lr=0.01)

10. 使用以下命令可视化并绘制训练进度，结果如图 5-2-11 所示：

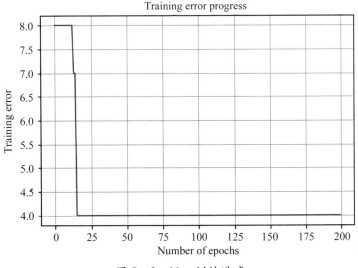

图 5-2-11　训练进度

plt.figure()
plt.plot(error)
plt.xlabel('Number of epochs')
plt.ylabel('Training error')

```
plt.title('Training error progress')
plt.grid()
plt.show()
```

现在,使用上述分类器中的测试数据点:

```
print('\nTest Results:')
data_test=[[1.5,3.2],[3.6,1.7],[3.6,5.7],[1.6,3.9]]
for item in data_test:
    print(item,'-->',neural_net.sim([item])[0])
```

下面是测试结果:

[1.5,3.2]-->[1.0.]
[3.6,1.7]-->[1.0.]
[3.6,5.7]-->[1.1.]
[1.6,3.9]-->[1.0.]

例 5-12

创建一个由多个层组成的多层神经网络,以提取训练数据中的基础模式。这个多层神经网络将像一个回归器一样工作。根据下面等式生成一些数据点:$y=2\times2+8$。

1. 导入必要的软件包:

```
import numpy as np
import matplotlib.pyplot as plt
import neurolab as nl
```

2. 根据上述公式生成一些数据点:

```
min_val=-30
max_val=30
num_points=160
x=np.linspace(min_val,max_val,num_points)
y=2*np.square(x)+8
y/=np.linalg.norm(y)
```

3. 重塑这个数据集如下:

```
data=x.reshape(num_points,1)
labels=y.reshape(num_points,1)
```

4. 使用以下命令可视化并绘制输入数据集,结果如图 5-2-12 所示:

```
plt.figure()
plt.scatter(data,labels)
plt.xlabel('Dimension 1')
```

plt.ylabel('Dimension 2')
plt.title('Data-points')

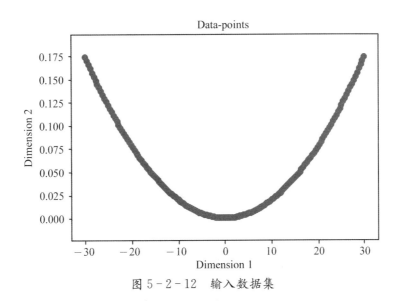

图 5-2-12 输入数据集

5. 构建神经网络,它具有两个隐藏层,第一隐藏层中具有十个神经元,第二隐藏层中有六个,输出层中一个神经元。

neural_net=nl.net.newff([[min_val,max_val]],[10,6,1])

6. 使用梯度训练算法:

neural_net.trainf=nl.train.train_gd

7. 训练网络的目标是学习上面生成的数据:

error=neural_net.train(data,labels,epochs=1000,show=100,goal=0.01)

8. 训练数据点上运行神经网络:

output=neural_net.sim(data)
y_pred=output.reshape(num_points)

9. 绘图并可视化并绘制训练进度,如图 5-2-13 所示:

plt.figure()
plt.plot(error)
plt.xlabel('Number of epochs')
plt.ylabel('Error')
plt.title('Training error progress')

10. 将绘制实际与预测输出关系图,如图 5-2-14 所示:

x_dense=np.linspace(min_val,max_val,num_points*2)

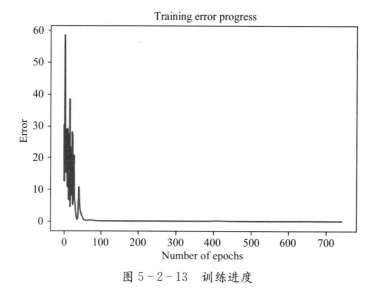

图 5-2-13 训练进度

y_dense_pred=\
neural_net.sim(x_dense.reshape(x_dense.size,1)).reshape(x_dense.size)
plt.figure()
plt.plot(x_dense,y_dense_pred,'—',x,y,'.',x,y_pred,'p')
plt.title('Actual vs predicted')
plt.show()

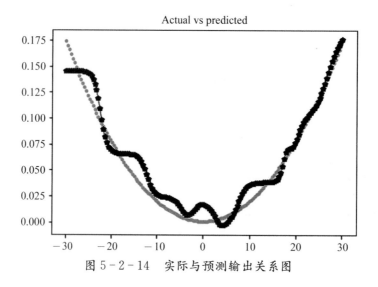

图 5-2-14 实际与预测输出关系图

5.2.3 无监督学习

对于 iris 数据集来说,知道所有样本有 3 种不同的类型,如图 5-2-15 所示,但是并不知道每一个样本是那种类型:此时可以尝试一个**聚类算法**:将样本进行分组,相似的样本被聚在一起,而不同组别之间的样本是有明显区别的,这样的分组方式就是 clusters(聚类)。

1. K-means 聚类算法

关于聚类有很多不同的聚类标准和相关算法，其中最简便的算法是 K-means。

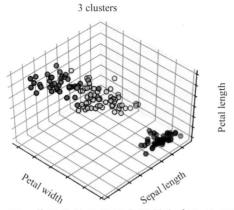

图 5-2-15　鸢尾属植物数据集的样本有 3 种不同的类型

```
>>> from sklearn import cluster,datasets
>>> iris=datasets.load_iris()
>>> X_iris=iris.data
>>> y_iris=iris.target
>>> k_means=cluster.KMeans(n_clusters=3)
>>> k_means.fit(X_iris)
KMeans(algorithm='auto',copy_x=True,init='k-means++',...
>>> print(k_means.labels_[:10])
[1 1 1 1 1 0 0 0 0 0 2 2 2 2 2]
>>> print(y_iris[:10])
[0 0 0 0 0 1 1 1 1 1 2 2 2 2 2]
```

K_means 算法无法保证聚类结果完全绝对真实地反应实际情况。首先，选择正确合适的聚类数量不是一件容易的事情，其次，该算法对初始值的设置敏感，容易陷入局部最优。尽管 scikit-learn 采取了不同的方式来缓解以上问题，目前仍没有完美的解决方案。

例 5-13

向量量化（vector quantization）

一般来说聚类，特别是 K_means 聚类可以作为一种用少量样本来压缩信息的方式。这种方式就是 vector quantization。例如，K_means 算法可以用于对一张图片进行色调分离：

```
>>> import scipy as sp
>>> import numpy as np
>>> try:
...     face=sp.face(gray=True)
... except AttributeError:
...     from scipy import misc
```

```
...         face=misc.face(gray=True)
>>> X=face.reshape((-1,1))
>>> k_means=cluster.KMeans(n_clusters=5,n_init=1)
>>> k_means.fit(X)
KMeans(algorithm='auto',copy_x=True,init='k-means++',...
>>> values=k_means.cluster_centers_.squeeze()
>>> labels=k_means.labels_
>>> face_compressed=np.choose(labels,values)
>>> face_compressed.shape=face.shape
```

2. 分层聚类算法

分层聚类算法是一种旨在构建聚类层次结构的分析方法，实现该算法的方法有以下两种：

Agglomerative(聚合)　为自底向上的方法：初始阶段，每一个样本将自己作为单独的一个簇，聚类的簇以最小化距离的标准进行迭代聚合。当感兴趣的簇只有少量的样本时，该方法是很合适的。如果需要聚类的簇数量很大，该方法比 K-means 算法的计算效率也更高。

Divisive(分裂)　为自顶向下的方法：初始阶段，所有的样本是一个簇，当一个簇下移时，它被迭代地进行分裂。当估计聚类簇数量较大的数据时，该算法不仅效率低(由于样本始于一个簇，需要被递归地进行分裂)，而且从统计学的角度来讲也是不合适的。

例 5-14

对于逐次聚合聚类，通过连接图指定哪些样本可以被聚合在一个簇。在 scikit 中，图由邻接矩阵来表示，通常该矩阵是一个稀疏矩阵。这种表示方法是非常有用的，例如在聚类图像时检索连接区域(有时也被称为连接要素)：

```
import matplotlib.pyplot as plt
from sklearn.feature_extraction.image import grid_to_graph
from sklearn.cluster import AgglomerativeClustering
# Generate data
try:    # SciPy >= 0.16 have face in misc
    from scipy.misc import face
    face = face(gray=True)
except ImportError:
    face = sp.face(gray=True)

# Resize it to 10% of the original size to speed up the processing
face = sp.misc.imresize(face, 0.10) / 255.

X = np.reshape(face, (-1, 1))

# Define the structure A of the data. Pixels connected to their neighbors.
connectivity = grid_to_graph(*face.shape)
```

例 5-15

已经知道,稀疏性可以缓解特征维度带来的问题,即与特征数量相比,样本数量太少。另一个解决该问题的方式是合并相似的维度——**特征聚集**。该方法可以通过对特征聚类来实现。换句话说,就是对样本数据转置后进行聚类。

```
>>> digits = datasets.load_digits()
>>> images = digits.images
>>> X = np.reshape(images, (len(images), -1))
>>> connectivity = grid_to_graph(*images[0].shape)

>>> agglo = cluster.FeatureAgglomeration(
                            connectivity=connectivity,
...                         n_clusters=32)
>>> agglo.fit(X)
FeatureAgglomeration(affinity='euclidean', compute_full_tree='auto',...
>>> X_reduced = agglo.transform(X)

>>> X_approx = agglo.inverse_transform(X_reduced)
>>> images_approx = np.reshape(X_approx, images.shape)
```

3. 主成分分析

主成分分析(primary component analysis,PCA)将能够解释数据信息最大方差的连续成分提取出来。样本点的分布如图 5-2-16 所示,样本点在一个方向上是非常平坦的:即三个单变量特征中的任何一个都可以有另外两个特征来表示。主成分分析法(PCA)可以找到使得数据分布不平坦的矢量方向(可以反映数据主要信息的特征)。

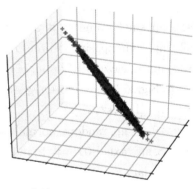

图 5-2-16　样本点的分布情况

当用主成分分析(PCA)来转换数据时,可以通过在子空间上投影来降低数据的维数。

```
>>> # Create a signal with only 2 useful dimensions
```

```
>>> x1=np.random.normal(size=100)
>>> x2=np.random.normal(size=100)
>>> x3=x1+x2
>>> X=np.c_[x1,x2,x3]
>>> from sklearn import decomposition
>>> pca=decomposition.PCA()
>>> pca.fit(X)
PCA(copy=True,iterated_power='auto',
    n_components=None,random_state=None,
    svd_solver='auto',tol=0.0,whiten=False)
>>> print(pca.explained_variance_)
[ 2.18565811e+00   1.19346747e+00   8.43026679e-32]

>>> # As we can see,only the 2 first components are useful
>>> pca.n_components=2
>>> X_reduced=pca.fit_transform(X)
>>> X_reduced.shape
(100,2)
```

4. 独立成分分析

独立成分分析(independent component analysis，ICA)可以提取数据信息中的独立成分，这些成分载荷的分布包含了最多的独立信息。该方法能够恢复非高斯独立信号：

```
>>> # Generate sample data
>>> import numpy as np
>>> from scipy import signal
>>> time=np.linspace(0,10,2000)
>>> s1=np.sin(2*time)       # Signal 1:sinusoidal signal
>>> s2=np.sign(np.sin(3*time))   # Signal 2:square signal
>>> s3=signal.sawtooth(2*np.pi*time)
        # Signal 3:saw tooth signal
>>> S=np.c_[s1,s2,s3]
>>> S+=0.2*np.random.normal(size=S.shape)   # Add noise
>>> S/=S.std(axis=0)    # Standardize data
>>> # Mix data
>>> A=np.array([[1,1,1],[0.5,2,1],[1.5,1,2]])
        # Mixing matrix
>>> X=np.dot(S,A.T)    # Generate observations

>>> # Compute ICA
```

```
>>> ica=decomposition.FastICA()
>>> S_=ica.fit_transform(X)    # Get the estimated sources
>>> A_=ica.mixing_.T
>>> np.allclose(X, np.dot(S_,A_)+ica.mean_)
True
```

5.3 综合练习

一、思考题

1. 直接对文本分类的方法有哪些?
2. 描述 kNN 最近邻方法分类效果较好时样本的情况。
3. 描述分类算法的准确率、召回率、F1 值的概念(用通俗的语言表述)。
4. 分析在 Logistic 回归中,如果同时加入 L1 和 L2 范数所产生的效果。
5. SVM 核函数有哪些?
6. 特征降维的方法有哪些?

二、判断题

1. (　　)回归和分类都是有监督学习问题。
2. (　　)回归问题和分类问题都有可能发生过拟合。
3. (　　)一般来说,回归不用在分类问题上,但是也有特殊情况,比如 Logistic 回归可以用来解决 0/1 分类问题。
4. (　　)对回归问题和分类问题的评价最常用的指标都是准确率和召回率。
5. (　　)输出变量为有限个离散变量的预测问题是回归问题;输出变量为连续变量的预测问题是分类问题。
6. (　　)给定 n 个数据点,如果其中一半用于训练,另一半用于测试,则训练误差和测试误差之间的差别会随着 n 的增加而减小。

三、综合实践

1. 用 Python 代码写个小程序,根据出生时的 body mass index(BMI)数据,使用线性回归来预测寿命。数据来自:
   https://raw.githubusercontent.com/csquared/udacity-dlnd/master/introductions/bmi_and_life_expectancy.csv
   数据集存储在"bmi_and_life_expectancy.csv"文件中。这份数据包含三个字段:country(国家)、life expectancy(寿命)、BMI(一个小孩出生时的 BMI)。根据 BMI 来预测寿命。
2. 从网站 Movie Review Data(地址:http://yphuang.github.io/blog/2016/04/21/Sentiment-Analysis-Using-sklearn/)下载语料。这里选择 polarity dataset v2.0。该数据集包含正负情感极性(pos 和 neg)的电影评论各 1000 条。使用 scikit-learn 进行电影评论情感分类。

本章小结

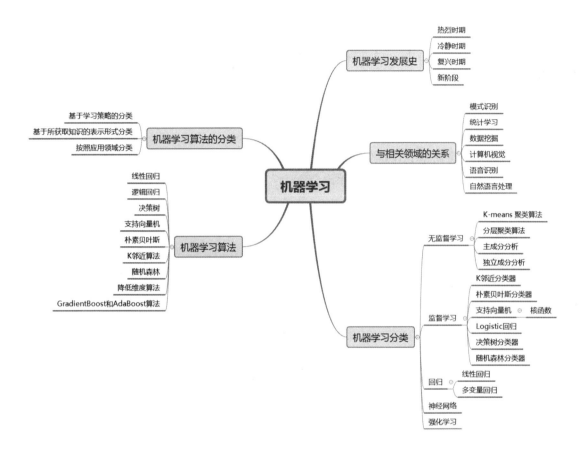

参考文献

1. 邓文渊. 毫无障碍学 Python [M]. 北京:中国水利出版社.
2. 王文良. 人工智能导论[M]. 北京:高等教育出版社.
3. 嵩天,礼欣,黄天羽. Python 语言程序设计基础[M]. 北京:高等教育出版社.
4. http://www.runoob.com/python/python-loops.html,菜鸟教程.
5. 人工智能的研究与应用领域 http://mp.ofweek.com/medical/a545673725396.
6. 人工智能应用最多的七大领域解析 http://www.qianjia.com/html/2018-08/28_303527.html.
7. 人工智能:第一章绪论 https://blog.csdn.net/GarfieldEr007/article/details/50209965
8. 战德臣. 大学计算机——计算思维导论 2013-7 电子工业出版社.